未来临近空间作战应用研究

程建 张梦 编著

国防工业出版社
·北京·

内 容 简 介

临近空间是未来军事应用又一新的战场，是空天一体作战不可逾越的战略要域。本书着眼未来军事发展的需要，超前研究，前瞻思考，以期引发关注。全书对临近空间开发利用现状、作战基础环境、技术平台发展、作战应用需求、装备力量体系、作战应用设想、军民融合建设等方面进行了系统研究。在作战环境方面，分析了临近空间自然环境、电磁环境、社会环境等对临近空间作战的影响；在临近空间作战平台方面，介绍了临近空间低动态平台、高动态平台的特点，以及临近空间作战平台的应用模式、应用领域和发展趋势；在临近空间作战技术应用方面，探讨了低动态平台关键技术、高动态平台关键技术，以及载荷技术、通信技术等的发展；在临近空间军事应用需求方面，提出了侦察、预警、通信、导航、电子对抗、火力打击等临近空间作战应用的具体需求；在临近空间装备体系建设方面，探讨了武器装备体系的类型、构建，以及建设重点；在临近空间作战应用设想方面，从力量体系构建、应用、指挥控制、作战力量部署、战场建设等方面进行了思考；在临近空间军民融合发展方面，研究了军民融合发展形势、战略经营的方式和发展策略。

图书在版编目（CIP）数据

未来临近空间作战应用研究 / 程建，张梦编著. —北京：国防工业出版社，2023.9（2025.4 重印）
ISBN 978-7-118-12992-2

Ⅰ．①未… Ⅱ．①程… ②张… Ⅲ．①航天战-研究 Ⅳ．①E864

中国国家版本馆 CIP 数据核字（2023）第 169988 号

※

*国防工业出版社*出版发行
（北京市海淀区紫竹院南路 23 号　邮政编码 100048）
北京虎彩文化传播有限公司印刷
新华书店经售

*

开本 787×1092　1/16　印张 16¼　字数 374 千字
2025 年 4 月第 1 版第 2 次印刷　印数 1001—1500 册　定价 69.00 元

（本书如有印装错误，我社负责调换）

国防书店：(010)88540777　　书店传真：(010)88540776
发行业务：(010)88540717　　发行传真：(010)88540762

前　　言

作者为这本书的写作酝酿了很长时间，之所以迟迟没有动笔，主要是想多思考一些，积累得再厚实一些。从 2006 年开始接触临近空间这个概念，在 16 年的时间里，针对临近空间未来可能的运用，不论是从军用还是民用上都做过不少研究，研究的重点主要是把平台看作成熟的、理想的状态，在平台上进行诸如通信、导航、侦察、对抗等载荷用途的前瞻性探索。近年来，在航空航天技术和信息技术的推动下，特别是诸如无人机、飞艇、系留气球等平台有了长足的进步，加之对临近空间环境制约因素的不断攻克，我们有理由相信：临近空间应用的物质基础即将形成。但无论是军用还是民用，若真正走入像今天航空航天一样的运用，则还需要时间。可以预见，临近空间这块战略要域，在未来人类发展中，特别是在军事应用中一定会大放异彩。

临近空间已经成为国家安全和利益拓展的新领域，开发利用临近空间也已成为世界强国竞争博弈的新焦点。临近空间在空天物理分层中属于空的高端，这个空间多年来可以实现飞行穿越，但各类平台却难以驻留，实际应用鲜有突破。这主要是由环境的客观因素造成的。目前，不少国家力求克服环境等因素的重重限制，就如何开发利用临近空间，展开了一系列的实践活动，以平台建设为重点，积极打造临近空间机动飞行应用平台，特别是在军事应用上，都力求占领这块处女地，以保持军事战略上的优势。

从人类战争史看，军事科技的发展已经由信息化迈进智能化阶段，临近空间战场无疑为智能化的发展应用提供了无限广阔的空间。新的战场、新的机遇、新的挑战，要求我们必须要站在战略高度，以历史的责任感，用战略的思维观去勾画未来战争，深刻研究未来临近空间战场作战规律、应用特点、发展走向，确保在未来作战中理念先进、优势突出、善战胜战。

随着我国国际地位的提高、国际战略环境的演变，以及周边安全形势的发展变化，我国传统的安全利益和不断延伸的战略利益正在面临日益严峻的挑战，针对临近空间的军事应用研究，对于提升我军战略能力、拓展我军任务空间、增强现有作战效能，具有重要的现实意义。

临近空间的开发利用，是人类的又一伟大壮举，是代表人类高度文明的又一里程碑式的进步。从发展趋势上看，2030 年以前，高超声速巡航导弹和高超声速再入机动飞行器可能投入部署，为此，有必要充分依托我国在电子信息、航空航天领域的发展基础，结合自身的应用现状和任务需求，在当下的军事变革中，着眼未来军事应用，制定临近空间军事发展系列规划，不断探索作战方式方法，为实现中华民族伟大复兴，抢夺先机、乘势而上、创造未来。

本书在撰写成稿中，参考了大量国内外相关文献，以及本校硕士、博士研究生论文，在此对文献作者表示衷心感谢！

作者

二〇二二年五月于西安

目　　录

第一章　绪论 ··· 1
　第一节　临近空间与临近空间作战 ··· 1
　　一、基本概念 ·· 1
　　二、临近空间作战特点 ·· 3
　　三、临近空间作战潜在优势 ·· 5
　第二节　临近空间研究发展现状 ··· 8
　　一、美国 ·· 8
　　二、其他国家 ··· 13
　　三、我国 ··· 16
　第三节　临近空间作战应用研究重点 ·· 17
　　一、临近空间作战应用需求 ··· 17
　　二、关键技术攻克及平台研发 ·· 18
　　三、装备力量体系建设及应用 ·· 18
　　四、相关产业支撑和军民融合式发展 ·· 18

第二章　临近空间作战环境 ··· 20
　第一节　自然环境 ··· 20
　　一、大气层的划分 ··· 20
　　二、临近空间自然环境特点 ··· 22
　　三、自然环境对临近空间飞行器的影响 ··· 27
　　四、对临近空间自然环境的监测 ··· 30
　第二节　电磁环境 ··· 33
　　一、临近空间电磁环境构成 ··· 33
　　二、临近空间电磁环境特点 ··· 36
　　三、电磁环境对临近空间作战的影响 ·· 37
　第三节　社会环境 ··· 44
　　一、临近空间国际法规 ··· 44
　　二、社会环境对临近空间作战的影响 ·· 48

第三章　临近空间作战平台 ··· 51
　第一节　临近空间平台概述 ·· 51
　　一、临近空间平台的概念及分类 ··· 51
　　二、临近空间平台典型代表 ··· 55
　　三、临近空间平台作战应用性能 ··· 62

第二节　临近空间低动态平台 ·· 65
　　　　一、临近空间低动态平台特点 ·· 65
　　　　二、临近空间低动态平台应用模式 ···································· 66
　　　　三、临近空间低动态平台可应用领域 ·································· 67
　　　　四、临近空间低动态平台面临的关键技术问题 ·························· 69
　　　　五、临近空间低动态平台发展趋势 ···································· 69
　　第三节　临近空间高动态平台 ·· 70
　　　　一、临近空间高动态平台应用特点 ···································· 70
　　　　二、临近空间高动态平台应用模式 ···································· 71
　　　　三、临近空间高动态平台可应用领域 ·································· 72
　　　　四、高超声速飞行面临的技术挑战 ···································· 73

第四章　临近空间作战应用技术 ·· 76
　　第一节　低动态平台关键技术 ·· 76
　　　　一、高空飞艇 ·· 76
　　　　二、高空长航时无人机 ·· 82
　　　　三、太阳能飞机 ·· 83
　　第二节　高动态平台关键技术 ·· 84
　　　　一、热防护与材料技术 ·· 84
　　　　二、动力推进技术 ·· 88
　　　　三、测控通信技术 ·· 90
　　　　四、高精度的导航、制导与控制技术 ·································· 92
　　第三节　载荷技术 ·· 94
　　　　一、信息获取技术 ·· 94
　　　　二、信息处理技术 ·· 97
　　　　三、信息对抗技术 ·· 98
　　　　四、武器弹药技术 ·· 100
　　第四节　通信技术 ·· 101
　　　　一、激光通信技术 ·· 101
　　　　二、数据链技术 ·· 106
　　第五节　其他相关技术 ·· 115
　　　　一、机动发射技术 ·· 115
　　　　二、自动防撞技术 ·· 117

第五章　临近空间军事应用需求 ·· 119
　　第一节　临近空间战略需求 ·· 119
　　　　一、国家安全战略环境 ·· 119
　　　　二、国家面临的空天威胁 ·· 120
　　　　三、现实基础和差距分析 ·· 122
　　　　四、临近空间战略定位 ·· 124
　　第二节　临近空间作战任务与行动 ·· 128

一、临近空间作战基本任务 128
　　二、临近空间作战基本行动 129
　　三、临近空间作战应用目的 135
　第三节　临近空间作战能力需求 136
　　一、侦察情报需求 137
　　二、预警探测需求 140
　　三、通信中继需求 143
　　四、导航定位需求 144
　　五、电子对抗需求 145
　　六、火力打击需求 146
　　七、气象保障需求 146
　　八、测绘保障需求 146

第六章　临近空间装备体系建设 148
　第一节　临近空间武器装备体系 148
　　一、装备体系 148
　　二、临近空间装备体系 150
　第二节　临近空间武器装备体系的类型 156
　　一、进攻型临近空间装备体系 156
　　二、防御型临近空间装备体系 158
　　三、攻防兼备型临近空间装备体系 159
　第三节　临近空间装备体系构建 162
　　一、装备体系的论证设计 162
　　二、装备体系的层次化结构 164
　　三、临近空间装备体系构想 164
　第四节　临近空间武器装备体系作战效能分析 168
　　一、武器装备体系作战效能建模仿真流程 169
　　二、临近空间武器装备体系效能建模分析 169
　　三、仿真分析 177
　第五节　临近空间装备体系建设重点 181
　　一、价值中心法简述 181
　　二、影响因素分析 183
　　三、体系目标价值树 184
　　四、临近空间武器装备体系结构树 184
　　五、临近空间装备系统贡献度计算 186

第七章　临近空间作战应用设想 197
　第一节　临近空间作战力量体系构建 197
　　一、作战力量体系结构设计的原则和思路 197
　　二、作战力量体系结构设计方法 199
　　三、基于 AD 的作战力量体系设计 201

四、临近空间作战力量体系构成……………………………………… 203
第二节　临近空间作战平台应用与指挥控制………………………………… 208
　　一、信息平台作战应用设想……………………………………………… 208
　　二、火力平台作战应用设想……………………………………………… 212
　　三、临近空间作战指挥控制……………………………………………… 216
第三节　临近空间作战力量部署……………………………………………… 220
　　一、部署的基本形式和任务区分………………………………………… 220
　　二、临近空间单一任务能力装备部署决策……………………………… 222
　　三、临近空间多任务能力装备优化部署决策…………………………… 228
第四节　临近空间作战力量编组与战场建设………………………………… 233
　　一、作战力量编组与应用………………………………………………… 233
　　二、战场信息环境建设…………………………………………………… 238
　　三、作战力量体系的信息交互…………………………………………… 244

参考文献……………………………………………………………………… 247

第一章 绪 论

随着信息技术和航天技术的快速发展,空间已经成为国家利益拓展的新领域,争夺空间优势已成为军事大国竞争的新焦点,临近空间因其独特的空间位置,近年来引起了各主要军事国家的特别关注。作为未来空天一体作战的重要战略资源,临近空间对于夺取制空天权十分关键。

第一节 临近空间与临近空间作战

无论是以飞机为代表的航空飞行器还是以卫星为代表的轨道飞行器,都有各自在飞行空域上所不能逾越的界限。飞机一般都有一个最高飞行高度,即静升限。对于普通军用和民用飞机来说,静升限一般为18~20km。这个高度同时也是大气层中的对流层与平流层的分界高度。轨道飞行器在飞行高度上有一个最低限,一般在100km以上,这也是被航天界和航空界广泛接受的轨道资源低界。在现有飞机最高飞行高度(约20km)与空间轨道飞行器最低飞行高度(约100km)之间有一层空域,这层空域就是"临近空间"。

一、基本概念

临近空间是近年来备受关注的一个新概念,其英文表述为"Near Space",它也被称为"横断区""近太空""亚太空""超高空""高高空"等。是现有飞机最高飞行高度和卫星最低轨道高度之间的空域,也可称亚轨道或空天过渡区,大致包括大气平流层区域、中间大气层区域和部分电离层区域。由于临近空间是一个特殊的空间,在这个空间里,飞行器既不能使用伯努利的空气动力学定律,也不能使用开普勒的航天动力学定律来机动或保持能量,无论是依靠空气动力飞行还是轨道环绕飞行都是不可能的。这一空间对飞机而言太高,对卫星来说又太低,这是一个人类现有飞行器只能"穿越"但无法自由飞行的区间,可它又以独特的优势"诱惑"着人类,它的空气稀薄气温极低,但气象状况不如航空空间复杂,雷暴闪电较少,也没有云、雨和大气湍流现象。它比太空低很多,到达那里的难度、费用和风险自然也就小得多,同时,它比"天空"又高很多,对于情报收集、侦察监视、通信保障以及对空对地作战等,都有很好的前景和潜力。

(一)临近空间

根据国际航空联合会(The Federation Aeronautique International,FAI)的定义,临近空间的范围确定在23~100km。美国空军参谋长John·Jumper将军、国防部航天负责人Peter·Teets和空军航天司令部司令Lance·Lord将军曾共同商定,将临近空间范围定为20~300km。目前大多数专家倾向于把临近空间范围定义为20~100km,基于多种考虑,把20km作为临近空间的最低界限,主要是因为它必须在国际民航组织(International Civil Aviation Organization,ICAO)控制的空域18.3km之上。临近空间的最高界限暂定为

100km，主要依据 FAI 的定义，考虑已有国际空域主权的协议和惯例。关于临近空间可普遍接受的定义是：临近空间是指距离地面 20～100km 之间的大气空间，是传统的"空"与"天"之间的空白部分，包括平流层的大部分区域、中间层和部分热层区域，如图 1.1 所示。

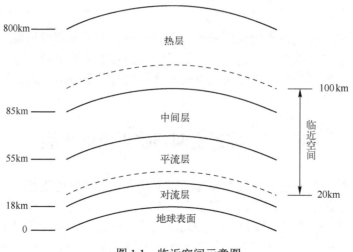

图 1.1 临近空间示意图

从人类在空天发展的历史看，这个空间目前还不能为人类充分利用，主要原因是自然环境相当严酷，空气密度、压力、风速、温度等物理性质十分独特。一是环境的空气相对稀薄、压力低。二是环境温度低且变化快，但气象状况不如航空空间复杂，如雷暴闪电较少，也没有云、雨和大气湍流现象。三是有臭氧和太阳辐射。虽然臭氧和紫外线的腐蚀性对临近空间平台材料提出了很高的要求，但不像航天环境的要求那么苛刻。最为重要的是，万有引力定律和开普勒宇宙定律都不能在临近间独立发生作用，使得遵循万有引力定律的航空飞行器和遵循开普勒宇宙定律的航天飞行器无法在该空间自由飞行。目前，世界上现有的以飞机、地空导弹和巡航导弹为代表的航空器和以卫星、宇宙飞船和航天飞机为代表的航天器都无法在临近空间自由飞行。世界上只有少数几个型号的地空导弹射高在 20km 以上，并且其典型目标是具有较大雷达反射截面积（Radar Cross Section，RCS）且机动性较差的空中"慢"目标，外太空武器也尚处于实验阶段。可见，临近空间便成了相对安全的"真空"层。同时，临近空间高超声速飞行器自身的结构和飞行特点决定其生存能力强。据报道，目前用于实验的多种临近空间飞行器的 RCS 只有 $0.01m^2$ 左右，不易被雷达探测发现。

不论如何，在技术的推动下，目前，许多国家都已着手临近空间飞行器的研发与试验。从临近空间飞行器发展看，按照飞行速度大致可分为低动态飞行器和高动态飞行器两大类型。低动态临近空间飞行器主要包括：平流层飞艇、高空气球、太阳能无人机等。它们具有悬空时间长、载荷能力大、飞行高度高、生存能力强等特点，能够携带可见光、红外、多光谱和超光谱、雷达等信息获取载荷；可作为区域信息获取手段，用于提升战场信息感知能力，支援作战行动，又可携带各种电子对抗载荷，实现战场电磁压制和电磁打击，破坏敌方信息系统，还可携带通信及其他能源中继载荷，用于野战应急通信、通信中继及能源中继服务。高动态临近空间飞行器主要包括：高超声速巡航飞行器、亚轨道飞行器等。它们具有航速快、航距远、机动能力高、生存能力强、可适载荷种类多等特点，具有远程快速到达、高速精确打击、可重复使用、远程快速投送等优点，既可携带核弹头，替代弹道导弹实施战略威慑，又可选择携带远程精确弹药，作为"撒手锏"手段，攻击高价值或敏感目标，还可携带信息传感器，作为战略快速侦察手段，对全球重要目标实施快速侦察。

（二）临近空间平台与装备

临近空间平台是指工作于临近空间内的气球、飞艇、滑翔机以及空天飞机等飞行器，又称为临近空间飞行器。临近空间平台与临近空间飞行器在一般情况下可以互换，采用了不同的表述是为了强调不同的侧重点。临近空间飞行器更侧重于强调飞行器本身，例如平流层飞艇、高空气球、空天飞机等；临近空间平台则更强调其作为通信、侦察等功能载荷的承载平台，与功能载荷和地面控制单元一起构成具备一定功能的系统。例如临近空间通信平台，强调的是利用临近空间飞行器作为通信中继，形成的临近空间通信系统。

装备是武器装备的简称，指用于作战和保障作战及其他军事行动的武器、武器系统、电子信息系统和技术设备、器材的统称。临近空间平台通过搭载或携带不同类型的载荷，具备通信、遥测、情报、侦察、监视和打击等各种功能，用于作战和保障作战及其他军事行动，就成为了临近空间装备。

（三）临近空间作战

从字面理解，狭义的临近空间作战可以理解为在临近空间空域进行的作战，广义的临近空间作战可以理解为运用临近空间武器装备进行的作战，即运用临近空间武器装备进行的一切作战，既包括运用临近空间武器进行的支援地、海的作战，也包括运用临近空间武器进行的支援空、天的作战，还包括临近空间作战力量在临近空间与敌进行的作战。

临近空间作战的主体是临近空间作战力量，参战装备是临近空间武器装备（含地面控制系统），而不是其他类武器装备。如利用导弹对临近空间目标实施打击、利用空中或地面电子干扰设备对临近空间目标实施干扰等，虽然其打击目标是临近空间目标，但主体不是临近空间武器装备，因此不属于临近空间作战。临近空间作战的作战对象可以是陆、海、空、临、天及网络电磁空间多维空间的任一空间的某些目标，而不是仅仅局限于临近空间中的目标。临近空间的作战手段不仅限于传统意义上的火力打击（支援）、后勤运输等，信息支援保障也是其重要的作战形式，而且是临近空间作战初期最主要的作战形式，而且随着技术的发展，临近空间作战还可能在网络战中发挥重要作用。

二、临近空间作战特点

随着科学技术水平的不断进步，临近空间平稳规律的风场、高太阳能利用效率、新的通信资源，以及可用临近空间平台的列装使用，都会将战争引入更高的空间，临近空间作战也将成为可能。受临近空间空间环境和武器装备功能性能、技术基础、部署位置、操控方式等因素影响，临近空间作战较之传统的陆、海、空作战将呈现出一些不同的特点。

（一）作战对象广泛

从作战目标类型看，临近空间作战的作战对象既可以是地面、海洋上的固定目标和活动目标，也可以是空中的作战飞机、临近空间飞行器和空间飞行器；既可以是有形的实体目标，也可以是无形的电磁目标，这些目标广泛分布于陆、海、空（含临近空间）、天和网络电磁空间。从作战距离看，临近空间作战装备不受领空属权限制，理论上可以预先部署到他国领空之上的最有利于发挥其作战效能的位置伺机作战，或直接从本土起飞（发射）实施全球快速打击，作战范围大大延伸，作战对象几乎涵盖整个战场空间。从作战适应性看，临近空间远程火力打击作战较之空中作战，不需要空中加油等附加条件即可实现全球快速打击，对作战对象的适应面更广；临近空间信息获取作战不仅视场大——"看"得广，而且分辨率高——"看"得清，不仅能够移动侦察进行"扫视"，而且能够持久监视进行"凝视"。

（二）装备技术复杂

临近空间装备技术综合集成了较为前沿的大气动力、材料、能源、探测、通信等诸多学科的高新技术，技术复杂，技术成熟度有待于进一步提高。其中，飞艇技术看似简单，但临近空间飞艇外形硕大，实则面临高效动力与自主控制、高效太阳能与碳氢燃料电池与储能、高性能高效率结构材料、新概念气动布局与总体设计等技术问题，使得临近空间飞艇研发项目目前基本都遇到了短期难以克服的技术瓶颈。高空无人机方面，虽然一些无人机已经实用化，但在总体设计、轻质结构设计、能源与推进系统设计、系统控制技术等方面还需要进一步提高技术成熟度和总体可靠性、稳定性。高超声速临近空间飞行器方面，超燃冲压发动机、热防护、材料与结构、气动力与气动热预测、一体化设计与流动控制技术也是复杂的尖端技术，近期虽有突破希望，但尚需时日，而且突破后可能还需进一步通过实践检验、改进、提高。可以预见，未来临近空间作战必将面临一系列装备技术上的障碍，对作战人员的科技、心理素质和装备的可靠性、维修性设计提出了更高要求，而且作战过程中装备一旦损坏，将很难在短时间内修复。

（三）武器控制困难

从操控方式看，临近空间武器装备绝大部分为无人驾驶飞行器，其飞行控制和作战实施均需通过地面指挥控制站完成。对于地面指挥控制站必须实时控制的临近空间武器装备，其指挥控制通信链路的可靠性至关重要，决定着该飞行器能否安全平稳飞行和能否正常实施作战行动。对于具有一定智能操作功能的临近空间装备，虽然地面指挥控制站下达作战指令后，在一定时间内无需对其进行实时跟踪控制，但地面指挥控制站需要对其运行情况进行不间断监视，并根据作战需要及时变更作战指令，调整其姿态或完成作战操作。从操控时效看，临近空间飞艇体积硕大，机动、调姿等操作需要较长时间，要求装备控制必须有一定的提前量。高超声速飞行器飞行速度快，要求控制操作必须十分精准。

（四）部署机动灵活

临近空间气球、飞艇和高空长航时无人机等临近空间低速飞行器部署升空的方式有两种。一是低速自主升空。即浮空器边充气边自由升空、低速无人机低速自主爬升，这种方式具有部署成本低、部署速度慢的特点。二是高低速组合式升空，包括弹载式升空和组合飞行方式升空。弹载式升空就是把折叠的低速临近空间飞行器用巡航导弹或可重复使用火箭发射到临近空间后释放，低速临近空间飞行器自行展开部署。组合飞行方式升空是指低速临近空间飞行器配备高速动力系统，部署时首先以 $4Ma$ 左右的速度迅速飞抵拟部署区域，之后以 $0.8Ma$ 以下的速度正常巡航，两种方式部署都比较便捷。此外，已经部署的低速临近空间装备如果需要变更部署，以飞艇为代表的浮空器可以通过先回收并进行维护保养，尔后以重新部署的方式进行。无人机可以通过直接空中机动的方式实施，也都比较灵活。对于高超声速临近空间装备而言，具有极强的机动性和突防能力，由于其机动速度高、作战半径大，按照 $3.5\sim4.0Ma$ 的速度，在 25km 的高度下，高超声速飞行器的时速可达 $3780\sim4320$ km，有效缩短烧穿暴露时间、压缩敌方反应时间，可快速实现"全球覆盖/战略打击"。

三、临近空间作战潜在优势

临近空间平台较之于卫星和航空器，在工作高度、覆盖范围、滞空时间、运行成本、生存能力等方面具有不同的特点，如表 1.1 所列，这就决定了临近空间作战具有与地面、空间和空中作战完全不同的独特优势。

表 1.1 临近空间平台与航空、航天平台作战性能比较

类别	飞机	浮空器	高动态飞行器	高空无人机	卫星
运行高度/km	<20	20～100	>30	20～25	>200
覆盖范围	一般	较大	较大	较大	最大
滞空时间	数小时	几天～数年	数小时～数天	数小时～数天	数年
机动速度	较快	慢	最快	较慢	快
定点工作能力	无	有	无	无	有
覆盖范围	较小	较大	大	较大	最大
作战保障要求	较复杂	较简单	较复杂	简单	复杂
领空限制	有	无	无	有	无
生存能力	低	高	最高	较高	较高
载荷能力	较大	最大	一般	较小	较小
研发成本	较高	较低	最高	一般	较高
使用成本	一般	较低	较高	较低	最低

（一）信息获取范围广阔

军事上，常用的侦察照相卫星轨道一般为 300km 左右，提供的侦察图像分辨率有限，而且信号容易受电离层干扰；侦察飞机可以对某一区域进行重点侦察，其提供的侦察图像分辨率相对较高，但是覆盖区小，需要冒险进入对方领空，容易被击落和受到国际法的约束。临近空间高速飞行器可以在敌方领空以外部署，根据作战任务部署升入临近空间，然后进入工作区上空，在 20～30km 的高度下提供比卫星的分辨率高得多的照片，并且覆盖较大区域，可满足区域作战的需求，如图 1.2 和图 1.3 所示。从部署位置看，临近空间信息获取装备工作高度相对适中，较之天基系统，分辨率高，电波传输距离短、传输损耗延时小，能以较小的辐射功率实现所需功能（有源探测的信号强度比 400km 高

的地轨卫星 LEO 高 40~52dB）。较之航空系统，覆盖区域广、滞空时间长，一艘信息感知高空飞艇的覆盖范围就与 3 架预警机相当。较之地面侦察监视系统，不受地球曲率影响，侦察距离远、覆盖范围大，而且可以利用临近空间无属权限制这一法律空白，直接机动或部署到敌纵深区域实施远程抵近侦察，并通过预先部署的低速临近空间通信中继系统、伴飞的高速临近空间通信中继系统或卫星通信系统实时将获取的战场信息传回地面指控站。从信息获取质量看，临近空间平台的长航时能力使得临近空间信息获取既可实现长期侦察监视，也可进行短期实时跟踪，不但信息获取范围广，而且获取质量高、不受时空限制。

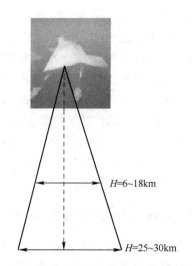

图 1.2 侦察视角、不同飞行高度下覆盖区域对比

图 1.3 侦察卫星和临近空间飞行器侦察图像

（二）通信组网能力理想

由于距离地面高，临近空间通信基本不受地球曲率影响。一个独立的临近空间通信中继平台既可组成比较完整的、通信覆盖超过 500km 的通信系统，又不存在因地形、地物遮蔽而形成的盲区。此外，临近空间位于云层之上，横向间的电波传输不受降雨、云雾的影响。空气较为稀薄，大气吸收、对流层闪烁等引起的电波衰减较之下层空间小。临近空间通信平台间的通信（以下简称基本临近空间通信）若再采用信号在水平方向上的定向传输方式，不但可以大大增加通信距离，减少所需通信平台数量，而且由于来自地面和太空的干扰信号仅能从通信设备的天线旁瓣进入而产生很大衰减，因此具有较强的抗干扰能力，如图 1.4 所示。

（三）信息对抗手段丰富

临近空间信息对抗可以根据作战需求，多种作战方式、手段结合使用。由于电子对抗侦察为无源侦察，隐蔽性好，实施临近空间电子对抗侦察时可以把装备部署到最有利于其发挥作战效能、有利于实施交会定位的位置，不受地形、地物因素制约。实施电子干扰时,既可以使用预先部署的临近空间信息作战飞艇、浮空气球居高临下干扰,也可在敌防空火力强的区域使用高速临近空间电子战无人机或电子战气球实施。既可以使用常规的有源干扰手段或无源干扰手段,还可使用新概念电磁脉冲武器高空施放干扰,增加干扰面。既可以仅实施软杀伤,也可软硬杀伤并举,甚至必要时使用空天飞机直接捕获、摧毁对方卫星。

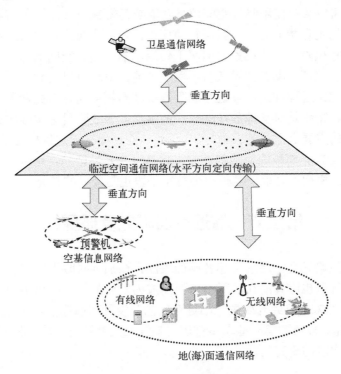

图 1.4　基本临近空间通信网示意图

（四）作战灵活快速响应

作战灵活指临近空间作战可以综合采取平时预先部署、战前调配机动、战时应急补充相结合的方式灵活组织作战行动。即平时就在相关区域部署一定数量的作战力量,部署种类通常以侦察监视、导航定位和信息传递力量为主,没有针对性。战前,可根据可能的冲突规模和方向,在可能冲突的区域增加信息获取和电子干扰类作战力量部署,或调配部署在可能冲突区域周边的作战力量及时向可能冲突区域机动以形成局部作战力量优势。作战过程中,可根据作战需求及时向冲突区域快速部署低速临近空间长航时无人机、高低速组合式飞艇、气球,或增加在该区域作战的远程高速信息作战装备、火力打击武器的数量,实现冲突区域作战力量数量的快速增加。快速响应是指临近空间高超声速武器、高速无人机、高低速组合式临近空间飞行器作战响应速度快。此外,使用临近空间大型运输飞艇,可以组成高空战略运输通道,这个通道也具有快速响应、安全高效的优势。临近空间高速作战飞机具备高空、高速的特点,这使它拥有飞行速度快、反应时间短、作战半径大、隐蔽性好、突防能力强等作战优势,可代替传统航空平台执行多种作战任务。

（五）火力打击方式多样

临近空间火力打击作战，以对地（海）面或空中目标的中远程火力打击为主，既可以通过用预先机动到有利位置的临近空间火力打击飞艇、浮空气球实施，也可以通过从本土、前方航母发射（起飞）的临近空间高超声速打击武器实施，甚至紧急情况下使用高速无人机携带打击武器实施，打击手段丰富多样，可打击目标范围更广，而且作战行动组织过程中还可以直接使用临近空间信息获取装备得到的目标信息，信息传输流程短。从打击效果和战场生存能力看，飞艇飞行速度小，使用飞艇执行火力打击任务，其自身面临着较高的生存风险，只宜在紧急情况下使用，借助临近空间高速作战飞机提供的超高初始发射高度、速度，高速武器获得了巨大动能，射程可以达到几百千米甚至上千千米，可以实现超视距远程打击。临近空间轰炸机和高超声速打击武器无疑是实施中远程火力打击的首选，特别是对支撑敌作战体系的纵深重要战略目标实施的火力打击。对敌作战体系节点中的重要目标实施火力打击，无论这些目标是固定目标还是时敏目标（Time Critical Target，TCT），都可能对战局产生直接甚至决定性影响，达到事半功倍的效果。但在临近空间轰炸机问世之前，其他火力打击手段也是必要的补充。

第二节　临近空间研究发展现状

临近空间的战略意义已逐渐引起各国的关注，在加强对临近空间科学探索的同时，各种临近空间飞行器也因其潜在的军用价值而成为发展的热点。以美国为代表的一些军事强国，从 20 世纪末就已经开始关注临近空间的开发利用问题了。目前，美国、俄罗斯、英国、法国、日本、以色列等一些军事强国，都投入大量经费开展了临近空间作战理论、技术研发和作战实践的研究。

一、美国

（一）制定发展规划

美国空军根据未来军事发展需求，认为临近空间飞行器既能比卫星提供更多更精确的信息，并节省使用卫星的费用，又能比通常的航空器减少遭地面敌人攻击的机会。因此，美国空军对于开发利用临近空间的思路越来越清晰。

1. 理论牵引

在 2005 年，美国空军大学推出了名为《临近空间成为一种太空作战效能的赋能器》的研究报告，指出应从基于效果的角度全面考察临近空间的开发和利用，并预言"临近空间的时代已经来临"。2005 年，美国防部公布的《2005—2030 年无人机系统路线图》首次将临近空间飞行器列入无人飞行器系统范畴。2006 年 2 月，美国空军科学咨询委员会在内部发布了项目研究报告《在临近空间高度持久执行任务》，提出美国空军不同阶段临近空间飞行器的发展和选择建议。2009 年将美国临近空间纳入"快速响应空间"计划，作为太空能力的应急接替力量发展，弥补太空信息系统时效性和响应能力的不足。2008 年 2 月美国国防部向美国国会递交《国防部高超声速计划路线图》，标志着临近空间自此转向高超声速时代。2011 年，美国空军公布了《美国空军科学与技术工程评估》高速武器发展路线图，2016 年 3 月，美国空军联合会的米切尔空天研究所发表《高超声速武器与美国国家利益：21 世纪的突破》，将高超声速武器定位在为美国谋求打击/持久作战能力、空中优势/防御能力和快速进入太空能力。

根据这些发展思路，近年来美军临近空间飞行器技术取得了许多重要进展，主要体现在：美国导弹防御局"高空飞艇"计划进入原型艇制造与演示验证阶段。DARPA"集成传感器即是结构"项目进入关键技术攻关阶段。美国陆军"高空哨兵"平流层飞艇 2005 年 11 月实现有动力飞行。美国空军自由气球"战斗天星"2005 年演示验证成功等。2006 年 7 月 22 日，美国空军、陆军和科罗拉多大学联合在科罗拉多州斯普林斯举办"临近空间"主题研讨会，拟达成一份未来合作计划，推进临近空间概念的深入研发。美国空军天战实验室曾主持召开临近空间峰会，召集 100 多名军方、其他政府机构和工业界的代表对临近空间概念进行研讨。美国联合部队司令部正在实施"阿尔法"计划，对临近空间飞行器如何提升联合作战概念进行研究。

2. 平台研发

美国空军正在加速制定临近空间系统研究计划，计划在 5 年内实现实用型临近空间系统。主要是发展一种可靠的临近空间平台，除通信转发设备外，供使用的有效载荷还包括情报、侦察及监视等多种设备。制定了如"鹰爪"（高技术聚合物构造滑翔机）、"战略猫"（高空通信飞艇）、"海象"（飞行器）等计划，规划研发"战斗天星"临近空间飞行器。美国空军"战斗天星"计划分两个阶段进行：在第一阶段，美国空军计划在一个 30km 高度的自由浮空器平台上，搭载陆军的无线电通信设备的转发器。在"战斗天星"转发器的帮助下，这套通信设备的通信范围成功地从以前的 10km 扩展到了 560km。第二阶段，气球和无人机平台上搭载的高价值机密级传感器进行混合试飞，自由气球一次性使用，无人机可重复使用，力争使临近空间平台、航空平台和航天平台的协同使用向实质迈进，并研发具有位置保持功能的机动飞行器。主要有"临近空间机动飞行器"（充氦飞艇及遥控式滑翔机，主要在 30.5～36.6km 高度飞行）、"高空飞艇"（20km 以上）、"高空侦察飞行器"（可在 21～30km 上空某点停留 2 周至 1 个月）。在一系列的研制计划中，中、小型无人机是美国无人机发展重点，典型代表主要有"暗星""捕食者""全球鹰"和较小型的"影子""龙眼"等。其中，RQ-4A/B"全球鹰"是目前世界上最先进的无人机。RQ-4A 的飞行高度在 20km 以上，续航时间为 36h，并具有执行全天候任务的能力。美军还研发了"塔拉里奥"临近空间高空长航时无人机，已突破真空辅助复合材料加工技术。

近年来，由于美军的关注点更倾向于高速平台的武器化，商业公司成为了这一领域的主角。美国谷歌公司的 Loon 气球在 2018 年 8 月实现了近 1000km 方位内 7 个平流层超压气球之间的互联网连接，以及与两个气球 600km 的点对点链接。诺斯罗普·格鲁曼公司也在 2018 年公布了正在研制的平流层零压气球群平台 STRATACUS，可提供持久的 C^4ISR 能力。泰雷兹·阿莱尼亚宇航公司针对防务和安全领域监视与通信任务的平流层飞艇 Stratobus 已经通过设计评审，预计将于 2022 年首飞。另外，能够实现载人飞行的超声速亚轨道飞行器也在 2018 年实现了突破，维珍银河的"太空船二号"在 2018 年 12 月实现了 82.7m 的载人飞行。蓝色起源公司的"新谢泼德"火箭也在 2018 年完成了第 9 次试飞，为临近空间飞行器的商业旅行带来希望。美军空军研究实验室在 2014 年 11 月公布了高超声速技术路线图，其发展共分两个阶段，在 2030 年之后实现战术打击/情报监视侦察用高超声速飞机的技术，用于对高价值目标的纵深打击；在 2040 年之后实现可重复使用/持久型高超声速飞机的技术，用于突防、持久可重复的情报监视侦察和打击。按照美军高超声速技术路线图，美军已经全面布局科研项目，开展临近空间高速飞机平台、机载系统、武器弹药及作战使用相关技术攻关，并已启动分系统级演示验证。

3. 应用规划

目前，美国空军已确定了"临近空间"飞行器的 10 个应用方向，包括在全球定位系统的协助下实施跟踪、侦察和情报搜集等，并开始"临近空间"飞行器的试验工作。美国空军希望能在近年内部署使用第一种这类新型飞行器，如充以氢气的自由浮动气球和远距离遥控滑翔飞行器等。有关资料表明，美国空军已计划在临近空间部署侦察气球用于情报搜集。特别是在低速平台的战场应用上，美军注重了以下几个方面的军事应用尝试。一是高空长航时无人机是空军近期利用临近空间的最佳选择。认为，高空长航时无人机可能替代低轨道侦察卫星，执行高空持久监视、情报搜集和通信中继等任务。美国空军近期应探索如何利用"全球鹰"无人机来完成临近空间任务，该无人机的飞行高度为 19.8~20km，处于临近空间的最底层。美国空军曾计划为该机装备通信转发设备，但由于质量和机内空间的限制，迄今未能实现。二是平流层飞艇是一种有前景的选择，但需技术突破后才具备可行性。报告建议美国空军应暂缓对平流层飞艇型号项目的重大投资，关注美国国防高级研究计划局和导弹防御局在这方面的活动，同时应对某些可促使平流层飞艇设计走向成熟，以及能增强高空无人机甚至气球任务能力的技术进行投资。三是自由浮空气球军事用途相对有限。由于自由浮空气球对气象要素，特别是风有很强的敏感性，其军事用途相对有限。尽管自由浮空气球可在短期的通信中继方面发挥一定的作用，但局限性很大。利用自由浮空气球进行气象探测可以等待在最适宜的条件下释放气球，而军事气象却不能有这样的奢求。

（二）注重技术推进

美军认为，如果研制出一种能够在临近空间空域活动的作战武器，就会掌握战场主动权，从而改变现有海陆空三军作战的模式，将战争引入更高的空间。目前，美军积极围绕临近空间飞行器展开的开发利用，特别是对各种应用技术，加大了研究力度。

1. 加大临近空间飞行器平台技术研究

美军在高速临近空间飞行器方面，主要采用高超声速下的高升阻比气动外形、高超声速无动力滑翔或高超声速吸气式推进技术，有空间作战飞行器、通用再入飞行器、亚轨道飞行器等。这类飞行器一般无人驾驶、飞行高度高、速度快（数倍音速）、升空时间短、攻击能力强，可进行天地间往返运输和维修卫星等，还可用于摧毁敌方空间系统、拦截弹道导弹和对地进行精确打击等；在低速近空间飞行器方面，主要利用近空间空气的浮力和飞行器运动产生的升力，有高空无人机、高空飞艇、高空气球等。这类飞行器一般无人驾驶、飞行高度低、速度慢（亚音速）、滞空时间长（续航力强）、信息获取处理能力强，主要用于探测、侦察、情报收集、通信等。低速近空间飞行器平台涉及的技术非常广泛，其中关键技术包括结构与材料、动力、飞行管理与控制及生存能力。

美军在临近空间高超声速飞行器（Near Space Hypersonic Vehicle，NSHV）技术研究方面一直处在领先地位，如图 1.5 所示。

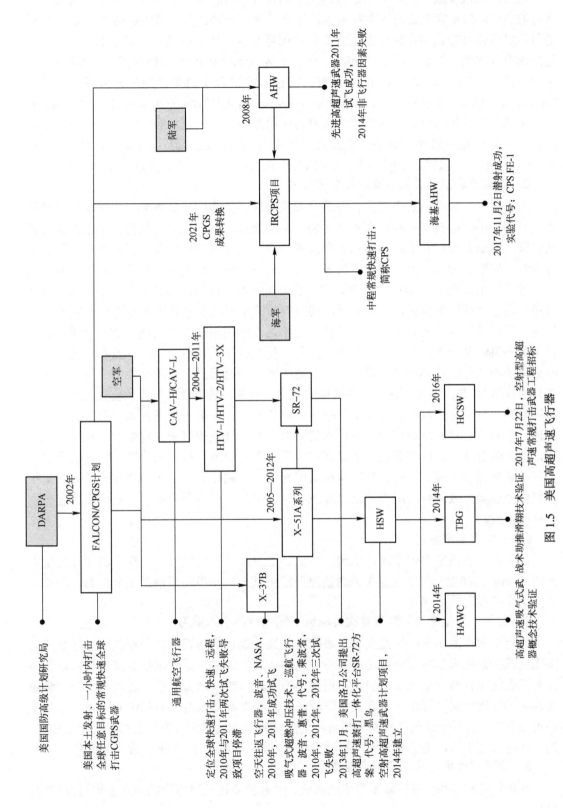

图 1.5 美国高超声速飞行器

此外，因俄罗斯、欧洲等高超声速技术的快速崛起，美国迫不及待地想通过前期代号为HTV、X-51A等项目研究的技术累计迅速发展出一种或几种较为成熟的NSHV武器型号，以保持其在高超声速武器技术方面的优势及战略主动地位。根据技术特点分为高超声速吸气式武器概念（Hypersonic Aspirated Weapon Concept，HAWC）技术验证、战术助推滑翔（Tactical Boost Glider，TBG）技术验证及空射型高超声速常规打击武器（Hypersonic Conventional Air Launched Strike Weapon，HCSW）三个子项目。其中HCSW直接跨越项目研制阶段到工程制造，推测其射程约500km，速度约$5Ma$。陆军及海军方面，起步时间相对较晚，其中陆军重点发展先进高超声速武器（Advanced Hypersonic Weapon，AHW）项目，与同时期空军的HTV及X-51A项目相比其进展较为乐观。

2. 探索临近空间各类军事应用载荷技术

美军认为，低速临近空间飞行器的有效载荷种类繁多、形式各异，不同任务需要的载荷不同，面临的技术问题也有很大区别。总的来说，有效载荷的关键技术主要有信息获取技术和信息处理技术。在信息获取技术方面，低速临近空间飞行器系统主要用于执行探测、侦察、情报收集、通信等任务，有效载荷信息获取的能力与质量直接关系着执行任务的结果与质量。2005年，美国空军航天司令部空间作战实验室进行了一次"战斗天星"高空气球的中继通信概念演示，利用气球携带无线电系统进入约24km高空，成功演示了中继通信能力。美国空军预计在近年内开始使用临近空间飞行器转发通信，而且未来还将对其投入更多的资金和研究力量，使其能够承担包括情报、监视和通信在内的更复杂的任务。传感器技术是信息获取的关键，传感器最主要的功能是成像（可视、红外和雷达）。其次是信号探测，包括探测化学、生物、放射性大规模杀伤性武器，气象海洋学的气象信息，反潜战和反水雷战中的磁信号等。在信息处理技术方面，美军认为低速近空间飞行器系统对信息处理技术的要求主要是处理速度快、容量大，算法准确经济，信息融合度高。处理器技术不仅是实现无人飞行管理与控制的关键，而且也是有效载荷信息处理的关键。因此，将可能会采用光学、生物化学、量子力学和分子力学等技术制作处理器，或综合运用上述技术形成某种处理器，进而获得更快的处理速度和更大的存储容量。

（三）突出实践应用

近年来，美国空军越来越认识到，在低轨道卫星飞行高度以下，在飞机飞行高度以上的30km的临近空间是太空战概念的重要组成部分，军事应用前景十分广阔，因此，加大了作战实践的步伐。

1. 美军"施里弗-3"演习首次将临近空间飞行器引入演习

临近空间作为未来科技发展和军事应用的处女地和战略资源，无论低动态还是高动态飞行器关键技术都将可能被迅速突破，尤其从近年来美空军的施里弗演习看，以无人机为代表的飞行器发展速度很快，实用型的平台也将越来越多，空天之间，正在布满越来越多的临近空间飞行器。从有关报道看，虽然美军具体演习方案和细节不详，但从中仍可以看出，美军十分重视将航天装备和陆海空装备无缝集成，提高美军联合作战能力。为了保持太空优势，美军开始使用临近空间飞行器，用于情报收集和通信保障等。

2. 在现代战场上进行了初步尝试

在伊拉克战争中，美国陆军面临的情报、侦察和监视保障方面的需求矛盾日益突出，因而利用临近空间及其平台所具有的优势，在伊拉克部署了名为"快速初始部署浮空器"的侦察飞艇系统，使地面部队更加快捷有效地获得了战场情报，并且取得了一定的作战效果。

3. **在实验室演示验证**

美国空间作战实验室实施了一系列的"临近空间"演示验证项目。如完成了自由飞行高空气球的演示验证，这种气球将携带陆军 PRC-148 便携式电台的信号转发器，可将通信距离由 10km 扩展到 30km。美国空军研究实验室的空间飞行器委员会目前正在进行的一系列试验，大都集中于临近空间领域的飞行器。空间飞行器委员会综合试验与评价部主任斯蒂芬·马丁尼克透露，他们正在为美国导弹防御局提出的"近地红外实验 NFIRE"项目研制一种有效载荷，这种载荷专门用于跟踪导弹在助推段后的飞行情况，该载荷将集成在 NFIRE 航天飞行器上。美国海军前期主要进行 CPGPS 成果转化并制定了中程常规打击计划 CPS，后期主导 AHW 项目在海基平台发射试验，并于 2017 年 11 月 2 日成功潜射海基 AHW，实验代号 GPSFE-1、GPSFE-1 项目与陆军 AHW 项目类似，推测射程约 3700km，时示时间小于 30min，时示最大高度 90km，最大航速 8Ma。根据 HCSW 及 IRCPS 计划部署，结合 2018 年 NSHV 项目预算，预计美国 2025 年左右具备 NSHV 实战能力。

4. **探索执行未来军事任务的能力**

美国空军科学咨询委员会发布关于临近空间飞行器研究报告，指出美国空军近期应探索如何利用"全球鹰"来满足临近空间任务使命。该机的使用高度为 19.8～20km，处于临近空间最底层。美国空军曾计划为该机装备通信转发设备，但由于重量和机内空间的限制，迄今未能实现。通过对诸如高效太阳能电池、再生式燃料电池、轻质/健壮的新材料、高空推进系统和高能量密度燃料等相关技术进行投资，未来可能将使无人机的使用高度进一步提高到接近 24.4km。2010 年起，美国下大力研究和发展的高超声速打击武器和空天往返平台。至 2015 年先后进行了 4 次飞行试验的 X-37B "轨道试验飞行器"，可实现空间侦察监视、动能打击、快速空间支援响应等军事能力，成为威胁世界和平的安全隐患。2014—2015 年频繁试飞的防区外高超声速快速打击武器"乘波者" X-51A 和"兵力运用与本土发射高超声速飞行器" HTV-2，可重复使用的高超声速投送平台 MANTA、SR-72、X-60A，更是剑指亚太，慑战全球。特朗普上台后推行"美国优先"的国家战略，逐年追加高超声速武器的国防预算，2014 年提出的 AHW 和 TBG 项目，以及 2015 年提出的 HCSW 项目等，在 2018 年分别获得 1.974 亿、4.8 亿和 9.28 亿美元的投资。其中作为 TBG 项目成果的"空射快速响应武器" ARRW 预计在 2021 年 11 月完成原型弹的设计、建造、测试；"远程高超声速武器" LRHW 计划在 2022 年列装美国陆军。2019 年 3 月五角大楼公布高超声速领域未来五年将投入 104 亿美元，从而确立美国在高超声速领域的领导地位。

二、其他国家

除美国以外，俄罗斯、英国、以色列、印度、法国、日本、以色列等国家都在积极开展临近空间飞行器方面的研究。

（一）俄罗斯

1. **在低动态飞行器方面**

俄罗斯拥有北海、太平洋、波罗的海、地中海至黑海和里海五处专属海洋区域。俄罗斯军事专家认为，尽管其拥有庞大的海军，但受地理位置的限制，一旦发生危机和冲突，俄海军各个舰队仍将主要依靠自己的力量和武器自主作战。为使这一问题有所改进，俄罗斯军事专家对飞艇给予了极大关注。他们认为，完全可以将现有的飞艇技术用于军事目的，而且飞艇技术早已应用于民用，借用该项技术为军事目的服务，可以说是"不劳而获"。目前，俄罗斯浮空飞行学会正在从事大荷载飞艇的研制工作，他们计划研制的飞艇直径为58m，长290m，有效载荷200t，以90km/h的巡航速度飞行时，飞行距离为15000km，最大飞行速度为150km/h。飞艇的动力装置为9台发动机，推力矢量控制系统可为空中悬停状态下的飞艇提供姿态调整。飞艇的外表面是复合材料制成的硬质外壳。由两个纵向弦杆构成的桁架作为艇体的承力构架，两个纵向弦杆沿壳体结构的上下经线安装。下弦杆的桁架同时还为安装主要设备、燃料和机组人员提供支撑。在飞艇中部有一个宽大的载货隔舱。与同类飞行器相比，由于该飞艇可以对所携带的气体进行预热，因而使飞艇的飞行技术性能和使用性能得到提高。预热问题以往主要是依靠飞艇多个巡航发动机所排放气体的热量来解决，为此不得不安装体积庞大、笨重、复杂的热交换装置。而俄罗斯该飞艇则采用了新颖的设计方法，即用多个电弧等离子体加速器作为加热上升气体的装置。等离子体加速器的优点是可以控制热值，而且这种装置尺寸小，调节范围宽。等离子体加速器还有效地解决了飞艇在高空中飞行壳体易结冰的问题，还可以将飞艇在非平稳状态下，以巡航速度飞行时的距离提高2倍以上。

2. 在高动态飞行器方面

俄罗斯在高超声速领域特别是超燃冲压发动机技术方面成果显著，不逊于美国。苏联早在1957年就开始了超燃冲压发动机的研究。俄罗斯中央空气流体动力研究院、中央航空发动机研究院、图拉耶夫联盟设计局、莫斯科航空学院等许多单位都开展了高超声速技术研究。已经实施的项目有"冷"计划、"针-31"计划和"彩虹-D2"计划等。"冷"计划采用轴对称形状的试飞器，结构包括冲压发动机（氢燃料亚燃/超燃）、遥控系统、燃料监控/测量系统等。试飞器的总质量为595kg，长4.3m，最大直径为750mm，可以携带18kg（约300L）的液氢燃料。"冷"计划试飞器累计进行了5次验证性飞行试验，取得了一定的成果，主要包括亚声速燃烧向超声速燃烧转变，飞行速度最高达6.5Ma，获得高速度（3.5～6.45Ma）和高动压条件下有关亚声速燃烧和超声速燃烧的飞行试验数据。"针-31计划"的试飞器由俄罗斯C-300A防空导弹系统的48H6导弹改型而来，两台用于试验的超燃冲压发动机（双模态发动机，5～6Ma）对称安装在其前弹体的外侧，后弹体部分为助推器，前后弹体可以分离，分离后前弹体按程序控制飞行。该项目先期进行了大量的地面试验。"彩虹-D2"计划由俄彩虹设计局和巴拉诺夫中央航空发动机研究院联合开展。"彩虹-D2"高超声速试飞器由AS-4远程战略巡航导弹改装而成，发动机长6m，速度2.5～6.5Ma，射程570km，飞行高度15～30km，最大速度持续时间为70s。

（二）英国

目前，英国先进技术集团公司正在进行军用运输飞艇的研制。据英国国防部代表称，他们最感兴趣的飞艇方案是有效载荷为1000t的"天猫-1000"。该飞艇巡航飞行速度每小时240km，实用升限1200m，最远飞行距离8000km。飞艇长256m，宽136m，高83m。预计该飞艇的艇体将采用侧面相连共用气囊的双体式结构，类似于双体式水上飞机。这样的布局可使飞艇在巡航飞行时产生较大的升力，从而可相应减小飞艇的体积。该飞艇的动力装置计划采用 4 台涡桨发动机，其中两台为巡航主发动机，一台用于上升，另一台用于装卸货物时机动飞行。该飞艇的载货隔舱（总面积 995m²）的体积可运载几乎所有的武器和技术装备，如 16 辆 M1 主战坦克，或 AH-64 等直升机。为此，需要在飞艇上安装保障武器和技术装备装卸的专门设备，如空中悬停装置，以及在没有准备的场地（深雪地、沼泽地）和水中实施降落的设备。

（三）法国

在低动态飞行器方面，法国的欧洲空客公司的"西风 S"临近空间太阳能无人机在 2018 年实现了 25d23h57min 的飞行，创下世界纪录。在高动态飞行器方面，法国一直积极开展临近空间高超声速技术研究，将高超声速导弹作为发展临近空间飞行器的首选目标，初期目标是研制航程大于 1000km、巡航飞行速度 6~6.5Ma，具有高升阻比外形，使用双模态冲压发动机的导弹。法国国防部从 1992 年就开始实施一项耗资 3.8 亿美元的吸气式高超声速推进研究与技术计划（PREPHA），一年后，法俄成功开展了 6Ma 的联合飞行试验。随后几年相继开展了氢燃料和煤油燃料的超燃冲压发动机试验。与德国联合开发 2~12Ma 的双模态冲压发动机。目前，已成功研制了 7.5Ma 的超燃冲压发动机。法国目前在研的临近空间高超声速项目主要是 Promethee 导弹计划和 LEA 计划。

（四）日本

日本在 1998 年 4 月就通过了"高空信息平台研究开发"的国家立项，成立了由众多研究机构和大型企业组成的高空信息平台开发协会，计划发射 20 个以太阳能/燃料电池为动力的高空飞艇平台，驻空高度 20km，覆盖整个日本群岛。2004 年研制出升空高度 4000m、长 68m、有效载重 400kg 的低空验证艇，并完成了飞行试验。日本平流层平台项目已完成长 150m、飞行高度为 18km 的验证艇的研制，计划继续完成长 200m、飞行高度为 20km 的实用艇的研制。

（五）以色列

以色列飞机工业公司（IAI）也正在研制一种巨型高空侦察飞艇，载荷 2000kg，悬停在 21km 高空，覆盖直径 1000km 区域，用于取代价格昂贵的间谍卫星，执行对周边阿拉伯国家的侦察、预警和通信任务。该飞艇的原型设计和运营费计划为 1 亿美元，每艘飞艇的成本不足 3000 万美元。飞艇长 190m，悬停高度 21km，最大任务载荷约为 2t，携带制导和控制系统，且采取无人驾驶、地面远程操控的模式，白天动力源于太阳能电池，夜间依靠再生燃料电池，机动能力依靠艇身后部电动引擎带动后螺旋桨。该飞艇可以承受比较严酷的外部环境，还可返回地面进行维护。

其他国家如德国的新齐柏林公司已生产出长 75m 的齐柏林载人飞艇，该艇可乘坐 12 人，由 2 名驾驶员操纵。德国近年来也集中力量进行高超声速导弹的研发，作为世界上第一个实现 6Ma 飞行器飞行的国家，德国在高超声速飞行器研究领域的实力不可小觑。印度空军官员称，印空军将开始使用搭载侦察设备的浮空器执行侦察任务，如果这一计划成果实施，印军将成为南亚地区首个使用浮空器执行侦察任务的军队。

总之，各国对于临近空间的开发利用还处于初级阶段，实用性的成果还难以窥探，鉴于临近空间在未来战争中的价值取向，今后的开发利用必定是各主要军事强国倾力于心的一块"热土"。

三、我国

临近空间巨大的国防、经济和科技价值也早就受到政府部门和众多科研单位的高度重视，虽未见国家层面的统一发展战略，但各个相关领域已经开展了大量的研究工作。

（一）以关键技术攻关为代表的科技探索蓬勃开展

从本世纪初开始，国家基础科研重大专项计划就围绕冲压发动机、一体化结构和复合材料、先进能源等临近空间关键技术展开了研究，多个领域目前已取得突破性进展。2011年超燃冲压发动机进行了试验验证，2014年高超声速滑翔飞行器进行了试飞。2018年更是启动了"临近空间科学实验系统"A 类战略性先导科技专项，旨在发展重载浮空器、持久驻空超压浮空器、可重复用动力浮空器，搭载科学探测平台、球载太阳能无人机系统和相应载荷等。

（二）以民用目的为主的低动态平台研究成绩斐然

20世纪90年代初我国就开展了以提供信息支援为主要应用的高空飞艇的初步论证，到"十五"期间开展试验艇的研制，2006年JK-20飞艇成功试飞，2015年6月"旅行者"号商用飞行器在新西兰成功试飞，10月"圆梦号"飞艇成功试飞，在全球率先实现了临近空间飞艇的持续动力、可控飞行和重复使用能力，它可停留在距地面20km左右的平流层，首次试飞搭载了多种信息传输设备和系统，这些设备和系统包括中继通信、大地感知、空间成像等。由于距地面比卫星近，在气象预报、大地观测搜索搜救等军用民用需求方面更加准确。同年，我国的"彩虹 T"系列太阳能无人飞行器也首飞成功。从外媒报道看，认为"彩虹-T4"也许是中国找到击沉航空母舰的新法子。"彩虹-T4"能够在20km高空飞行，这无论是对军用还是民用来说，应用范围都是非常可观的，可以畅想，未来通信传输、侦察预警、导航定位等的应用是十分广阔的。2017年10月"旅行者"3号在新疆完成一系列技术试验，2018年6月"彩虹"太阳能无人机成功完成20000m高空飞行试验，使我国成为继美、英之后，第三个掌握临近空间太阳能无人机技术的国家。

（三）以应对威胁为主的高超声速领域不甘人后

虽然相比美、俄，我国高超声速武器的研发起步较晚，但围绕临近空间的军事威胁、应用领域、开发利用、力量建设等先期开展了多方面的理论研究，形成了一系列的理论成果。围绕高超声速飞行器核心动力技术的超燃冲压发动机、组合动力发动机，以及助推飞行一体化技术、高温材料技术等，一直有机构持续跟踪研究，并在2008年启动了JF12复现高超声速飞行条件激波风洞建造计划，2012年5月完成，2014年首次进行了高超声速武器试验，据美国《航空周刊》报道，中国在2014—2016年累计进行了7次试飞。2017年11月香港《南华早报》进一步报道中国正在修建世界上最高速的风洞，并预计在2020年建成。这表明，中国在高超声速武器的研制方面，具有世界先进水平。

总的来说，临近空间作为重要的战略资源领域，已经引起了国内各领域学者和领导者的重视，并开展了大量的工作。从技术上看，我国与世界强国差距不大，但缺乏顶层规划指导和总体布局设计，还处在各领域独自探索，发展目标模糊的初级发展阶段。

第三节 临近空间作战应用研究重点

临近空间作战应用研究，是面向未来的预先设想和理论研究，是以临近空间发展进程为基础，遵循科学技术和军事应用发展规律的牵引性研究，既是对未来临近空间战争的预想和设计，也是应对临近空间军事威胁的预先准备。临近空间作战应用，首先需要从国家安全对临近空间的需求出发，分析临近空间军事开发利用的战略定位，明确临近空间作战的任务和目的，提出明确的临近空间军事能力需求；然后设计和研发满足临近空间作战能力需求的装备体系，构建能够满足临近空间作战任务需求的作战力量体系；同时考虑在临近空间开展军事对抗的可行性，必须注重临近空间的平台研发、关键技术攻关、相关产业发展和制度机制完善，寻找一条临近空间军事开发利用的可持续发展之路。

一、临近空间作战应用需求

作战需求是技术发展的牵引力和推动力。临近空间作战应用需求，是在维护国家安全、应对可能威胁的国家安全战略指导下的临近空间军事应用需求，是在充分考虑空天战略环境，明确临近空间军事战略定位基础上，对临近空间作战任务和行动样式的设计，是牵引和指导临近空间装备体系构建的逻辑起点。

临近空间军事应用需求分析可参考如图1.6所示的分析框架。该框架由三部分组成：第一部分是以国家安全战略环境、安全威胁形势和临近空间开发利用现状为基础的临近空间战略需求分析，是临近空间作战应用需求的输入；第二部分是未来临近空间作战力量可能参与的作战行动下，具体作战任务分析、作战能力需求分析和对应的装备需求分析；第三部分是装备体系构建方案，包括指导武器装备体系建设与发展的整体功能需求集合、整体性能、战术技术指标、规模结构、技术需求和研发生产等，这部分是临近空间作战应用需求分析的目标指向。

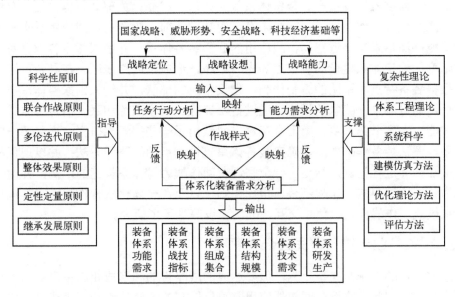

图1.6 军事应用需求分析框架

依照需求分析框架，围绕未来典型对抗环境下临近空间作战应用需求的分析，可以将作战任务行动分析、作战能力需求分析和装备需求分析进行有机结合，通过不断进行循环迭代，科学合理地获得满足国家战略要求，能够应对多种威胁形势，实现预期作战效果的装备体系需求方案。需求分析应综合考虑国际形势、军事威胁、体系对抗效果和整体作战能力，着眼于提高临近空间在空天一体中担负的作战任务和能力需求，注重长远可持续发展的能力建设，体现创新性和前瞻性。本书的第五章针对这一问题做了相关研究分析。

二、关键技术攻克及平台研发

临近空间作战应用是以具备可用的临近空间平台装备为物质基础的，然而，现在临近空间平台还在研究试验阶段，其主要原因就是平台研发所涉及的关键技术还未得到全面突破，相关装备的研究也不具备试验平台。可以说，一方面临近空间技术的发展和平台的研发制约了临近空间作战应用；另一方面，临近空间作战应用的需求会加速和牵引临近空间技术的发展和平台的研发。因此，围绕临近空间作战应用需求，应该开发什么样的临近空间平台，攻克哪些相关的科学技术难题，既是临近空间作战应用研究应该涉及的问题，也是制约临近空间作战应用范围和能力的问题。本书第三章对现阶段临近空间平台的类型、特点、使用模式、面临的关键技术问题和军事应用前景等进行了梳理；第四章对临近空间作战应用需要攻克的平台技术、载荷技术、通信技术和平台发射、自动防撞等相关技术进行了梳理。

三、装备力量体系建设及应用

为建设一支可用于临近空间军事对抗的作战力量体系提供决策支持，是预先进行临近空间作战应用研究的落脚点。临近空间装备力量体系建设，既包括临近空间装备体系设计论证、武器装备研发生产、装备体系效能评估、成立相关部队，也包括部队成立后面向作战能力生成的作战训练。在尚未有可用装备之前，需要从作战应用需求出发，设计和构建能够满足未来临近空间作战应用的武器装备体系，并根据体系各部分对体系效能的贡献度，确定体系建设的侧重点和先后顺序，形成发展路线图。在具备可用装备之后，应根据装备特点和军队的编制体制，建设相应的部队，并纳入国家整体军事力量体系。然后，通过对未来战争的设想，通过日常训练、战术演练和联合演习等方式，不断提升作战能力。本书第六章、第七章在这方面做出了一些探索性研究，提供了一些构建装备体系、评估装备作战效能、确定装备体系建设重点的思路和方法；并以现代战争的典型作战活动和过程为例，给出了一个临近空间作战力量体系构建的范例，并对其中各类作战力量的应用模式、作战部署、指挥控制，以及在一体化联合作战中与其他作战力量的编组模式、作战样式、信息交互、战场建设等进行了研究。

四、相关产业支撑和军民融合式发展

临近空间作战应用是军事行为，但要达成的战略目的和形成相应军事实力的过程，却是国家行为。因此，临近空间作战应用取决于国家的安全战略和军事战略，依托于临近空间的发展战略，涉及政治、经济、科技等各个方面，需要军工和相关产业的支撑，需要走军民融合的发展之路。本书第八章对支撑临近空间作战应用的临近空间军民融合发展之路做了讨论,从临近空间军民融合发展涉及的技术基础、科研生产、综合保障等领域,以及临近空间军民融合发展面临的国内外形势和需求出发,提出了临近空间军民融合战略经营的发展构想和以临近空间作战应用为牵引的发展策略,并对临近空间军民融合涉及的一些关键问题进行了讨论。

综上,临近空间作战应用研究不同于具体装备和技术的作战应用,是先于装备和技术的新型作战领域的研究,是从国家发展策略到具体技术研发的全面研究,是以临近空间作战应用为牵引的临近空间开发利用研究,力求使读者在对临近空间有一个较为全面认识的基础上,对未来临近空间可能的作战,以及实现作战所需的过程有一个较为全面了解。

第二章　临近空间作战环境

环境是作战必须考虑的重要制约因素，临近空间作战环境包括自然环境、电磁环境和社会环境。自然环境主要考虑临近空间所处大气层内各种对临近空间飞行器有影响的大气环境因素，电磁环境主要体现对各类飞行器中的信息载荷的影响，社会环境主要考虑各国临近空间开发利用进程、战略布局和国际法规制约。对临近空间作战环境的分析，是有针对性的开展临近空间作战建设和军事斗争准备的基础。

第一节　自　然　环　境

临近空间自然环境，是开发利用临近空间所要面对和解决的客观存在，是临近空间飞行器升空和发挥作用的前提和基础。本节关注的临近空间自然环境，主要是指临近空间大气环境，即临近空间区域大气活动的变换状态，以及大气状态变化对临近空间飞行器及临近空间活动的影响。

一、大气层的划分

临近空间是地球中高层大气空间的重要组成部分。大致包括了以大气成分和特性划分的平流层、中间层和部分热层，如图 2.1 所示。除了大气温度、密度、气压状态、风场等对临近空间飞行器安全有直接影响的因素外，临近空间与对流层和电离层的耦合引起的大气波动，与太阳辐射相关的大气能量通量和动量传输等日地物理扰动，以及电子密度、中子辐射、重力波、流行通量等都会对临近空间平台有效载荷的工作产生影响。大气层是包围在地球表面并随地球旋转的空气层，它不仅是维持生物生命所必需的，而且参与地球表面的各种过程。大气随高度的增加而逐渐稀薄，50%的质量集中在 30km 以下的范围内。高度 100km 以上，空气相当稀薄，其质量仅是整个大气圈质量的百万分之一。从理论上讲，大气越稀薄的地方，越利于开展光电侦察，因为大气扰动和大气散射的影响会显著降低。

（一）热力学特性分层

在物理上，按照大气温度、化学组成及其他性质在垂直方向的变化，以大气热力结构随高度的分布为主要依据，可将大气层划分为对流层（Troposphere）、平流层（Stratosphere）、中间层（Mesosphere）、热层（Thermosphere）和外逸层（Exosphere）这 5 层。

对流层：是大气的最低层，其垂直高度随着纬度与季节等因素而变化。低纬度地区的对流层高度平均为 16~18km，中纬度地区平均为 10~12km，高纬度地区平均为 8~9km。夏季较厚，冬季较薄。气温随高度上升而降低，大约每升高 100m，温度降低 0.6℃；

密度大，75%以上的大气总质量和 90%的水蒸气在对流层；污染物的迁移转化过程及天气过程均发生在对流层。此层中的风速与风向是经常变化的；空气的压强、密度、温度和湿度也经常变化，一般随着高度的增加而减少；风、雨、雷、电等气象现象发生在这一层里。对流层顶的气温不再随高度的上升而降低，基本不变，是一个很稳定的层次，对流层里的天气影响不到这里。经常是晴空万里，能见度极高，空气平稳，适宜飞行器的飞行。

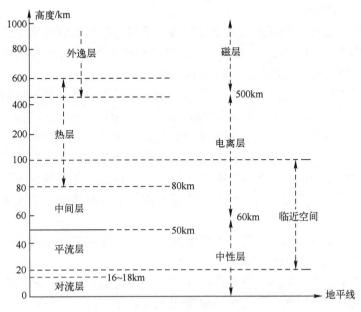

图 2.1 大气层的划分示意图

平流层：对流层顶端到海拔 50km 之间的大气层，其质量约占大气总质量的 1/4。在 20km 高度以内，气温不随高度变化；在 20~32km 之间，气温则随高度上升。平流层中几乎没有水汽凝结，没有雷雨等气象，也没有大气的上下对流，只有水平方向的流动，故称平流层。这一层是地球大气中臭氧集中的地方，尤其是在下部，即 15~35km 高度上臭氧浓度最大，对紫外线有强烈的吸收作用，因而这一层又叫臭氧层。这一层的特点是空气稀薄，水汽、尘埃含量甚微，能见度很高，便于光电侦察，大气上暖下凉、不对流，飞行器在其中受力稳定，便于操纵驾驶和姿态控制。飞鸟飞行的高度一般达不到平流层，因而在平流层中飞行比较安全。

中间层：高度为平流层的顶端到海拔 80km，其质量仅占大气总质量的 1/30000。这个范围被命名为中层大气，简称中层。在这里，温度随高度而下降，大约在 80km 达到最低点，约为-90℃。人们一般把飞行高度达到 80~100km 的飞行器，看成是不依靠大气飞行的航天器。按照美国航空航天局规定：飞行高度超过 80km 的飞行员即可称为宇航员。

热层：最低高度为海拔 80km，其顶层高度大致在 400~700km 之间变化。之所以称为热层，是由于这层的空气分子和离子直接吸收太阳紫外辐射能量，因而运动速度很快，和高温气体一样。这里空气极其稀薄，尽管热层顶的气温可达 1000℃（太阳比较宁静时）

至2000℃（太阳活动剧烈时），但实际上却根本不会感到热。

外逸层：热层顶以上的等温大气称为外层、或散逸层，也叫逃逸层。这里地球引力很小，而且空气又特别稀薄，气体分子互相碰撞的机会很小，因此空气分子简速地飞来飞去，一旦向上飞去，就会进入碰撞机会极小的区域，最后它将告别地球进入星际空间，所以外大气层被称为逃逸层。这一层温度极高，但近于等温，这里的空气也处于高度电离状态。人类大部分的航天活动都是在逃逸层之内或附近进行的。

（二）电磁特性分层

除了按温度分层外，根据大气的电磁特性，还可以将大气划分为中性层、电离层和磁层。中性层是指地面到60km高度，这里大气各成分多处于中性，即非电离状态；60～500km高度的大气层称为电离层；500km以上称为磁层。

地球吸收了太阳辐射能量，为保持其热平衡，必须将这部分能量辐射回太空，这一过程称为地球辐射。地球辐射波长都在4μm以上，辐射极大值位于10μm处，即主要是红外长波辐射。地球表面辐射的能量主要被低层大气中的二氧化碳和水汽吸收。地球辐射的波长在4～8μm和13～20μm的能量很容易被大气中的水汽和二氧化碳所吸收。而8～13μm的辐射吸收很少，这种现象称为"大气窗"，这部分长波辐射可以穿过大气到达宇宙空间。这此特性为临近空间飞行器传感器工作波段的选择提供了依据。

（三）工程划分

在工程上，从资源利用的角度，大气层从低到高分为航空层（20km以下）、临近空间层（20～100km）和空间层（100km以上）。

临近空间高于一般飞机的飞行高度，又低于卫星的运行轨道，是迄今人类尚未很好地开发利用的空间。一方面，临近空间纵跨平流层、中间层和部分热层，空气稀薄，大气密度仅为地面的百分之几至千分之几，空气动力效应和浮力都较小；另一方面，对于航天器而言，该空域大气密度过大；因而临近空间飞行器技术既是对"天"的挑战，也是对"空"的挑战。随着科学技术水平的不断进步，临近空间平稳规律的风场、高的太阳能利用效率、新的通信资源等均为发展临近空间飞行器创造了有利条件，但是在临近空间，臭氧、辐射等也给飞行器带来了腐蚀和损坏等问题。

二、临近空间自然环境特点

临近空间处于"空天过渡区"，从大气分层看主要包括：大部分大气平流层区域、全部中间层区域和部分热层区域，如图2.2所示。根据大气的热力学性质和大气垂直减温率的变化，临近空间的大气环境具有以下特点：

（一）大气温度

临近空间跨越的大气层中，处于平流层下部的同温层温度基本保持不变，但到了20km以上，温度逐渐升高，从平流层底部的-63.1℃左右升到平流层顶部（约50km处）的-3.2℃左右，增温主要是臭氧层吸收太阳紫外辐射加热大气造成的。在中间层，臭氧含量随着高度的进一步增加逐渐减少，温度也随之下降，到中间层顶95km附近温度降至-93.1℃左右，这部分也是全球大气最冷的地方。95km高度以上为热层，该层大气中的氧原子吸收了太阳的远紫外辐射而发生部分电离，且随高度增加电离程度逐渐增强，因而温度随高度急剧增加。

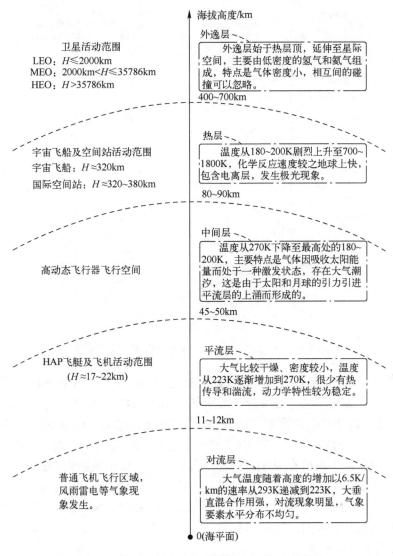

图 2.2 临近空间与大气层各层之间的对应关系

此外，临近空间温度还有明显的季节变化，并且在不同的高度有不同的特征。20km 高度大气温度的季节性空间分布，沿经度方向，各季节在中低纬地区变化较小，中高纬地区除夏季分布均匀外，其他季节沿经向起伏震荡，且在 W30°～E100° 的经度带内温度较低，而两侧温度较高。沿纬度方向各季节大气温度随纬度上升逐渐增大，50km 高度温度的空间分布沿经度方向，除夏季均匀分布外，其他季节在中低纬地区变化较小而中高纬地区存在温度较高的经度带（E0°～E90°）沿纬度方向春季和夏季温度随纬度上升逐渐增大，而秋季和冬季恰恰相反。在 70km 高度上冬季和夏季的温度明显高于春秋季的温度，尤其是冬季的温度比较高这是由于平流层爆发性增温的影响。80km 高度温度的空间分布沿经度方向，除秋季和冬季在中高纬地区逐渐减小外，其他季节大气温度沿经向分布较为均匀，沿纬度方向春季和夏季逐渐减小，而秋季和冬季逐渐增大。在 85km 高度上春秋季的温度明显高于冬季和夏季的温度，见图 2.3 所示。

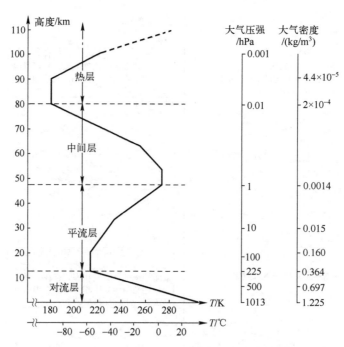

图 2.3 大气温度、气压、密度随高度变化示意图

总体来看,20km 高度以上大气温度随着高度增加而呈现"增加-减小-再增加"的趋势,这和纬度分布关系不大。在临近空间所处的 20~100km 高度之间,温度的最大值出现在 50km 左右,即中低纬地区的平流层顶,温度可达-3.2℃;极小值出现在中间层顶部的 85~95km 附近,约为-113~-93.1℃,这一数值却与纬度有关。处于 N30°~S30°之间的低纬地区,中间层顶高度在 95km 左右,相应的温度极小值约为-93.1℃。而在中高纬地区,却区分南北半球,又有着明显的区别:在北半球 N30°~N83°的区域,中间层顶高度为 100km,温度极小值约为-83.1℃;而南半球 S30°~S52°的区域,中间层顶高度为 85km,对应的温度极小值约为-113℃。

(二)大气压力和密度

临近空间气压随高度增加呈指数衰减,跨越了低真空、中真空和高真空,如图 2.3 所示。在 100km 处已经接近真空,空气分子基本消失。同样,大气密度也与大气压力基本一致,随高度增加急剧减少,进入中间层后,空气就已经十分稀薄,在 60km 处,大气密度就已接近零。

20km 高度大气密度的空间分布特点为,沿经度方向,各季节大气密度在低纬和高纬地区分布较为均匀,在中纬度地区呈现起伏震荡特征,且夏季存在密度局地偏大的区域(N25°~N35°,E60°~E90°)。沿纬度方向大气密度呈不断减小趋势。

50km 高度大气密度的空间分布特点为,沿经度方向,大气密度在春季和夏季分布较为均匀,在秋季和冬季除 N40°以下地区均匀分布外,在中高纬地区呈现先减小后增大的变化特征。沿纬度方向大气密度同样随纬度上升减小。

80km 高度密度的空间分布特点为,沿经度方向,大气密度在春季和冬季分布较为均匀在夏季和秋季的 N40°~N70°纬度带内,先增大后减小。沿纬度方向,大气密度减小。

（三）臭氧含量

臭氧是氧气的同素异形体，在常温下是一种有特殊臭味的淡蓝色气体，常温常压下稳定性较差，可自行分解为氧气。它是波长小于242nm的太阳紫外线与高层大气相互作用的结果，太阳紫外光解离大气氧分子产生氧原子，氧原子与氧分子反应生成臭氧。臭氧从海拔数千米处开始存在，90%以上分布在10～50km高度的对流层和平流层大气内。臭氧可吸收对生物有害的短波紫外线（UV-B，波长为280～315nm），起到屏蔽和保护作用，由于紫外线对平流层的增温作用，臭氧分子是平流层大气的关键组成部分，对平流层的温度垂直分布结构和大气运动起着决定性作用，发挥调节气候的重要功能。但接近地表处的臭氧对农作物和呼吸系统有严重的破坏作用。由于氧化性较强，臭氧具有很强的腐蚀性，除了金、铂外，几乎对所有金属都有腐蚀作用。臭氧对非金属也有很强的腐蚀作用，例如聚合物材料。因此，在临近空间飞行器的材料选取和结构设计中应充分考虑臭氧的影响。

在临近空间20～40km之间的臭氧含量较高，混合比最高可达9×10^{-6}、极大值出现在25km左右，之后随着高度增加臭氧含量逐渐下降，在60km附近已经降至极大值的1/10左右。在N（S）65°～80°中高纬地区，90km中间层顶附近，臭氧含量出现局部增大现象，但幅度十分有限。总体来看，除20～40km区域外临近空间大气中臭氧含量分布较平均，混合比较低，如图2.4所示。

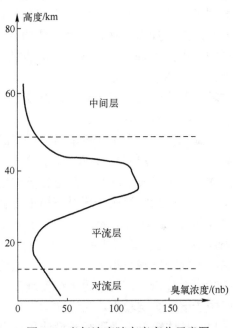

图2.4 臭氧浓度随高度变化示意图

（四）大气波动

临近空间高度范围内存在各种尺度的大气波动，包括中小尺度的重力波、与地球纬圈长度相当尺度的行星波，以及潮汐波等，它们在气象学、气候学以及大气动力学中都十分重要。尤其是高频的重力波，能在不同高度大气之间产生能量和动量传输，对各层大气之间的能量耦合、平流层大气温度和风场变化、大气环流等都有显著影响。重力波是在大气中流体受到扰动而偏离平衡位置，并在浮力作用下产生的周期性振动。重力波是一种常见的大气波动，它与对流层中暴雨、台风、冰雹等多种灾害性天气密切相关，并可以垂直传播到大气中高层，在上传的过程中，由于振幅增加且不稳定破碎，从而产生湍流，湍流扩散将直接影响中层大气温度场和环流结构。

（五）大气风场

大气风场的变化也比较复杂：从地表开始，风速随高度的升高逐渐增加，到平流层与对流层交界处（海拔11～12km）达到极大值85m/s左右；之后以线性速率逐渐减小，至海拔18km左右时减小到约20m/s；海拔20～25km之间，风速保持约15～20m/s这样一个较小的范围内，之后又以线性速率逐渐增加到约170m/s（海拔70km左右），如

图 2.5 所示。平流层和热层的对流运动很小，而中间层有较强烈的对流运动。平流层底部，即 20km 左右，属于准零风层，大气运动主要以东西方向的水平运动为主，存在东西风向翻转，且中间存在空间范围较大、时间上比较稳定的纬向风转换层，理论上非常适合浮空器驻留。20～78km 的临近空间大气风场，区分南半球和北半球，存在明显的季节变化特征。冬季，纬向风北半球以西风为主、南半球以东风为主，风速在 46～82m/s，经向风 60km 以上南北半球都以南风为主、60km 以下中低纬度以南风为主、其他纬度以北风为主，风速在 4～13m/s；夏季与冬季特征相反，春秋季处在夏季和冬季之间的过渡。临近空间经向风明显弱于纬向风。此外，同一高度处的风速还会随着纬度的增加而增加，随着季节的变化而变化，夏季最小，冬季稍大一些。风向也随季节的变化而变化，通常是冬季从西向东，夏季从东向西，这种缓慢的变化在春秋季节风力最小时产生。

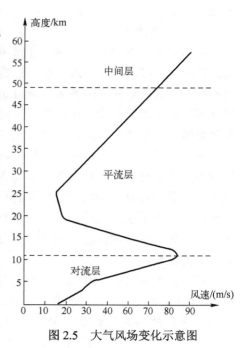

图 2.5 大气风场变化示意图

（六）辐射环境

临近空间存在由大量辐射粒子组成的复杂辐射环境，这些辐射粒子主要包括中子、质子、电子、γ射线、π介子、μ介子等。主要由空间中存在的银河宇宙射线和太阳抛射的太阳宇宙射线中的高能带电粒子与地球中性大气中的氮和氧发生交互作用而形成。其中，中子作为空间粒子辐射环境中对临近空间飞行器构成威胁的最重要因素，是辐射环境探测研究的重点。临近空间中子太阳活动密切相关，太阳极大年时的中子通量高于太阳极小年，增大量最大超过三个数量级；临近空间中子通量随海拔高度增大而减小数倍，这与大气密度减小相关。另外，赤道地区的中子通量最低，随着纬度的升高，中子通量持续增大数倍。该现象源于纬度越高，地磁截止刚度越大。相比于纬度，经度对临近空间中子谱的影响较小。临近空间中子入射飞行器电子系统会引起单粒子效应，对机组人员也有身体辐射，是飞行器设计和安全运行必须要考虑的问题。

总的来说：临近空间大气环境的特点：一是温度相对较低。大气温度随高度变化相对复杂。随着高度的增加大气的温度先升高后降低，在密度相对较大的 20km 处约为 −56℃。二是空气稀薄、大气压力低。大气密度和压力均随高度近似呈指数规律快速下降。20km 处大气密度约为地面的 7%，大气压力约为 5500Pa，约为地面的 5.3%。100km 处就只为地面的 0.0001%。三是臭氧浓度高。在 20～30km 处存在臭氧浓度最高区域，密度达 $5 \times 10^{12} cm^3$。再往上臭氧浓度降低，整个空间太阳辐射逐渐增强。四是高空风场变化较复杂。存在高度、季节和纬度等明显差别。高度 20～28km 之间风速较小，其中 25km 左右风速最小。五是存在大量辐射粒子，其中与飞行器安全最密切相关的中子辐射与太阳活动、海拔高度、经纬度等都相关。

三、自然环境对临近空间飞行器的影响

随着战场高空化进程的加快，临近空间飞行器作为新的空战平台成为一个必然发展趋势，临近空间飞行器发射升空、展开工作、信息处理、实施打击、返航着陆等一系列行为都将自动完成并实现智能化，而这些过程都需要对空间环境精确信息的掌握。临近空间虽然只包括大部分大气平流层区域、全部中间大气层区域和部分热层区域，但临近空间飞行器的发射与回收却要经过对流层。所以临近空间飞行器，特别是以飞艇为代表的低速飞行器，受到对流层、平流层和热层中的电离层的影响较大。临近空间臭氧、辐射等也给飞行器带来了腐蚀和损坏等问题。

临近空间极低的大气压造成一定程度的真空效应，主要包括压力差效应、电子电工部组件的低气压放电效应、真空出气与污染效应、真空泄漏等，是飞行器设计时必须考虑的问题。临近空间温度变化较大，特别是在目前研究运用较多的20km处，温度很低，这就对浮空器等一些临近空间飞行器提出了很高的要求。同时，临近空间温度对飞行器的浮力、动力计算和材料老化都有影响，是飞行器设计、试验和运行的重要参考要素。

（一）大气温层的影响

临近空间飞行器在升空、回收过程中经过对流层。对流层是最贴近地球表面的一层。对流层中风速一般是随高度的增加而增加，但变化比较复杂，没有规律，需要依靠实际测量。1.5km 高度以下的大气边界层由于受地面热力和地形的影响，空气运动具有明显的紊流运动特征，表现为风速和气温在时间和空间上变化激烈。飞艇在起飞及上升阶段需要穿越对流层，由于飞艇体积巨大，所以对流层的气象环境对飞艇的上升过程有很大的影响。因此需要对放飞的气象条件作一定的选择，尽量避免在恶劣气象条件下放飞。

平流层中几乎没有水汽凝结，没有雷、雨等气象，也没有大气的上下对流，只有水平方向的流动。因此，平流层是飞行器稳定工作的高度，飞行器的能源平衡就是针对此高度的风速按长期稳定运行的要求来计算的。也因为这样，平流层高度的风速直接影响飞行器的尺寸、能源系统和动力推进系统的大小。

电离层是环绕地球的几层带电粒子区域，主要是在海拔 70km～90km、95km～140km 等几个区域，底层的电离层带电粒子的密度在白天或黑夜有很大的变化，白天密度更大，夜晚随着海拔的提高，粒子密度也会增加。电离层主要受时间变化和无法预测的太阳风暴两个因素的影响。它对于穿过其中的所有的电磁信号都有影响。根据信号的频率和传播方向，有的信号被减弱，有的被偏向，有的被完全吸收，所以无法传出电离层。37km 以下的临近空间飞行器都处于电离层以下，临近空间飞行器应尽量避免在电离层中执行任务。

（二）大气密度和温度的影响

以飞艇为例。飞艇的工作高度和尺寸大小受大气密度的影响可从其所受浮力 $L_G = V_N \rho_A g$ 看出，式中：V_N 为氦气的体积；ρ_A 为飞艇所在高度处空气密度。飞艇所受空气浮力减去氦气本身的重量即为飞艇的净升力，即

$$L_G = V_N (\rho_A - \rho_H) g \tag{2-1}$$

式中：ρ_H 为飞艇所在高度氦气的密度。尽管氦气和空气两种气体的压力会有微小的差异，

但这不影响整体分析，因而假定氦气与空气有相同的温度和压力，两种气体的密度只随升空高度的变化而变化，且变化规律一致。随着飞艇的上升，飞艇内的空气不断排出，氦气不断膨胀，氦气密度也在不断变化。基于氦气密度与空气密度的变化一致的假设，定义气体的密度比

$$\sigma = \frac{\rho_A}{\rho_{A_0}} = \frac{\rho_H}{\rho_{H_0}} \tag{2-2}$$

式中：ρ_{A_0} 为海平面的空气密度；ρ_{H_0} 为地面氦气密度。将式（2-2）代入式（2-1）有

$$L_N = \rho_H V_N \left(\frac{\rho_{A_0}}{\rho_{H_0}} - 1 \right) g = m_H \left(\frac{\rho_{A_0}}{\rho_{H_0}} - 1 \right) g \tag{2-3}$$

式中：m_H 为飞艇所在高度氦气的质量，若不考虑氦气的泄漏，m_H 与地面氦气的质量一致。式（2-3）表明飞艇的净升力不依赖于升空高度，随着飞艇的爬升，氦气囊的体积不断扩大，当氦气囊的体积达到囊体的体积时，飞艇达到最大升空高度。因此由飞艇的最大升空高度反过来也可确定艇体的外形尺寸。

大气密度越小，在同等有效载荷条件下的飞艇所需要的体积就越大，同时压力随着密度减小而减小。在保持一定蒙皮压力的情况下，飞艇内部所需保持的压力也可以减小。密度和压力的减小对飞艇动力和推进系统影响较大，螺旋桨推力随密度的降低迅速下降，而一般用在中低空飞艇的普通燃油发动机在此种条件下也无法正常工作，只能采用带压缩机的涡轮发动机或电动机来提供动力。另外，低密度的情况会严重降低热传导的效果，使整个飞艇的热环境控制变得复杂，如发动机散热等问题变得比地面大得多。

温度主要影响整个飞艇的热环境及设备和材料的环境适应能力。材料在低温条件下会发脆，很多设备及普通的润滑系统在低温条件下不能正常工作，从而直接影响到系统的寿命和可靠性，因此低温环境对飞艇热环境控制提出了更高的要求。

（三）臭氧及其影响

临近空间的平流层是臭氧的集中层，在 20~30km 高度臭氧密度高达 5×10^{12} 个/cm³。平流层的紫外线远小于卫星环境，但比地球表面大得多，这是由于地球的臭氧层恰位于平流层高度，太阳紫外辐射的绝大部分被臭氧吸收。臭氧对飞行器表面材料以及设备具有较强的氧化作用，大气污染物和水汽对重要表面，如太阳能电池、光学镜头等会造成污染，高能粒子会损伤探测部件和关键元器件使之失效，紫外线可能造成某些部件性能衰减。臭氧有很强的氧化性，可使许多有机色素脱色，侵蚀橡胶，很容易氧化有机不饱和化合物。臭氧的这种强氧化性将可能导致飞行器的部件和蒙皮材料变脆和加速老化，严重影响其在高空飞行的运行寿命，因此在设计时就必须充分考虑对臭氧的防护。

大气温度及臭氧质量浓度随高度变化。腐蚀性的臭氧浓度在约 30km 处达到最大，在此高度以上每增加 10km 浓度减少 10 倍，在约 56km 只有 30km 的 3%。低临近空间的飞行器要面临更加稠密臭氧的影响，设计时必须将臭氧的这一作用考虑在内。在上层空间，臭氧的浓度极低，对 UV 吸收很少。随着海拔的降低和臭氧浓度的提高，越来越多的 UV 被吸收，降到约 36km 海拔高度时，臭氧浓度只相当于 100km 的约 8%，到 20km 海拔时为约 3%，主要是因为臭氧的吸收作用。设计居于临近空间底层和顶层飞行器面临

的 UV 和臭氧环境是完全相反的，顶层飞行器必须面对 30 倍于底层的 UV 辐射，而底层飞行器要面对 30 倍于顶层的臭氧环境。

（四）太阳辐照环境及其影响

太阳辐照量同样也是飞行设计必须考虑的重要参数之一，太阳辐照的时间和辐照度直接影响飞艇工作的时间和可获得能源的大小。太阳辐照量的数值与太阳高度角及太阳辐照度都有关。太阳高度角的变化是由时间、纬度决定的，而太阳辐照度在一年内的变化与地日距离的变化有关，一般来说随着纬度的增加太阳辐照度减少。

由于太阳赤纬角的影响，在夏季高纬度地区的太阳辐照度要稍高于低纬地区，并在夏至时达到最大，但各纬度的太阳辐照度相差不大。随着时间推移，高纬度地区的太阳辐照度迅速减小，并在冬至达到最小值，各纬度之间的太阳辐照度的差距达到最大。

太阳辐照的不同谱段对飞艇有不同的影响。飞艇主要吸收红外与可见光谱段。吸收热量的多少取决于结构外形、涂层材料和飞行高度。这部分能量是飞艇热量的主要来源之一，将影响飞艇的温度。若热设计处理不当，会造成飞艇温度过高或过低，影响其正常运行。因此，为了验证热设计，鉴定飞艇的可靠性，可在地面试验设备中再现太阳辐照环境，模拟空间的外热流进行热平衡试验。

波长短于 300nm 的所有紫外辐照虽然只占有太阳总辐照的 1% 左右，但其影响很大：紫外线照射到金属表面，由于光电效应而产生许多自由电子，使金属表面带电，造成飞艇表面电位升高，将干扰其电磁系统；紫外线会使光学玻璃、太阳电池盖板等改变颜色，影响光谱的透过率；紫外线会改变瓷质绝缘的介电性质；紫外线的光量子能破坏分子聚合物的化学键，引起光化学反应，造成聚合物分子量降低，材料分解、裂析、变色，弹力和抗拉强度降低等；紫外线和臭氧会影响橡胶、环氧树脂黏合剂性能的稳定性；紫外线会改变热控涂层的光学性质，使表面逐渐变暗，对太阳辐照的吸收率显著提高，影响飞艇的温度控制。对于长时间在空运行的飞艇的热控设计必须考虑紫外线对热控涂层的影响。

（五）水蒸气、高能粒子

在高空平流层环境中还含有少量的水蒸汽，但与对流层相比含量较低。在平流层高度，μ 介子、电子、光子、中子、质子等高能粒子的辐射强度较地面大大增加，它们会对遥感仪器的运行带来不利影响。水蒸气会凝结在镜头和制冷部件上，长期累积会影响仪器性能甚至使仪器失效；高能粒子可能对探测部件造成损坏，高能粒子诱发单粒子效应，导致单粒子翻转，对电子仪器设备造成损坏。另外，现在飞行器电子系统要依赖大量的微处理器、存储器、功率器件等，随着器件加工工艺的不断发展，器件单元尺寸不断缩小，工作电压不断降低，使得器件抵御单粒子效应的能力不断降低。因此，临近空间大气中子诱发元器件发生单粒子效应的潜在危害也越来越大。

（六）空间污染物

飞行器表面污染就是在飞行器的表面粘结着某种沉积物，它使飞行器太阳电池板的光电转换效率下降，影响能源系统正常工作；影响原先设计的涂层的表面热辐射性能，导致涂层老化，引起飞行器温度升高，甚至导致飞行的失败。飞行器在地面试验和准备阶段、通过大气层的上升段以及在平流层驻空运行段都有可能对热控涂层造成污染。地面阶段，在飞行器总装测试过程中涂层表面可能受到污染，飞行器在驻空段的污染可能来自飞行器上某些材料放气的再凝结，如有机涂层、胶粘剂、润滑脂、导线绝热层和泡沫塑料等，这些材料表面吸附的气体分子和水分子以及材料本身的挥发性物质在受热的情况下会大量放出，放出的气体在冷表面上会再凝结，就会改变此表面的热辐射性质。

四、对临近空间自然环境的监测

近年来，基于对临近空间作战意义的认识，以及临近空间飞行器的研制和试验，对临近空间大气环境特性的监测受到西方军事强国的重视。为了保障空间飞行器的安全运行，欧美等发达国家非常重视与空间信息链路和空间飞行器相关的空间环境监测和数据库建设，利用大量气象、专业卫星和先进的遥感设备，已获得了全球范围内长期的电离层和低层大气环境特性遥感数据。但总的来说，目前对临近空间的观测相对来说还比较少，手段还比较单一，积累的数据也不足以全面分析和评估临近空间自然环境及其对临近空间作战的影响。对临近空间自然环境的监测和研究，还在持续进行。

（一）临近空间自然环境监测研究内容

临近空间自然环境与太阳活动影响和低层气象变化密切相关，还存在复杂的耦合作用。为了实现对临近空间大气环境的监测和预警能力，需要具有先进的探测手段和对临近空间大气模式的研究以及基于大气环境特性对空间飞行器影响的评估和预警技术研究。

1. **研究临近空间飞行器大气环境保障需求**

临近空间大气环境中的温度、密度、气压和大气风场等参数具有与其他空间环境不同的特点。临近空间中、高层大气是各种航天器的通过区和可能驻留区，其高度上的暂态结构对飞行器的安全与准确入轨具有重要影响。进行临近空间飞行器的结构设计、材料设计、飞行与留空路径设计、作战时段设计等需要适应临近空间的大气环境特点和变化，同时，其发射、升空、部署和回收也与低层大气环境特性密切相关。因此，对临近空间飞行器的不同阶段的环境保障还涉及低层近地空间至临近空间的整个范围。

2. **临近空间大气环境联合监测**

根据国内外现有监测设备的能力、适用范围和局限性，临近空间大气环境的特性需要利用不同的监测设备进行探测，以便遥感提取不同高度的大气参量信息，保证数据的合理性和有效性，特别是要保证数据对临近空间飞行器保障的可用性。研究并论证对建立由相控阵脉冲多普勒（ST）雷达、中频雷达、高空激光雷达和其他观测设备组成的多参量协调观测系统的需求，包括空基、天基、地基联合观测的可行性、不同监测站网的集成性和监测手段的互补性等。

3. **临近空间大气环境动力学耦合过程、物理化学效应与扰动机制研究**

临近空间大气环境也是一种流体动力学过程，上部包括了平流层与中间层同低电离层之间的耦合，下部还包含了平流层同对流层之间的耦合，大气波动具有内重力波、潮汐波和行星波的形式，大气结构存在空间不均匀性和时变性。研究临近空间的大气环境特性需要研究太阳活动带来的日地物理扰动效应和低大气层中的非均匀性冷热梯度、传导对流和非线性等气象过程等，结合监测数据分析，揭示大气环境时空变化的时空因果链和相关性等规律。

4. **临近空间大气环境综合参数的分析和时空建模技术研究**

临近空间大气环境参量受各种动力学和上下层耦合因素影响，既具有随机的特性又具有统计规律。采用统计学方法对大气环境参数进行处理和分析，建立统计模型是研究临近空间大气环境参数变化和影响的一种有效方法。统计学方法对分布式网络中不同类型的监测数据进行多源融合，研究其相关性，利用概率分布模型和特征值完整描述临近空间环境的二维物理结构和特性，为大气环境的异常提供评价依据，得到环境参量变化幅度、覆盖范围、延续时间等信息，以便及时采取应对措施。

5. **临近空间大气环境数据库系统建设与信息服务技术**

分析临近空间大气环境的参数类型、变化特征和探测数据格式，论证建立临近空间大气环境数据库支撑系统应具备的数据传输、多源多参量数据统计与融合、时空相关分析、查询和添加、输出等功能，研究数据库应采用的数据格式、组织管理形式和物理架构，利用对临近空间特定飞行器的预警技术研究论证，来支持对临近空间大气环境异常的预报预警、信息发布和服务等。

6. **临近空间大气环境对飞行器安全和性能的影响评估**

根据临近空间的大气环境状态和变化数据，结合具体飞行器结构和动力特点及与大气环境的依赖关系，评估可能对临近空间飞行器和作战任务对象产生的影响，为临近空间异常大气环境预警提出判据和建议。

（二）临近空间环境监测系统

近年来，国内外已经利用多种仪器和手段，建立了临近空间环境监测系统，用于探测临近空间大气环境的相关参数。根据探测平台所处位置的区别，临近空间环境探测可以分为地基探测、空基探测和天基探测。

1. **地基探测**

地基探测的仪器多种多样，大致可以分为两类。一是光谱学探测方法。由于大气会吸收太阳光谱，并辐射出光谱，所以可以利用光谱分析反演大气温度分布、大气化学成分分布。气辉现象的观测和研究有利于分析大气的波动和时间变化特征，极光的观测和研究有利于粒子沉降与地磁等观测相配合，研究日地耦合过程。另外，还有专门的仪器对中层大气闪电进行观测。二是各种雷达系统，包括甚高频雷达、中频雷达、激光雷达、流星雷达和非相干散射雷达等。甚高频雷达可以探测 20～110km 大气波动与湍流、风场矢量等的结构；中频雷达，可以探测 60～110km 的风场电子密度；激光雷达可以探测 0.5～100km 大气密度、温度剖面、风场；流星雷达可以探测 80～110km 的风场；非相干散射雷达可以探测 90km 以上的电子密度、离子密度、离子温度、电子温度、离子速度、大气温度等参数。

2. **空基探测**

空基探测主要有两种，第一种是火箭与下投式探空仪探测，利用火箭将探测仪器带到临界空间进行成分、光谱、气辉等直接测量。探测时常常在火箭飞到最高点向上或者平抛出探空仪设备，探空仪在下落时可以得到大气温度、压力、风场廓线。

另一种方法是气球搭载探测，利用氢气球可以达到 60km 左右的高空，可以进行温度、湿度、压里、风场、大气微量成分、大气雷电、GPS 掩星、掩日观测、气辉等的遥感和原位测量，具有较高的垂直分辨率，如大气风场观测的垂直分辨率可达 25m。

3. 天基探测

天基探测即卫星探测，可以分为垂直探测和临边探测。垂直探测一般利用搭载在卫星上的光学仪器垂直向下探测，如 Nimhers-7 卫星的 TOMS 和 SBUV 仪器，这种方法的缺点是不能得到整条廓线。临边探测利用光学仪器沿大气水平方向或侧向探测，可以探测到温度、成分、气辉、风场等的廓线，自从 1981 年的 SME 卫星发射以来，已经有 UARS、TIMED、ENVISAT、AURA 等卫星用于临近空间的临边探测。GPS 掩星观测，实质上也是一种临边探测，但与一般的光谱方法探测不同，它利用无线电波的折射率反演大气参数，可以得到地面至 60km 高度的温度、水气、密度、气压等参数的廓线，还可以提供电离层 90km 以上的电子密度剖面。至今已经有 Microlab-I、Oersted、SUNSAT、SAC-C、CHAMP、GRACE、ACE+、COSMIC 等卫星或星座用于掩星大气观测。

（三）临近空间环境监测典型手段

临近空间环境监测的主要手段是高空大气雷达系统，国外已经研制和建立了不同体制的雷达系统来监测中、高层（含距地表 20～100km 的临近空间）大气环境，成功发展了多个高层大气风场模式。国内在高空大气雷达方面也取得了一些进展，如中科院武汉物理与数学研究所建立了测风中频雷达和流星雷达，研制的双波长高空激光雷达可实现对距地表 30～110km 中高层大气和低电离层段的探测。中科院大气物理研究所也研制出国内首台 VHF/ST 雷达。中国电波传播研究所已在国内联合研制或从国外引进可以覆盖临近空间的低、中、高层系列大气探测设备和系统，可形成空间大气环境综合监测能力。

1. 平流层/对流层 ST 雷达

ST 雷达主要用于平流层和对流层中中性大气风场和气体分子分布的观测，进行中性大气时空变化研究，可以为战时武器系统和平流层飞艇等的运行提供背景参数，保证武器系统运行，并可以直接为临近空间大气环境变化的动力学过程监测和分析提供技术数据。

2. 中层雷达

中层雷达利用中频或高频信号在电离层 D 区和 E 区的吸收来测量电离层电子密度和等效碰撞频率的探测技术，利用分立天线布阵技术还可以用它探测中层风场。

3. 流星雷达

利用流星雷达对流星雨进行观测，可积累流星雨出现的时间和空间的分布概率及流星雨的流星体大小和飞行速度分布等基本物理数据。

4. 激光雷达

双频激光雷达系统可利用钠共振荧光激光雷达技术探测钠层的密度分布，利用瑞利散射激光雷达技术探测平流层至中层大气温度垂直分布廓线，利用米教曼散射激光雷达探测对流层和平流层大气气溶胶消光系数垂直分布廓线。

5. 非相干散射雷达

非相干散射雷达向高空电离层发射强功率脉冲信号，接收电离层散射回波电子密度、电子温度、离子温度、离子成分、等离子体速度参数。

6. 射电天文系统

射电天文观测设备可以为临近空间大气环境的变化成因提供技术分析参考数据。从日出到日落，实现实时时频图谱输出、实时数据采集和存储、太阳射电爆发的类型分析和太阳黑子活动预报等。

7. GPS 观测设备

实时监测与临近空间环境相关的电离层电子浓度总含量（TEC）、反演对流层大气折射率及温、湿剖面。

综上所述，临近空间大气环境监测和研究的主要内容包括先进的空间探测系统与技术、大气物理参数的获取方法、大气结构和过程建模等。分析临近空间应用需求、大气环境的特点、环境监测和研究的相关问题以及临近空间多手段监测系统的能力等，可为开展临近空间环境的监测和研究以及临近空间环境信息保障服务提供参考。

第二节 电 磁 环 境

电磁环境是指在一定空间内所有的电磁辐射形成的环境。电磁环境无形无影且无处不在，几乎所有地方都存在电磁环境。临近空间电磁环境即是指在距地面 20～100km 的空间范围内，所有的电磁辐射形成的环境。但随着飞行器技术的快速发展，以及未来战争信息化程度不断提升，电磁环境无疑成为未来临近空间作战必要的考虑因素。

一、临近空间电磁环境构成

临近空间电磁环境通常由一般电磁环境和特殊电磁环境构成。

（一）临近空间电磁环境基本构成

临近空间电磁环境与其他区域电磁环境特征一样，主要由自然电磁辐射、人为电磁辐射和辐射传播因素三个要素组成，如图 2.6 所示。自然电磁辐射和人为电磁辐射反映着临近空间电磁环境的形成条件，也是影响临近空间电磁环境的内因。辐射传播因素反映电磁辐射传播属性的变化，它可以改变电磁环境的构成，是影响临近空间电磁环境的外因。在一定的外部条件下，各种电磁辐射源在临近空间范围内产生的电磁辐射就形成了临近空间电磁环境。根据临近空间电磁环境的性质和形成机理，临近空间电磁环境主要由自然电磁辐射、人为电磁辐射和辐射传播因素三个部分组成。这三种组成要素直接决定着临近空间电磁环境的形态。

1. 自然电磁辐射

自然电磁辐射是复杂电磁环境生成的背景条件，是自然界自发的电磁辐射。由于临近空间处于对流层以上，所以雷电等自然电磁辐射的影响较小，临近空间自然电磁环境主要包括静电、地磁场、太阳黑子活动、宇宙射线等产生的电磁辐射。临近空间的自然电磁环境主要是辐射环境引起的电磁效应。辐射环境由地球辐射带、银河系宇宙射线、太阳质子事件三种辐射源形成。地球辐射带是带电粒子（大多数是电子和质子）被地球磁场捕获而形成的，包括两个电子区和一个质子区，受磁暴和太阳周期的影响。银河系宇宙射线的主要成分是高能质子（约占 85%），其能量也与太阳周期密切相关。太阳质子事件是由太阳日冕物质抛射引进的，主要成分也是高能质子。

（1）静电。静电现象电磁环境由带静电的物质间静电力产生的静电放电等电磁现象构成。静电现象对电子信息设备影响很大，飞行器机体与空气、水气、灰尘等微粒摩擦时会使飞行器带上静电，干扰飞行器内部电磁环境，如果不采取措施，将会严重干扰飞行器用频设备的正常工作。

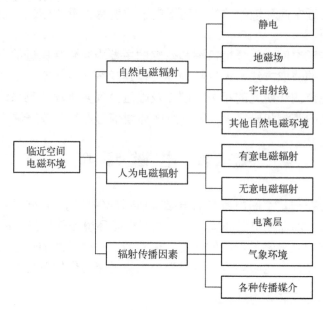

图 2.6 临近空间电磁环境一般构成图

（2）地磁场。地球表面存在着地磁场，地磁场主要是由地心深处物质所形成的主磁场决定的，对电磁波的远距离传播起到特别重要的影响作用。在地球表面，由于变化磁场的作用，地磁场存在局部异常和微小变化。在没有地磁场的作用下，电波使自由电子作直线振荡运动，而在有地磁场作用的时候，电子将偏离直线运动轨道而环绕磁力线作螺旋运动。由此可见，地球的磁场并不是稳定的，而是变化的，通常呈现周期性的和非周期性的（或者慢的和快的）变化。一般认为，极慢的变化来源于地球内部产生的主磁场，而快变化则发生于太阳活动引起的地球磁层变化。

（3）宇宙射线。宇宙射线主要来自太阳辐射和银河系无线电辐射。对飞行器影响较大的是宇宙噪声，受它影响会使飞行器通信、导航、定位等功能下降或失效。太阳喷射产生的带电粒子在几小时之内，就可以到达地球空间磁层和电离层，随即产生磁暴和极光。太阳耀斑辐射会改变电离层对电波的吸收和反射，影响电磁波的正常传输。这些事件可能破坏无线电通信、雷达，甚至干扰飞行器的电子设备。如 1981 年观测到的太阳耀斑就导致了全球无线通信中断两小时。

自然电磁环境是复杂电磁环境生成的背景条件，是自然界自发的电磁辐射。主要包括静电、地磁场、宇宙射线等产生的电磁辐射。这些自然电磁辐射对电磁环境的影响有时是相当明显的，同时，它对武器装备的影响效果往往是巨大的，对短波通信的干扰特别严重，有些影响甚至是毁灭性的，需要特别关注。

2. 人为电磁辐射

人为电磁辐射是指在人工操控条件下，电子设备向空间发射的电磁辐射，是临近空间电磁环境的主要形成条件。人为电磁辐射主要包括有意电磁辐射和无意电磁辐射。

（1）有意电磁辐射。有意电磁辐射是为特定的电磁活动目的而人工有意在空中特定区域形成的电磁辐射，一般都通过发射天线向外辐射。它是临近空间电磁环境的关键构成要素。有意电磁辐射源主要包括电子干扰系统、通信电台、雷达、光电设备、制导设备、导航系统、敌我识别系统、测控系统、无线电引信，以及广播电视系统等。通过这些有意电磁辐射，产生电磁干扰，对飞行器各类平台及电子设备产生影响。

（2）无意电磁辐射。无意电磁辐射是电子或电器设备在工作时非期望地形成的电磁辐射，是无意且没有任何目的性的，它一般不通过天线向外辐射。通常人们所说的电磁污染就属于无意电磁辐射。无意电磁辐射以电磁能量作为其作用媒介，它对临近空间电磁环境的影响要比人为电磁辐射小。在临近空间电磁环境中，无意电磁辐射通常有机载电子设备的非天线辐射、发动机点火的电磁干扰、开关电源产生的电磁场和由高超声速飞行器形成的等离子体等。

3. 辐射传播因素

辐射传播因素是指影响电磁波传播特性的各种人工和自然环境。其本身不产生辐射信号，而是通过电磁波传播媒介影响自然和人为电磁辐射的正常传输，间接地起到改变电磁环境的作用。在临近空间电磁环境中辐射传播因素包括：电离层、气象环境以及人为因素构成的其他传播媒介。

（1）电离层。电离层是大气层的一部分，是大气电离的空间区域，高度处于60～1000km，是由带电粒子（电子，正、负离子）和中性分子、原子等组成的等离子体。电离层是电波天波传播的良好媒介，只有短波适宜以天波的形式传播，也可作为散射传播媒介，对不同波长的电磁波表现出不同的特性，波长越短，电离层对它吸收得越少而反射得越多，其特性对于电波的远距离传播有着重要影响。

（2）气象环境。当电磁波波长超过30cm时，无线电波在大气中能量的损耗是很小的。而波长较短时，特别在10cm以下的波长，电波在大气中有着明显的衰减现象。这些衰减主要是由两个因素引起的：一是氧气与水蒸汽的吸收；二是大气中水滴的散射与吸收。

（二）临近空间电磁环境特殊构成

除上述临近空间电磁环境基本构成因素之外，临近空间由于所处的大气地理位置，还具有一些特殊的电磁环境，如空间粒子辐射、等离子鞘套、电离层等。

1. 空间粒子辐射

对于临近空间飞行器，特别是长滞空临近空间飞行器，受空间粒子辐射影响较大。临近空间的空间粒子包括太阳银河射线、银河宇宙射线、X射线、γ射线、电子、质子、中子等。这些高能粒子对临近空间飞行器的材料、电子元件、设备系统和人员健康等方面造成威胁。在空间粒子辐射中，对临近空间飞行器构成威胁的最主要因素是中子。临近空间的中子来源包括两类：一类是大气中子，即银河宇宙射线和太阳宇宙射线中的高能带电粒子与大气相互作用产生的中子。这些中子可以在大气中消失，也可以向外逃逸，是临近空间中子的主源。另一类是空间中产生的中子，如太阳爆发产生的中子和其他中子源发射的中子。

2. 等离子鞘套

高超声速飞行器一般是指飞行速度超过 5Ma 的飞行器。当飞行器以 10～25Ma 的高超声速在临近空间中飞行时,由于高速摩擦产生气动热效应。气动加热导致的高温效应引起大气分子及飞行器表层材料发生电离,电离会在飞行器周围形成一定厚度的等离子,称为"等离子鞘套"。

3. 电离层

电离层是大气呈部分电离状态的区域。由太阳紫外线辐射和 X 射线等对大气分子或原子的电离作用而形成。由低向高分为 D 层、E 层、F1 层、F2 层及上电离层,临近空间包括全部 D 层和大部分 E 层,如图 2.7 所示。电离层是环绕地球的几层带电粒子区域,起于海拔 50km 左右,电子密度随高度的增加而增加,至海拔 300～350km 处达到最大值,之后又随高度的增加而下降,可分为一系列的层区。

电离层的电子密度与太阳活动的剧烈程度、时间段、经纬度等均有关。其中太阳活动的影响最大,主要包括突发性电离层扰动、极盖吸收和电离磁暴。其中突发性电离扰动是指太阳活动(如日冕抛射)引起的大量高能 X 射线、紫外线,它们被地球大气吸收而引起的电离层 D 层电子密度的快速显著增加(可达平时的 10 倍以上),可持续数分钟至数小时。极盖吸收是由高能质子沉降于极隙区的高空大气中引起的磁纬度 64°以上区域的电离层 D 层电子密度的剧增,可持续 1～10h。电离层暴指由太

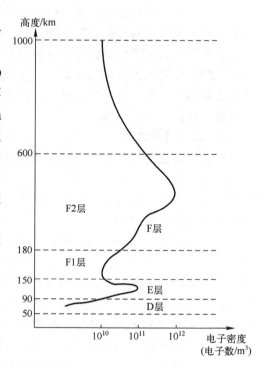

图 2.7 日间电离层分布示意图

阳风强度的突变而引起的电离层 F2 区电子密度的下降。时间的影响主要是底层的电子密度白天较大,夜晚较小。此外,飞行器在临近空间高速飞行过程中,其周围形成离子体鞘套,电子密度也在 10^{19}～10^{20} 个/ cm^3,厚度达 0.25m,也是一种特殊的电离层。

临近空间在 60～100km 范围属于电离层,电离层中的自由电子能影响无线电波传播,导致无线电信号的衰减、闪烁,甚至中断。对于临近空间飞行器,无线电波信号在到达地面之前,将穿过电离层,电离层对临近空间飞行器的影响主要体现在对无线电波的严重影响上,进而对飞行器的通信、导航、侦察、测绘等方面产生影响。

二、临近空间电磁环境特点

临近空间的电磁环境特点分析首先要基于复杂电磁环境的特点。因为,临近空间飞行器技术发展及电子信息装备的军事应用,终将导致临近空间电磁环境日趋复杂。在有限的时空里,一定的频段上,多种电磁信号密集、交叠,妨碍信息系统和电子设备的正常工作,对武器装备运用和作战行动产生明显影响,致使形成复杂的电磁环境。临近空

间飞行器技术发展及电子信息装备的应用，也将导致临近空间电磁环境日趋复杂。

复杂电磁环境的空域特点表现为，电磁信号在临近空间的分布呈立体多向、纵横交错的形态。在临近空间里，特定的同一区域内，来自于陆海空天的不同作战平台上，产生的大量电磁辐射相互交织，形成了交叉重叠的电磁辐射态势。同时，各种军用电子设备是根据作战要求来部署与运用的，因而电磁信号在空域上分布是不均匀的。而且重要的作战方向上电磁信号的种类和数量比其他作战方向增长更快、密度更高。各种电磁波立体多向、纵横交错的传播方式，造成多种电磁波在临近空间作战区域里交叉重叠的状况。

（一）时域上动态变化

复杂电磁环境的时域特点为动态变化、随机性强。临近空间内电磁辐射既有脉冲辐射，又有连续辐射，不同时段分布不同，具有动态可变性，时而持续连贯，时而集中突发，特别是各种电子对抗手段的大量运用，侦察与反侦察、干扰与反干扰、控制与反控制的较量，使作战双方的电磁辐射时而非常密集，时而又相对静默，导致电磁环境随时变化，处于激烈的动态之中。各种有用的电磁辐射加上双方恶意使用的电磁干扰，将使临近空间电磁辐射在时域上表现出的冲突、干扰更加严重，特性更加复杂多变。

（二）频域上密集交错

复杂电磁环境的频域特点表现为频谱拥挤、相互重叠。在战时，各类设备以频谱占用度为主要形式的频域特点决定着这些设备的作战使用效果。电磁频谱是一种重要而又十分有限的作战资源。尽管理论上电磁频谱的范围可以延伸到无穷大，但目前实际应用还是集中于相对狭小的区域内；又由于大气衰减、电离层反射与吸收，以及不同频率电磁波的传播特性，人们只能使用电磁频谱中几个有限的频段。在有限的频域范围内同时使用数量众多的同类电子设备，电磁辐射信号必然呈现出重叠的现象，有时甚至会造成通信中断、导航失效、制导失控等严重后果。为了防止电磁信号相互干扰，人们把频谱分成许多片段，不同用途的电磁波只能在自己的频段内工作和传播，这就是利用频率特性来控制电磁干扰。在未来战场，随着临近空间飞行平台的研发应用，大量电磁设备将在这一战场同时使用，频谱特点将表现得更加明显。

（三）能域上强弱起伏

复杂电磁环境的能域特点表现为，电磁信号功率强弱起伏、能流密集却分布不匀。通过各种天线及其控制技术的运用，可以按照需求控制能量密度，把电磁能量发送到任意特定空间。在临近空间，运用电磁信号和电磁能的强大威力，可以控制电磁环境的能量形态，使局部区域、在特定时间内的电磁辐射特别强大。通过这种方法，既可以更多、更远、更好地探测或传递电磁信息；又可以对电子设备形成毁伤、压制、干扰或者欺骗的作用效果。临近空间电磁环境中，电磁能量密度的高低直接决定着对电子装备的影响程度。极高功率密度的电磁辐射，可彻底毁坏通信网或电子接收设备。

三、电磁环境对临近空间作战的影响

随着临近空间飞行器及其信息载荷的增加，临近空间信息作战即将到来，届时大量电子信息设备和系统将在临近空间投入使用，加上天地通信、空天通信、卫星导航等穿越临近空间的电磁信号，使得临近空间在时域、空域、频域和能域方面的电磁环境趋于

复杂化。复杂的电磁环境会给临近空间作战带来作战行动、频谱管理、电磁兼容等方面不同程度的影响。

（一）复杂电磁环境对临近空间作战的影响

1. **对临近空间作战行动的影响**

复杂电磁环境严重影响临近空间作战的各个环节。临近空间飞行器在作战中可以遂行预警探测、侦察监视、通信中继、导航定位、指挥控制和武器控制等作战任务。在复杂电磁环境下，预警探测面临的目标数量繁多、复杂，探测的空域范围大，始终受到来自敌方和自然的电磁辐射干扰，还有来自反辐射武器的打击。对于侦察监视，临近空间的战场迷雾不断加大，充斥着大量虚假、片面、凌乱的信息，给战场情报分析带来难度，影响指挥决策部署。受电磁环境影响，信息传输、导航定位、武器制导无法获取准确、可靠的信息保障，出现传递数据中断、差错率增高、效率下降等问题。

复杂电磁环境对临近空间作战指挥的影响在于使指挥控制的协调效率难以保证。在作战中要实现各作战行动高度一致的协同能力，就要确保信息传输链路畅通，使各作战环节有条不紊的按照作战意图进行。一旦某个环节出现问题，整体协同作战能力将面临崩溃的危险。如敌我识别系统出现问题，错误地将我方飞行器识别为敌方，导致武器控制系统下达攻击指令，出现误打误伤的问题，这种"自相残杀"的事情是难以被接受的。总之，信息化程度越高受复杂电磁环境的影响就越重。

2. **对临近空间频谱管理的影响**

复杂电磁环境加大了临近空间电磁频谱管理的难度。在临近空间未受关注，飞行器没有进入这个领域时，临近空间的电磁环境较其他作战空间的电磁环境"干净"。随着技术的进步，临近空间战场的电子信息装备将出现数量多、种类全、密度大和电磁辐射复杂多变等特点。这就给临近空间电磁频谱管理带来压力。大量的用频设备，频率协调难度大，自扰、互扰问题严重。电磁频谱管理关系到武器装备充分发挥其最大效能。

电子信息设备的使用离不开电磁辐射，但频谱作为一种资源是有限的。在战场上，要对电磁频谱资源进行整体规划，协调分配给各类电子信息设备和系统，以满足预警探测、情报侦察、通信中继、导航定位、武器控制等作战行动的需求，做好电磁兼容以保证系统的正常工作互不干扰。在保证己方电子设备正常工作的情况下，还要监测战场电磁频谱态势，把握对方电磁频谱的配置情况，不仅要免遭对方的干扰、欺骗和压制，还要辅助己方对敌进行反干扰、欺骗和压制。在平时，要处理好与民用广播、电视、移动通信、卫星通信、气象通信和民航导航雷达等用频设备的关系，实现军民兼容协调发展。

3. **对临近空间电磁兼容的影响**

临近空间飞行器载荷电磁兼容问题是应该在设计之初就要高度关注的问题。国外军队把电磁兼容作为信息化建设首要解决的问题，并认为电磁兼容是提高信息作战能力的关键。电子信息设备或系统电磁兼容不好，不仅无法完成自身作战任务，还会导致其周围的电磁环境更复杂、更恶劣，影响其他系统正常运行。在复杂电磁环境下，临近空间电磁兼容性要达到不对其他系统产生电磁干扰，同时不易被其他系统产生的电磁辐射所干扰的目的。

在复杂电磁环境下信号密集、复杂，对临近空间飞行器的电磁兼容性要求更高。从小的方面讲，机载电子设备、系统之间会出现自扰、互扰问题，使得各自的作战任务受限甚至是瘫痪；从大的方面讲，处于临近空间的飞行器之间会发生互相干扰，飞行器与其他作战平台之间出现电磁兼容问题，导致整个作战体系处于失控状态。1967年，美军的"福莱斯特尔"号航空母舰就因为电磁兼容问题导致舰体、人员遭受巨大损失。1982年，英阿马岛战争中由于英舰"谢菲尔德"号的雷达警戒系统和卫星通信系统不兼容，不幸被阿根廷导弹击沉。

（二）空间粒子辐射对临近空间作战的影响

临近空间作战平台所搭载的通信、导航、雷达、制导等信息化装备都依赖于电磁波，电磁环境将严重制约着这些电子装备的正常运行，进而导致作战指挥不畅。临近空间太阳微波辐射、太阳风、光压等会导致材料内的分子产生光致电离和光致分解效应，破坏高分子材料的化学键，使得飞行器及载荷的材料产生质损，危及飞行器的安全及载荷的正常工作。在众多的辐射粒子中，对临近空间飞行器构成威胁的最主要因素是大气中子。临近空间中子可以诱发电子设备多种辐射效应，如单粒子效应、位移损伤和总剂量效应。主要是诱发机载元器件发生单粒子效应，同时对载人的临近空间军用飞行器的机组人员造成辐射剂量的身体伤害。

1. 空间辐射环境基本情况

中子作为空间粒子辐射环境重要的组成部分，其能谱分布和空间分布非常之广，对空间飞行器以及人员的影响最为严重。临近空间中的中子分为两大类：一类是空间初级中子；另一类是高能粒子和飞行器材料发生反应产生的次级中子。

在临近空间，中子和电子（γ射线）剂量当量占总剂量的 80%～90%。中子可以诱发飞行器电子设备产生多种辐射效应。主要有单粒子效应、位移损伤和总剂量效应，其中单粒子效应最为常见，以表 2.1 为单粒子效应类型表。

表 2.1 单粒子效应类型

类型	英文缩写	产生的作用及效应
单粒子翻转	SEU（Single Event Upset）	存储单元逻辑状态改变
单粒子闭锁	SEL（Single Event Latchup）	PN/PN结构中的大电流再生状态
单粒子烧毁	SEB（Single Event Burnout）	大电流导致器件烧毁
单粒子栅穿	SEGR（Single Event Gate Rupture）	栅介质因大电流流过而击穿
单粒子多位翻转	MBU（Multiple Bit Upset）	一个粒子入射导致存储单元多个位的状态改变
单粒子扰动	SED（Single Event Disturb）	存储单元逻辑状态出现瞬时改变
单粒子瞬态脉冲	SET（Single Event Transient）	瞬态电流在混合逻辑电路中传播，导致输出错误
单粒子快速反向	SES（Single Event Snapback）	在 NMOS 器件中产生的大电流再生状态
单粒子功能中断	SEFI（Single Event Functional Interrupt）	一个翻转导致控制部件出错
单粒子位移损伤	SPDD（Single Particle Displacement Damage）	因位移效应造成的永久损伤
单个位硬错误	SHE（Single Hard Error）	单个位出现不可恢复性错误

2. 对临近空间作战平台的影响

临近空间中的高能粒子（电子、质子）和重离子与临近空间飞行器表层材料发生核反应，将导致飞行器的材料性能受到损伤甚至是破坏。临近空间飞行器除了受到初级辐射粒子的影响外，还受到次级辐射粒子的影响，这些次级粒子大多来自飞行器材料与初级辐射粒子的反应，将导致器件失效或损坏。在临近空间中，中子的数量明显增加使得粒子辐射的总剂量骤增。不带电的中子难以探测，但它对飞行器材料和信息载荷性能的损伤是显著的。随着军事作战信息化程度的不断提高和科学技术的大力支持，机载电子信息系统呈现集成化、小型化、模块化、功能化等特点，使得对微处理器、存储器的等电子元器件体积变小、电压降低，应对中子引起的单粒子效应能力下降。在众多单粒子效应中，单粒子翻转最为常见，它可以使存储单元逻辑状态改变。这个危害会导致临近空间飞行器通信、导航等信息载荷故障甚至会使飞行器失控。处于临近空间的飞行器，飞行空域范围已超出领空的范畴，虽然临近空间在国际上还没有法律界定国家领空所属问题，但是飞行器一旦失控坠落，不仅会使人员、财产受损，还可能会引发政治、军事等一系列国际问题。

3. 对临近空间战斗员的影响

2005年，美国"海象"计划有意将1800名兵员利用飞艇进行跨州投送。在未来，随着临近空间飞行器技术的发展，在临近空间实现兵员运输或可能成为现实，这就要考虑到人员辐射安全问题。由于中子具有很强的穿透力，相对于对材料的损伤，中子对人体的危害更为严重，其危害重于同剂量的γ射线。中子可以造成人体内细胞或组织发生病变，给人体带来很大的健康影响，甚至威胁生命。在地球上，人体可以受到地磁场的保护免受辐射的危害，处于临近空间的兵员即使有防护材料的保护，也会受到来自初级中子和次级中子的影响。并且随着防护层厚度的增加，使得次级中子剂量带来的危害更大。人体在遭受中子辐射后，会导致器官受损，危及生命，兵员的健康程度是战斗力的保证，从这一点讲，中子的危害是巨大的。

（三）等离子鞘套对临近空间作战的影响

高超声速飞行器飞行时，大气电离在飞行器周围形成一定厚度的等离子层，相当于在表面建立了一个电磁屏蔽层。使得飞行器的信息载荷无法向外传输电磁波，也不能接收外界向内发射的电磁波，具体有三方面特点。一是使临近空间飞行器与外界的无线电通信能力衰减甚至丧失，无法与地面或其他飞行器取得联系。二是使得临近空间飞行器中的导航载荷发出的电磁波几乎完全被衰减了，无法穿透鞘套到达地面接收站，导致地面控制系统无法对飞行器进行有效控制。三是使飞行器具有一定的隐身作用。当雷达电磁波照射到等离子体鞘套上时，电磁波被吸收衰减损耗掉，没有产生雷达回波，躲避雷达探测形成隐身。高超声速飞行器以飞行速度快、突防能力强、机动灵活、快速打击等优势脱颖而出，在未来临近空间作战中具有很高的应用价值，但等离子鞘套的存在会影响其作战效能的发挥。

1. 等离子鞘套产生机理分析

等离子鞘套的产生与飞行器的速度、温度、高度、防热材料、大气环境、飞行角度和外形等因素有关。速度是等离子鞘套产生动因，飞行器的速度一般要超过 $5Ma$，当速度达到 $10\sim25Ma$ 时会导致鞘套产生。温度是从动因素，气动热效应使得飞行器表面及大气分子受到2727℃左右的高温，温度的高低受到速度、飞行器的外形等因素的影响，峰值温度可达7726℃，致使大气分子及飞行器的表层材料发生高温电离。高度是背景因素，相关研究表明，处于15～125km的高度范围内，高超声速飞行器会出现等离子鞘套。而且大量统计数据表明，在20～100km高度范围内会发生通信中断。通过通信中断间接地可以确定在临近空间内高超声速飞行器会产生等离子鞘套。防热材料和大气是等离子鞘套（等离子体）的成分来源因素。此外，飞行器的外形和飞行角度是鞘套产生的影响因素，高超声速飞行器的气动外形以及飞行角度对等离子体的厚度和电子浓度具有一定影响。

2. 等离子鞘套对作战的不利影响

等离子鞘套对高超声速飞行器的核心影响是飞行器表面的等离子体对电磁波传输的影响。等离子体可以等效为一种电介质，电磁波在其中传播时，将发生相移、时延、宽带色散、反射、折射和吸收等效应。在军事方面，临近空间中的高超声速飞行器通过搭载不同类型的信息载荷，具备通信、侦察、监视和情报交流等军事用途，为临近空间作战提供信息支援。等离子鞘套的存在影响高超声速飞行器作战效能的发挥，电磁波传输不畅严重制约其作战的各个环节。

（1）对通信传输的影响。等离子体鞘的反射和吸收作用会影响飞行器的通信信号，严重影响信息的传输，最为严重的情况是造成通信完全中断，这种现象称为"通信黑障"。当电磁波无法穿透等离子鞘套时导致通信中断，即"黑障"。"黑障"问题最早是伴随航天器再入大气时出现的，再入航天器"黑障"问题持续的时间虽然不长（美国航天飞机16min左右，我国"神舟9号"飞船4min左右），但造成的危害影响是巨大的。这一段"黑障"时间出现问题概率高，遇到问题难以及时处理。对于高超声速飞行器如果持续在临近空间中飞行，长时间的通信黑障将导致：无法及时传输飞行器的状态信息，如飞行参数、信息载荷工作状态和坐标位置信息等；无法及时接受指令执行任务，通信不畅降低了指令的时效性，将导致作战任务失败。

（2）对预警探测的影响。预警探测系统的两种工作方式：主动地发射电磁波和被动地接收电磁波，都是通过回波获取信息。雷达预警、光电探测是常用的侦察感知战场的基本电磁手段，这些具有战场侦察感知能力的电子信息系统的功能都是依靠电磁活动来实现的。在未来临近空间作战中，不排除高超声速飞行器之间发生空战的可能性，高超声速飞行器同时也存在被导弹击落的可能性。所以预警探测能力受限，不仅使完成作战任务的能力下降，也使高超声速自身的生存能力减弱。鞘套的存在，使得电磁波无法从飞行器发出，从而限制预警探测系统实施有效战场态势感知，降低了对战场态势的掌控能力。

（3）对指挥控制的影响。在信息化条件下的作战过程中，各种作战平台之间、作战平台与指挥机构之间都需要依靠电磁波来传输情报数据、作战指令和协同信息。临近空间中的飞行器在作战中并不是以独立的个体存在，而是与卫星、航空器和地面站存在信息交流并实现信息共享，以达到更好完成任务的目的。对于高超声速飞行器，由于等离子鞘套的存在，导致电磁波在传输中发生折射、反射和衰减，会直接影响到作战数据有效传输，使差错率增高、协同率下降，严重影响指挥控制的稳定性。同时，会降低协同指挥的效率，信息化条件下的作战是多种作战力量的协同应用，而指挥中心、作战平台是依靠数据链路完成信息传递，传递的信息包括指挥控制指令、战场态势等，都依赖于电磁波的稳定传输，一旦某个环节出现延迟或差错，整体的作战协同能力将受到威胁。

（4）对导航定位的影响。高超声速飞行器作为未来临近空间作战的主力军，在进行突防打击任务时，需要GPS导航卫星、电子侦察卫星和通信卫星的信息支持，还需得到预警机、战场监视飞机、电子干扰机的信息支援,甚至还需地面站的指引。等离子体的电磁屏障作用使得高超声速飞行器上的导航载荷发出的电磁波几乎完全被衰减,无法穿透鞘套到达地面接收站,导致地面控制系统无法对飞行器进行有效控制,实时地校正飞行器的轨迹及飞行姿态。地面站不仅不能获取飞行器的精确位置信息,也难以将作战目标的位置信息及时传递给飞行器。

总之,等离子鞘套的存在,特别是等离子体的存在,严重阻碍电磁波的传输,致使飞行器的信息载荷难以正常运行。高超声速飞行器作为未来临近空间先进的作战平台,信息化程度越高,受到的影响就越大,作战优势将大打折扣。

3. 等离子鞘套对作战的有利影响

等离子鞘套对高超声速飞行器存在不利影响的同时,在飞行器隐身作战中独具优势。传统的隐身技术主要采用材料隐身和结构隐身的方法。结构隐身以牺牲飞行器机动性能为代价,而材料隐身的吸波材料和吸波涂层维护费用又高。相比之下,等离子体隐身技术廉价高效。等离子体隐身技术作为一种全新的隐身技术,具有吸波频带宽、吸收率高、使用简便、对装备技术性能影响小、费用低等一系列优点。等离子体隐身实际上是利用其类似于高通滤波器的特点,当频率低于临界频率时电磁波被全反射,从而对雷达进行干扰,使其获取虚假的目标。当雷达电磁辐射频率高于等离子体频率时,电磁波进入等离子体被吸收,从而使雷达失去目标信息。

目前,利用等离子体实现隐身的方法包括两种:一种是利用等离子体发生器;另一种是在装备表面涂一层放射性同位素,使空气电离产生等离子体,等离子体对雷达波产生很强的散射和吸收能力。而高超声速飞行器产生的等离子鞘套是在无意的情况下产生的,并不是按照人们的意愿工作。如果能够对高超声速飞行器产生的等离子鞘套加以控制,变劣势为优势,可以使高超声速飞行器具有一定的隐身能力,增强飞行器的突防和生存能力。当雷达电磁波照射到等离子鞘套上时,电磁波被吸收衰减损耗掉,没有产生雷达回波,躲避雷达探测形成隐身。

临近空间已经成为军事强国竞相关注的焦点,高超声速飞行器更是加快了研发的步伐。在高超声速飞行器技术快速发展的同时,高超声速飞行器防御技术也在悄然进行。虽然高超声速飞行器速度快、突防能力强,但依然存在被发现、被击落的可能性。为了应对现代及未来的防御拦截系统,保持高超声速飞行器的快速打击优势,发展高超声速飞行器等离子体隐身技术是有必要的。

(四)电离层对临近空间作战影响

未来临近空间作战时,飞行平台要实现对地通信,平台之间要进行通信,平台作为中继要与卫星实现互联互通。这些相互交织的信息网络使得临近空间内电磁信号非常复杂。环境因素往往制约着作战的胜败,随着临近空间的开发应用,新战场将遇到新的环境。电离层作为临近空间特殊的电磁环境,其环境的复杂性将制约临近空间的发展,进而会导致未来战场的失利。随着临近空间飞行器研制试飞及其载荷的应用试验,电离层对临近空间作战的影响将成为不能忽视的情况。

1. 临近空间电离层特点

电离层作为临近空间特殊电磁环境对电磁波的传输具有严重影响,具体有以下特点:一是反射、折射和吸收。由于电离层具有分层结构,无线电波在各层交界处将受到连续折射而返回地面，随电离层电子密度的影响，导致信号延迟。电离层中存在质量较大的等离子体，与无线电波碰撞造成无线电波失去能量形成吸收。二是周期性变化与非周期性变化。电离层存在日变化、季节变化和太阳活动等周期性变化，还存在D层突然吸收现象、太阳耀斑、电离层骚扰等非周期变化。这些变化使得电离层的正常结构遭到破坏，对信号传输的影响是随机且难以预测的。三是电离层闪烁。电子密度的不均匀分布，使穿过电离层的无线电信号幅度、相位和极化发生随机的起伏，这就是电离层闪烁现象。电离层闪烁发生的频率和强度与时间、纬度、地磁环境、太阳活动有关，会降低空间飞行器通信和导航信号强度，甚至中断特高频与L波段通信信号、全球定位系统和天基雷达的信号传输。

临近空间电离层是具有分层结构的，形成分层结构的主要原因有四个。一是由于不同高度空域大气的成份不同，所以逸出功也不同；二是大气分子受空间辐射的发生电离的辐射线频谱段各不相同；三是大气温度随高度分布存在着几个极值；四是电离后的电子、离子、分子和原子组成的等离子体受大气运动影响使电离层随高度分布不均匀。

临近空间主要包含电离层的D层和E层，大致的区域与位置如表2.2所列。

表2.2 临近空间电离层分层情况

近似高度 /km	层最大电离高度 /km	电子浓度 /cm³	附注
60～90	75～80	$10^3 \sim 10^4$	夜间消失
90～140	100～120	2×10^5	浓度，出现时间均不稳定

2. 电离层对无线电波传输的影响

临近空间在60～100km范围进入电离层，处于这个高度层的飞行器对上或对下的无线电波信号在到接收端之前，都将穿过电离层。电离层对临近空间飞行器的影响主要体现在对无线电波的严重影响上，进而对飞行器的通信、导航、侦察、测绘等方面产生影响。图2.8是与电离层有关的通信示意图。

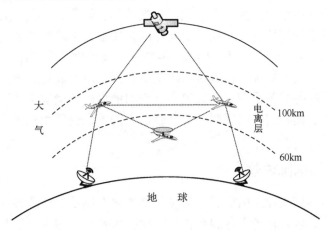

图2.8 电离层有关的通信

从图2.8中可以看出临近空间飞行器可以作为通信中继使用，无论是与地面、卫星、航空器还是与临近空间飞行器之间通信，处于电离层的临近空间飞行器都将受到电离层的影响。以下给出了电离层对临近空间飞行器无线电通信的三点影响。

(1) 反射、折射和吸收对信息传输的影响。无线电波在均匀介质中是沿直线传播的,但在电离层中传播时,由于电离层具有分层结构,无线电波在各层交界处将受到连续折射而返回地面,好像无线电波是被电离层"反射"回来。电离层对无线电波的反射与折射作用,随电离层电子密度的增大而增强,导致信号延迟增大,影响导航定位精度。当空间中仅存在自由电子,而且电子间碰撞机会很小时,无线电波的传播将不会受到损耗。但在电离层中则不同,其中存在很多质量更大的等离子体,与电子碰撞使电子失去所吸收的无线电波能量,造成无线电波失去能量,形成吸收。导致信号衰落,通信质量下降,磁暴时会加剧这一现象。

(2) 周期变化与非周期变化对信息传输的影响。电离层存在周期性变化,周期变化主要体现在日夜变化、季节变化和太阳活动周期变化,根据这些变化可以预知无线电波在传播过程中所受的影响。此外,还有不可预测的不规则变化,称为反常变化,主要有 D 层突然吸收现象、太阳耀斑、电离层骚扰现象等,它们都具有非周期性的随机特性。这些反常变化往往使电离层的正常结构遭到破坏,使天波传播受到严重影响甚至中断,对临近空间飞行器的通信和导航产生严重影响。

(3) 电离层闪烁对信息传输的影响。电子密度的不均匀分布是电离层的重要特性之一,处于电离层的临近空间飞行器与地面通信时,使穿过电离层的电磁波发生电离层闪烁现象。电离层闪烁发生的频率和强度与时间、纬度、地磁环境、太阳活动有关。电离层闪烁会降低空间飞行器通信和导航信号强度,甚至中断特高频与 L 波段通信信号、全球定位系统和天基雷达的信号传输,导致飞行器无法利用全球定位系统定位,以及通信、导航、测距信号等的一时中断或质量劣化。

第三节 社 会 环 境

社会环境是指作战空间内的社会情况,包括政治、经济、文化、人口、宗教与民族特点、风俗习惯及疫情等情况。与临近空间作战指挥社会环境有关的主要问题有指挥控制站及其周边的社会人口数量、意识形态、科技水平及可供利用的社会人力、物力资源、交通、通信设施等方面的情况;作战对象政治所属国的政治局势、科技水平、民用资源支持能力及与我国的外交关系等。如果说临近空间的自然环境决定了飞行器本身的安全和运用,是人类发展面临的共同问题,那么临近空间的社会环境就是各国竞争资源的博弈场。

一、临近空间国际法规

从技术上的角逐到法律上的掣肘,从飞行器的研发到武器化的进程,无不体现着各国隐藏在和平下的对抗。相较于各国在临近空间技术开发上的全面铺开,关于临近空间的主权归属、开发利用原则等国际社会需要面对和解决的问题,却尚未被提上日程,仅在学术界引起了重视和探讨。随着各国对这一空间的开发利用已经进入平台可用的实质阶段,临近空间飞行活动的相关法律制度,甚至临近空间的法律地位和临近空间飞行活动的法律性质,却一直缺乏国际通用或普遍认可的条文,这给临近空间作战建设和应用带来合法性上的争议,也是临近空间开发利用中不能回避的重要问题。

(一)临近空间的法律地位

要明确临近空间的法律地位,要从空气空间和外层空间的划界问题说起。空气空间适用的是航空法,外层空间适用的是外层空间法,临近空间到底属于哪个空间,还是属于一个独立的空间,这在法律原则和法律规范上会有很大的不同。

从大气物理学的角度,地球上空分为为对流层、平流层、中间层、热层、外逸层,随着高度的升高,空气逐渐稀薄,人造飞行物遵循的物理原理从空气动力学变为轨道力学。

遵循空气动力学的传统航空器能够飞行的最高高度约是 20km,以下被认为是空气空间,遵循轨道力学的卫星等传统航天器最低轨道高度约是 110km,以上被认为是外层空间,这两点并不存在太多争议。但空气空间和外层空间的分界线到底在哪里,却一直存在很多观点。这不仅是一个空间划界的自然科学问题,更关键的是,这还是一个涉及主权和安全的法律问题。

1944 年《国际民用航空公约》(又称《芝加哥公约》)第一条就规定,各缔约国对其领土之上的空气空间享有完全的和排他的主权。之后 1958 年的《日内瓦领海和毗连区条约》、1982 年的《联合国海洋法公约》等国际公约中,也都对空中主权进行了明确。规定国家对其领空行驶完全的管辖和控制;有权禁止外国航空器进入其领空,或在一定条件下准许外国航空器通过;外国航空器如擅自飞越一国领空,就是对该国领空主权的侵犯,地面国有权根据具体情节,采取抗议、警告、迫降、甚至击落等必要措施。苏联击落大韩航空的国际民航,就是依据这些关于空中主权的国际公约。

但需要注意的是,这些公约虽规定了各国在空气空间的空中主权,但却并未对空气空间的范围作出界定。《国际民用航空公约》仅在其第七号附件中将"航空器"定义为"能够从空气的反作用中依靠大气的支持而飞行的任何工具"。这也成为许多学者将航空器的飞行高度作为空气空间和外层空间划界依据的重要支撑,将传统飞行器 30km 左右的飞行上限作为分界线,成为"航空器上升最高限度说"。但一方面,随着技术的发展,航空器的飞行高度越来越高,采用的飞行动力技术也趋向混合动力,关于航空器的定义本身也在发展,据此作出的定界就显得不合时宜。另一方面,《国际民用航空公约》序言中说,该公约意在尊重各国主权以及防止航空器的滥用威胁普遍安全的前提下,使国际民用航空按照安全和有序的方式发展。结合这一缔结公约的目的可以看出,利用航空器的定义来界定各国对空气空间的主权范围并非公约的本意,也难以据此对各国的空中主权限制在 30km 之下。

相对应地,外层空间是各国可以自由探索和使用,非国家主权范围管辖的空间。1957 年第一颗人造卫星升空后,国际社会就如何规范外层空间活动进行了广泛争论,至今仍未停歇。联合国 1958 年 12 月就成立了"和平利用外层空间特设委员会",后改为常设机构"和平利用外层空间委员会",专门研究制定外层空间的相关法律法规,并对设计外层空间的各项活动进行规范。国际上先后制定了 1963 年的《各国探索和利用外层空间活动的法律原则宣言》(简称《外空宣言》)、1966 年的《关于各国探索和利用外层空间包括月球与其他天体活动所应遵守原则的条约》(简称《外层空间条约》)、1967 年的《营救宇航员、送回宇航员和归还发射到外层空间的物体的协定》（简称《营救协定》）、1971年的《外空物体造成损害的国际责任公约》（简称《赔偿责任公约》）、1974年的《关于登记射入外层空间物体的公约》（简称《登记公约》）、1979年的《指导各国在月球和其他天体上活动的协定》（简称《月球协定》）、1982年的《各国利用人造地球卫星进行国际直播电视广播所应遵守的原则》、1986年的《关于从外层空间遥感地球的原则》、1992年的《关于在外层空间使用核动力源的原则》、1996年的《关于开展探索和利用外层空间的国际合作，促进所有国家的福利和利益，并特别要考虑到发展中国家的需要的宣言》（简称《外空国际合作宣言》）、1999年的《空间千年：关于空间和人的发展的维也纳宣言》等国际法律规范。

这些条约、原则及宣言，一方面明确了外层空间的无主权归属。在《外层空间条约》第二条规定："外层空间，包括月球与其他天体在内，不得由国家通过提出主权主张，通过使用或占领，或以任何其他方法，据为己有。"也就是说外层空间不属于一国主权范围。另一方面确立了和平利用外层空间的基本原则，并对外层空间营救、空间物体损害赔偿、发射进入登记、探测利用原则、确保公平开发等进行了规范和约束。但依然没有对外层空间的划界问题给出明确的界定。

实际上，和平利用外层空间委员会法律小组委员会早在1967年就开始审议与外层空间定义和定界有关事项。但1968年，和平利用外层空间委员会的科学和技术小组委员会曾向法律小组委员会提交了一份报告，指出"目前不可能确定可以对外层空间做出一种精确、持久定义的科学技术标准，无论以什么为依据，外层空间的定义都可能对实际的空间研究和探索具有重要影响，因此科学和技术小组委员会应当继续审议此事项，而非就此问题作出结论。"但直到2002年法律小组委员会再次将该问题提上日程的35年间，各国都未能就外层空间的定义和定界问题达成一致。

2005年，法律小组委员会"与外层空间的定义和定界有关的事项工作组"再次邀请各成员国就此事发表意见，并陆续收到一些国家的回复。德国、韩国、乌克兰等国家并未制定、也未计划制定与外层空间定义定界相关的法规；丹麦等国家认为没有必要进行划界；白俄罗斯将20km以下定义为空气空间，适用该国《航空法》，以上为外层空间，适用国际协定；其他国家，特别是几个主要大国都未有明确的法规界定。

学术界的讨论更为积极，外国学者Oduntan和Reinhardt等，国内学者如贺其治、柯玲娟、夏春利和董智先等都对这个问题进行过系统研究和论述，其中一些还被本国政府采纳。目前学术界的观点大致区分为以下两种：一是以空气构成作为主要依据，即根据自然科学划分，以大气层的上界以下或气象学的空域作为空气空间；二是以飞行器动力作为主要依据，将地球重力、离心力等作为主导标准，或以离心力开始取代空气成为飞行动力"卡曼管辖线"作为界限，或者以地球重力不存在的高度为分界点，或者以航空器飞行的最高限度为界，或者以人造地球卫星轨道的近地点为界限。这一类依据客观自然和航空航天器等客观物体进行划分的方法，基本将界限确定在了83～100km之间。三是以根据国家安全需求和有效控制能力为主要依据的社会科学划分，主张各国可以根据其安全需求，将领空主权扩大至空气空间或大气层以外，用以抵御可能发生的危害国家安全的潜在威胁。但可以看到，这一主张得以实现的前提，是该国必须具有能够有效监视和控制其领空上各类动态的能力，这仅对世界极个别的国家才具有可操作性，因而不可能成为国际社会的共识。

从空气空间和外层空间的定界和划界问题可以看出，处于20～100km的临近空间是争议的主要区域，而争议的主要原因，也主要是出于对各国领土安全和主权问题的担忧。而关于临近空间法律地位存在诸多空白区域的问题，一方面给各国开发临近空间资源提供了极大的自由空间，另一方面也直接导致世界各国在临近空间开发利用上的激烈竞争。缺乏法律秩序的空白区，总是会回归到弱肉强食的森林法则，而规则的制定，必然落入强者的手中。

（二）临近空间活动的法律性质

临近空间活动，主要是指各类飞行器在临近空间开展的飞行、穿越、悬停等活动。对临近空间活动法律性质的讨论，主要是为解决临近空间活动是否侵犯他国领空主权的问题。关于临近空间本身的法律性质和法律归属，国际社会并没有统一的认识。而关于临近空间活动，这一更具体的问题，各国也由于技术发展的差异和战略目标的不同，并未达成一致。但由学术界提出的"在临近空间逐渐增加的活动应当有统一的国际规则加以管理"这一观点，已经受到越来越多人的赞同。对临近空间飞行活动法律性质的界定，也引发了法律学界的讨论，并多从维护本土国利益的角度，给出了一些建议。

（1）临近空间飞行活动既不属于航空活动，也不属于航天活动，可独立设置"毗连区"，实行领土国管辖权。

相较于对划界和主权问题争执不下的讨论，对于临近空间飞行活动不同于传统的航空飞行活动和太空飞行活动的共识极易达成。因此，将其划定为一个独立的法律空间，就成了一种自然而然的意见。因此，有学者参考《海洋法公约》中"毗邻区"的概念，提出将临近空间作为独立空间，形成"领空-临近空间-外层空间"这种分层次的空域设计，使得临近空间作为一个缓冲区而赋予其下的领土国家以适当的管辖权，防止和惩处在其中的违法、违规行为。

（2）临近空间在未来民用运输等的方面的商业运用前景，可设置专属经济区。

在临近空间可能的运用前景中，高速运输的商业飞行活动是民用领域最可能实现的方案，蕴含着巨大的商业利益。针对这些非军用飞行器在上升至临近空间，或通过他国临近空间飞行时，应享有"无害通过权"，但应履行必要的通报制度。而一国对其上空临近空间的自然资源，如利用临近空间平台建造相关设施开展商业活动或科学研究时，应参照国际法中关于自然资源永久主权的规定，有权排他地利用其上空的临近空间自然资源，同时，也应遵循国际法中关于保护相应自然资源免受人类行为破坏的相关规定，积极保护临近空间资源。

（3）临近空间在国家安全方面的战略价值和重要地位，应针对军用临近空间飞行器设置预防性和保护性管辖权。

鉴于临近空间毗邻领空的重要地理位置，其对一国抵御来自空中威胁的作用不言自明。因此，有学者提出，对进入或通过某国上空的临近空间飞行活动，可采取类似"防空识别区"的管制方式，要求其提前并全程报告飞行计划和实时位置信息，从而更大限度地防止属性不明的飞行物侵犯主权国领空。但与"防空识别区"类似，这一提法虽然能最大限度地保护国家安全，但这也只可能是一国的单方面行为，与该国在临近空间的识别探测、定位管制甚至驱逐打击等军事能力有很大的关系。地面国可以要求外国飞行器进入前加以通报，并辅以"否则将随时予以拦截驱逐，甚至击落"的威胁，但该地面国对临近空间有外国军事飞行器非法进入的取证能力，才是判断其合法性及其国际社会影响的重要依仗。

可以肯定的是，科学技术的发展必然会促进国际法法规、制度的形成和改进。各国在临近空间开发利用过程中不同的技术发展水平和国家利益价值取向，导致了临近空间飞行活动立法的诸多阻碍和不确定性。要形成能够有效制约各国临近空间飞行活动的国际公约难度较大，更多地可以考虑从国内立法的角度，制定一些相关的法律条文，既能为他国临近空间飞行器通过提供法律依据，也能为临近空间国际立法争取主导地位。

二、社会环境对临近空间作战的影响

与外层空间类似，虽然至今国际社会依然主张和平利用外层空间，反对太空军事化、太空武器化，但自从人类进入太空时代的那一刻起，外层空间就已经开始军事化了。临近空间的开发利用，也首先是由军方开始，现在依然由军方主导，发展最快的高超声速飞行器也是最可能运用在军事打击上。实际上，临近空间作战，也不仅仅是使用临近空间各类飞行器直接进行火力打击的军事对抗过程，也包括使用临近空间进行侦察、预警、通信、导航等的军事信息支援，还包括在各类空基、天基武器经由临近空间打击一国资产时的"硬拦截"、借由临近空间进行干扰、阻断天基信息支援的"软对抗"等，需要借助临近空间平台力量完成的军事对抗，都属于临近空间作战，都是临近空间作战建设和应用中不得不考虑的问题。

同样与外层空间类似，各国临近空间开发利用进程和国际法的制约作用，是对临近空间作战的产生影响的最主要因素。

（一）各国临近空间开发带来的对抗形势

如前文所述，目前对临近空间的开发利用，还是少数世界军事强国的角逐。一方面，这些国家在航空航天技术上的储备使得它们具有临近空间开发利用上的先天优势，另一方面，这些国家也可以依靠临近空间，进一步丰富和完善其军事攻防体系，巩固其在国际社会的地位。而国家作为安全的传统参照对象，使得任何技术上的发展都必然带来形势上的对抗。他国技术特别是军事技术的发展带来的威胁的不确定性，必然导致本国的自我保护和安全防御，发展军备、寻求可以制衡的手段是国家从现实主义出发维护本国安全的必然选择。

临近空间本身的平台发展和技术角逐，是临近空间军事对抗的直接呈现。近年来最受关注且发展最快的高超声速武器的发展，直接体现了各国在临近空间的军事对抗。美国以"一小时打遍全球"为目的的高超声速武器发展一直动作频出，虽然试验并不顺利、屡遭失败，但技术的探索和积累一直未停，且一直有追加投入。为维持与美国的战略平衡，俄罗斯的高超声速武器发展追求的是先发性和威慑性，采用低技术风险、高维护成本的方式率先在部队列装"匕首""锆石"等高超声速导弹，"先锋"高超声速助推滑翔飞行器等高超声速武器。虽然这些武器的机动性、精确性等实战能力还值得怀疑，但美、俄在临近空间高超声速武器方面形成的对峙局面，却已经让临近空间的开发利用从一开始就带上了对抗的色彩。

防空反导主阵地向临近空间拓展，是临近空间军事对抗的现阶段呈现。若说作为临近空间高动态飞行器典型代表的高超声速飞行器的对抗还是雾里看花的话,各国围绕"反导系统"的发展对抗,就是更赤裸的表现了。地空导弹系统作为各国防空的重要武器系统,早在第三代就达到了 30km,只因其打击对象定位在空气动力目标,所以作用高度还是主要在 20km。但以弹道导弹和巡航导弹为打击目标的反导系统,就能在 30km 以上发挥作用。以美国"萨德"(THAAD)系统、俄罗斯"C-400"等为代表的末端高层(30~100km)反导系统作为现阶段各国反导系统的主力装备,发展极为迅猛,且随着飞机可挂载高超声速导弹,可以想见在临近空间区域的反导对抗,将呈现前所未有的紧张局面。

新型空天飞机在临近空间的活动,是临近空间军事对抗的未来征兆。X-37B 作为美国新型空天飞机的典型代表,已完成了多次试验飞行,在其 180 多天的在轨飞行中,虽大多数时间停留在 300km 以上,但主要发挥其功能、体现其变轨能力的飞行却在临近空间,而机动变轨能力才是其区别于其他航天飞机,实现军事目的的主要依仗。2020 年 8 月,美太空军《太空力量》文件首次明确提出轨道战的概念,即运用轨道机动及攻防火力维护自由进出太空的作战;组建轨道战"德尔塔"部队,负责操控天基太空感知装备、X-37B 天地往返飞行器、在轨巡视探测小卫星等作战装备,并开展"太空旗帜""斯普林特先进概念训练"等相关演习,可见,美军已经将轨道战视为太空军遂行对抗作战的重要样式,而临近空间正是轨道战的主战场。

(二)国际法对临近空间作战的影响

为维护世界和平稳定、促进人类共同发展的国际法,一向是制约强权、平衡各方势力、维护国际秩序的有效手段。虽然临近空间未见立法,决定临近空间主权的空气空间和外层空间的定界悬而未决,但对于和平利用、促进发展这一大的原则,是各国在进行临近空间开发利用时都应当遵从的。但军事威胁带来的恐惧,也必将引起新的军备竞赛,而国际法规的法律效力和政治持久性,就成了人们对抗恐惧的重要依仗。所以,未来关于临近空间的可能国际规范,必然还是在联合国宪章框架内,以和平利用为基本原则的。

实际上,相对于临近空间本身的法律空白,临近空间活动的法律属性无非两种情况:一是划归空气空间,国家享有和领空同样的法律地位;二是等同于外层空间,适用外层空间法。第一种情况下临近空间作战的合理性就等同于维护本国主权和侵犯他国领空,不需要讨论。第二种情况下,就需参考外层空间法,而外层空间法在军事利用和武器化方面的模糊,才是这个问题的难点。参考外层空间法在约束各国太空活动中的实践,可以得出以下结论。

一方面,国际法将约束和遏制临近空间作战。首先,《联合国宪章》第 2 条第 4 款规定:"各会员国在其国际关系上不得使用威胁或武力",明确了禁止使用武力或武力相威胁的原则。《外空条约》也明确禁止使用武力相威胁原则适用于外空活动。可以推断,如果临近空间有国际条约之类的法律规范,也必将禁止使用武力或武力相威胁。其次,国际社会对遏制外空军备竞赛和外空武器化有共识,在外层空间法形成和发展的过程中,反对外层空间军事化的努力一直有所体现,不但阿根廷、巴西等拉美国家呼吁,中俄等航天大国也通过提出"防止在外空放置武器、对外空物体使用或威胁使用武力条约"。草案等方式表明态度。即便是成立太空军的美国,也一再声称其外空部署和成军意图,是为了保障其本国和盟友安全的外空自卫。再次,外层空间法的法律程序和机制对临近空间作战有遏制作用。如果临近空间纳入外层空间,就要遵从《登记公约》《责任公约》

等，其中规范的登记制度和损害赔偿制度，以及《外空公约》中的磋商机制，都对擅自发起临近空间战争，或在临近空间使用和部署进攻性或防御性武器有程序和机制上的制约作用。

另一方面，国际法难以防止和制约临近空间作战。首先，《联合国宪章》虽然禁止使用武力，但并不禁止合法使用武力，即基于安理会授权、行使自卫权或为争取民族独立而使用武力。而"自卫权"这一概念，各国都有不同的解读，甚至学界也有学者提出"预防性自卫权"等提法，更是给临近空间的军事行动提供了极大的舆论空间。其次，对"和平利用"的不同理解和对"军事化"的不同解读，也给临近空间作战提供了机遇。有的国家认为，"和平利用"和"非军事化"就是要禁止一切带有军事目的的活动，包括进攻性的和防御性的"。也有国家认为"和平"应该是反侵略的，非侵略性的活动在可容许的范围。这给建设军事基地、进行武器试验、举行军事演习等活动，都留下了活动空间。再次，从太空军备竞赛的从未停止和反卫星武器的一再试射可以看出，即使国际社会一直呼吁和平利用外层空间，遏制外层空间军事化，但各国都没有放松对外层空间武器的研发，且随着反导系统等武器系统作用空间的一再扩大和美俄彻底退出《中导条约》，依靠国际法规阻止临近空间作战只能是美好愿望。

总之，临近空间军事应用，在社会环境方面还有许多现实问题，一是国家政治外交成为临近空间作战的直接制约条件。临近空间作战类似于空间作战，国际影响大，必须时刻关注国际形势的变化和国家政治、外交的需要，作战规模、形式、节奏、强度、手段、方法等都应符合国际、国内形势要求。二是民用资源可以便捷地服务于作战。信息技术的共用、通用性，使得临近空间指控机构周边通信技术、网络技术等方面的一些民用人才、设备、设施等资源，略加改造甚至不加改造即可直接应用于作战，这一点在指挥机构或指挥控制站遭敌袭扰破坏后尤为重要。三是军用、民用设施难以区分。未来临近空间作战的主要作战目标是敌要害、战略目标，而这些目标中的许多可能都依赖于通信、电力、交通等基础设施，这些基础设施中的许多又都是军民共用，增加了作战目标选择的难度。

第三章 临近空间作战平台

临近空间作战平台是指能够搭载各种有效设备，执行特定区域侦察与监视、通信中继、导航定位、气象监测、大地测量、反卫星与反弹道导弹、实施地面打击与防御，以及进行全球兵力投送等各类军事任务的临近空间各类平台。临近空间作战平台是临近空间武器装备系统的基础和重要组成部分。

第一节 临近空间平台概述

一、临近空间平台的概念及分类

临近空间平台是指工作于临近空间内的气球、飞艇、滑翔机以及空天飞机等飞行器，又称为临近空间飞行器。它们通过携带不同类型的载荷，可具备通信、遥测、情报、侦察、监视和打击等各种军事能力。临近空间飞行器种类多种多样，其分类方法也不相同，可以按照产生升力的原理，也可以按照飞行器的飞行速度、飞行高度、飞行时间、飞行距离、动力与推进形式等进行划分，还可以按照载荷和军事用途不同进行划分等。常用的分类方法有以下几种：

（一）按照产生升力的原理分类

依据临近空间飞行器产生升力的基本原理不同，可将临近空间飞行器分为两大类：靠空气静浮力升空飞行的临近空间飞行器（也称为轻于空气的临近空间飞行器）和靠临近空间飞行器与空气相对运动产生空气动力升空飞行的临近空间飞行器（也称为重于空气的临近空间飞行器），如图 3.1 所示。按照临近空间飞行器不同的构造特点，可将轻于空气的临近空间飞行器细分为自由浮动气球和轻型气球；将重于空气的临近空间飞行器细分为重型飞艇、无人飞机、高超声速临近空间飞行器。

（二）按照飞行的速度分类

根据临近空间飞行器的飞行速度不同，可将临近空间飞行器分为低速临近空间飞行器和高速临近空间飞行器两大类，如图 3.2 所示。按照动力与推进形式可将低速临近空间飞行器进一步细分为升力式、浮力式、升浮一体混合式和新概念动力低速临近空间飞行器；将高速临近空间飞行器进一步细分为亚声速、超声速、高超声速和新概念动力高速临近空间飞行器。

1. 升力式低速临近空间飞行器

主要包括太阳能的先进无人机，飞行马赫数一般在 0.2 以下，飞行高度约为 20~30km，具有驻空时间长、载荷能力小等特点，适合用于在中等对抗强度下，小范围区域内执行长时间信息获取任务。在军事领域可应用于战术级侦察、监视、导航和预警武器系统中；在民用领域可应用于高分辨率对地观测、信息中继和导航定位服务的临近空间飞行平台系统。

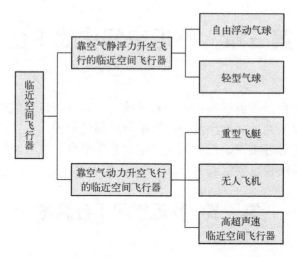

图 3.1　临近空间飞行器产生升力的原理分类

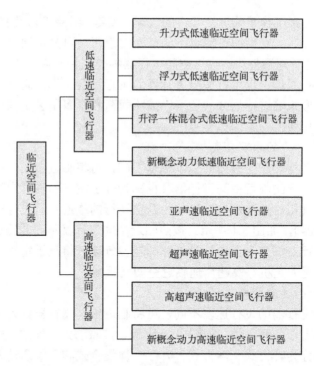

图 3.2　临近空间飞行器的速度、动力与推进形式分类

2. 浮力式低速临近空间飞行器

主要包括传统气球和飞艇，主要依靠浮力来实现空中停留，并可采用再生式能源实现迎风驻留，飞行高度一般在 20km 附近，具有持久停留、定点驻留和载荷能力强等特点，适合用于在中等对抗强度下，确定区域内执行持久信息获取与信息对抗任务。在军

事领域可应用于战术/战役级侦察、监视、导航、预警和电子对抗武器系统中；在民用领域可应用于信息中继和导航定位服务的临近空间飞行平台系统。

3. 升浮一体混合式低速临近空间飞行器

主要包括充气式升力体构型临近空间飞行平台，靠部分浮力和部分气动升力来实现空中停留，能源采用可再生式能源，飞行高度约在 20～30km，具有持久区域驻留、载荷能力强、机动性好等特点，适合用于在中等对抗强度下，执行持久区域的信息获取与信息对抗任务。在军事领域可应用于战术/战役级侦察、监视、导航、预警和电子对抗等武器系统；在民用领域可应用于高分辨率对地观测、信息中继和导航定位服务的临近空间飞行平台系统。

4. 亚声速临近空间飞行器

主要包括采用涡扇动力的超高空无人机，飞行马赫数在 0.5～0.8 之间，飞行高度一般在 20km 附近，具有飞行时间长，飞行距离远，载荷能力强等特点，适合用于执行中程信息获取和信息对抗任务。在军事领域可应用于战术/战役级侦察、监视、导航、预警和电子对抗武器系统；在民用领域可应用于高分辨率对地观测、信息中继和导航定位服务的临近空间飞行平台系统。

5. 超声速临近空间飞行器

主要包括采用亚燃冲压动力的高速巡航飞行平台，飞行马赫数小于 5，飞行高度一般在 30km 以下，具有飞行距离远、飞行时间长、飞行速度高、突防能力强等特点，适合用于执行重要目标的远程打击和远程侦察任务。在军事领域可应用于远程、快速、精确打击武器系统和远程、快速侦察飞行平台；在民用领域可应用于远程、快速运输系统。

6. 高超声速临近空间飞行器

主要包括火箭助推无动力滑翔式再入飞行平台、亚轨道飞行器和有动力的巡航飞行平台（如超燃冲压动力），飞行马赫数超过 5。

无动力滑翔飞行平台以火箭助推进入超高空，滑翔飞行高度可以从 100～300km 开始。

亚轨道飞行器是指在高度上抵达临近空间顶层（外层空间边缘 100km 左右的高度）但速度尚不足以完成绕地球轨道运转的飞行器。亚轨道飞行器的飞行速度一般为 5～15Ma，任务完成后返回地球，可重复使用。亚轨道飞行器主要用于有效载荷的运输，如携带远程打击武器等。此外，亚轨道飞行器还可用于军事侦察，能够携带高分辨率相机在高空"跳跃式"飞行。相对于侦察卫星的固定轨道而言，亚轨道飞行器可以提供一种有价值的军事侦察手段，多个亚轨道飞行器能够对所关注的地区进行实时侦察，而且可以在无需数据中继的情况下将图像提供给地面站指挥官。

有动力巡航飞行平台如高超声速巡航飞行器是一种可以从常规军用跑道上起飞，可重复使用的无人驾驶高超声速巡航飞行器，飞行高度在 30～60km 之间，飞行速度 6～10Ma，甚至更高。

高超声速临近空间飞行器具有飞行距离远、飞行速度高、机动能力强、突防概率高等特点，可应用于全球、快速、精确打击的武器系统，适合用于执行全球关键重要目标的信息获取、远程到达/打击任务。在军事领域可应用于全球、快速、精确打击武器系统，在民用领域可应用于远程、快速的临近空间运输系统。

7. 新概念动力临近空间飞行器

新概念动力临近空间飞行器是指采用新的原理，使用新的材料，应用新的能源，运用新的推进技术，进行外形设计，在技术上有重大突破和创新，在应用模式上和与其他临近空间飞行器有明显不同，对未来战争将产生革命性影响的临近空间飞行器。根据新概念动力临近空间飞行器的速度可划分为新概念动力低速临近空间飞行器和新概念动力高速临近空间飞行器。目前新概念动力技术主要有利用远距离传输高能激光或微波作为推进能源的新概念推进技术、脉冲爆震发动机技术、磁流体推进和等离子体推进技术等。

（三）按照飞行器的可控性分类

依据临近空间飞行器动力控制装置的有无和种类，可将临近空间飞行器分为自由浮空器、可操纵自由浮空器和机动飞行器三种类型。

1. 自由浮空器

自由浮空器基本上就是简单的悬浮气球，其制造和发射成本低，升空后不具备位置保持能力。自由浮空器发射后主要受风支配，没有常规的主动操纵或推进系统，但是能够利用不同海拔高度上风向、风速的差异所产生的可变压载实现有限的操纵。自由浮空器可以搭载数十到数百千克的载荷到达超过 30km 的高度，但是多数典型的自由浮空器（如气象气球）的有效载荷只有数十千克。美国部分商业通信平台系统已经采用自由浮空器进行了演示试验，而且国际电联（ITU）已经为临近空间通信平台分配了特定的通信频率。

自由浮空器最大的缺点是回收有效载荷困难，一般使用降落伞或者短距离滑翔回收系统。这种解决方案在低威胁情况下比较有效，在回收过程中回收人员可以相对自由活动，然而在战场的高威胁情况下，一般自由浮空器只能携带不需要回收、轻量级的有效载荷。

美国的商业公司已经设计出综合气球和远距离滑翔机的回收方案。它们将有效载荷置入高性能自主滑翔机内，滑翔机随自由浮空器升到高空，当有效载荷完成任务后，滑翔机就会携带载荷与气球分离，利用 GPS 制导自主滑翔返回指定地点。在滑翔机返回飞行的几个小时中，有效载荷仍旧可以正常工作。安全返回地面后，滑翔机经过简单的维护就能快速装在另外的自由浮空器平台上再次放飞。每次任务执行过程中系统损失的只是成本较低的自由浮空器。

2. 可操纵自由浮空器

可操纵自由浮空器具有空气动力学控制装置，利用不同海拔高度的风速差异来精确控制平台的运动。美国设计了一种可操纵自由浮空器方案：大型的氦气球携带由 1 个轻型、9m 高的飞行翼和操纵舵组成的简单控制装置，控制装置通过 15km 长的缆绳悬挂在气球下方。氦气球的飞行高度为 30km，而飞行翼控制装置的飞行高度为 15km，利用两处不同的风速，通过控制其产生的升力来保持气球的稳定。

从理论上讲，这类平台能够以很高的精度控制飞行，通常会随着纬度方向的风飞行，但是它们也能够进行加速、减速，随着各种不同角度的风飞行。可操纵自由浮空器具有一定的可操纵能力，因此可以携带有效载荷飞回指定位置，进行回收、修复和再次飞行。

3. 机动飞行器

机动飞行器一般带有动力控制装置，能够发射、机动到指定的高度位置并长时间驻留。它可以采用多种动力推进方案。在临近空间空气密度较大的低空空域，一般采用螺旋桨推进装置；在临近空间海拔更高的空域，空气稀薄，因而采用电推进或者离子推进等推进装置更为有效。

美国空军太空作战实验室已经进行了几年的机动飞行器概念研究工作；海军试飞了低海拔的"探路者"飞行器，并已经为下一步的继续飞行制定了一个相当大的资金预算计划；陆军进行了先进概念技术示范（ACTD）的机动飞行器——"高空飞艇"（High Altitude Airship, HAA）的演示验证试验。另外，许多其他的机动飞行器也处于概念研究阶段。

表 3.1 列出几种临近空间飞行器的设计思想、主要特点和面临的主要技术关键。

表 3.1　典型的临近空间飞行器比较

类型	设计思想	主要特点	主要技术关键
平流层飞艇	具有较大的气囊，气囊中充满轻质气体（如氢气），依靠空气浮力来平衡飞行器的重力，依靠螺旋桨的推力来克服阻力	可定点悬停或低速水平飞行，机动性能好	抗腐蚀、防渗漏材料、能源、推进与定点控制、操作控制（放飞、回收）
浮空气球	具有较大气囊、充满轻质气体（如氢气），无推进动力装置，依靠空气浮力进入临近空间	简单、成本低，易受风的影响，定点悬停和机动性能差	抗风、抗腐蚀、防渗漏材料
高空长航时无人机	采用航空飞行器设计方法，利用太阳能、氢燃料电池等新型能源，轻质结构，依靠空气动力达到临近空间	可快速机动	长距、长航时飞行，高度集成化

二、临近空间平台典型代表

进入 21 世纪以来，以美国为代表的军事强国陆续推出了一系列临近空间平台的试验计划，美国陆军、海军、空军、联合部队司令部、美国导弹防御局、美国国家侦察局、美国航空航天局以及其他一些商业部门均在开展临近空间飞行器技术与应用研究。

（一）"高空飞艇"（HAA）计划

美国导弹防御局从 2003 年开始实施高空飞艇先期概念技术演示计划，旨在开发能在 20km 高空飞行的可携带多种监视设备和其他有效载荷的长航时无人飞艇，停留在美国大陆边缘地区的高空中，监视可能飞向北美大陆的弹道导弹和巡航导弹等目标。HAA 还可在战区上空不间断地监视敌方部队的运动去向，甚至携带激光测距瞄准仪，为美军的巡航导弹及其他制导炸弹指示目标。美导弹防御局还可能让 HAA 装载激光武器系统，用于摧毁敌方的弹道导弹。

2003 年 9 月，HAA 先期概念技术验证计划完成概念定义，开始进入原型艇设计与风险降低阶段，2004 年 11 月正式开始原型艇制造与演示验证，如图 3.3 所示。2005 年 12 月，美国导弹防御局授予洛克希德·马丁海运系统与传感器分公司原型艇制造和演示验证阶段合同，开始制造原型艇。

按照设计，HAA 长 152.4m，直径 48.7m，充氦气，体积为 150000m^3，可在 21km 的高空稳定工作数月。原型艇留空时间为 1 个月以上，可携带 227kg 有效载荷，功率为 3kW。任务艇留空时间为 1 年左右，可携带 1816kg 有效载荷，功率为 15kW。其主体结构采用柔韧的纤维复合材料，既轻便又坚固。飞艇上安装 4 台电动螺旋桨发动机（飞艇两侧各 2 个），飞艇上携带的探测传感器能够监视地面直径大约为 1200km 的区域，有 10 个这样的平台就能覆盖包括 48 个州的美国大陆。"高空飞艇"的外壳是非刚性的，由多层聚乙烯纤维板制成，外壳上安装有柔性太阳能电池板，这是一种薄膜光伏电池，其转换效率接近 9.7%，输出总功率约 1MW。根据美国导弹防御局的计划，这种巨型高空飞艇将用于从墨西哥湾的海上各条通道巡逻至美国西南边境，再返回华盛顿州。"高空飞艇"是美国导弹防御系统的一部分，主要任务是监视可能飞向北美大陆的弹道导弹和巡航导弹等目标。

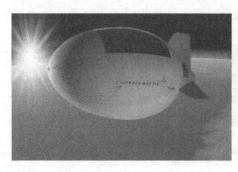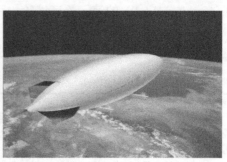

图 3.3　高空飞艇

目前美国正在重点进行的高空飞艇计划是 JP 宇航公司的"临近空间机动飞行器"（NSMV）研制计划以及导弹防御局和洛马公司的新型反导高空飞艇计划。NSMV 是一艘"V"字形高空飞艇，主要用于监视和军事通信，动力来自于大面积布置在飞艇表面的太阳能电池。它的原型机——"攀登者"长 53m，宽 30m，已经在 30km 的高度成功进行了飞行实验。洛克希德·马丁公司正在研制的反导高空飞艇长 152m，宽 50m，有效载荷达 2t，设计飞行高度为 20km，续航时间为 1 年，动力同样来自太阳能。它主要应用于导弹防御系统早期预警，此外还可用作激光中继以及进行战场环境监控。

（二）"探测器与结构一体化（ISIS）"计划

为解决 HAA 的重量问题，DARPA 提出"探测器与结构一体化"（Integrated Sensor is Structure，ISIS）概念。"探测器与结构一体化"计划旨在通过将大型轻质相控阵雷达集成到飞艇结构之中，研制一种可在 21km 高空执行监视任务的平流层飞艇，实现对所有空中和地面目标的不间断持续监视。按照计划，该飞艇可留空 1 年以上，利用其有源相控阵雷达对空中和地面目标进行监视和跟踪，并可在 595km 之外跟踪最先进巡航导弹，在 322km 之外跟踪敌方部队。

ISIS 将雷达天线与飞艇结构进行集成，使整个平台成为一部传感器，以减轻重量。ISIS 雷达系统由多组电扫阵列组成，天线的直径约 50m，雷达采用双波段（超高频和 X 波段）工作方式，雷达波束以光速移动，可在几种模式下同时工作，除具有部分数据链和语音传输能力外，还具有机载动目标和地面动目标显示能力和通信能力。天线具有上视、前视和下视能力，可提供长达一年的全面而持续的监视和跟踪。

ISIS 传感器旨在追踪 600km 范围内的机载目标和 300km 范围内的地面目标，同时通过数百个宽带通信链路向美军传递这些信息。其中的"时间多路传输技术"（time multiplexing）（解决天线同时传输与接收数据的一种技术）可在 1s 内将数据传感功能改变为数据传输功能。国防预先研究计划局希望这个传感器能够探测并追踪的目标包括飞行器、巡航导弹、坦克、部队以及迫击炮和大炮发射。ISIS 传感器将是迄今为止最大的雷达传感器，比美国导弹防御局的海基 X 波段雷达传感器还要大得多。当飞艇在 20km 高度飞行时，雷达覆盖面将是一个直径约 1000km 的圆形区域，10 个这种飞艇的雷达探测面积几乎可以覆盖整个美国大陆。

美国空军研究实验室已向工业界提出若干合同，开始 ISIS 计划的多项工作。洛克希德·马丁公司将为该项目研制飞艇平台。诺斯罗普·格鲁曼公司太空技术部将为该项目研发一个雷达传输与接收模块。诺斯罗普·格鲁曼公司电子系统分公司也将与雷声公司一道，为该项目并行研制轻型、双波段、低功率密度并可粘合到飞艇柔性表面的先进的有源相控阵雷达（两家合同商将采用不同的方法来研制）。该计划所面临的主要技术挑战包括：超轻质天线、天线校准技术、电源系统技术、飞艇的定位保持方法、可支持超大尺寸天线的飞艇结构等。

（三）"高空哨兵"平流层飞艇计划

美国陆军战略司令部"高空哨兵"平流层飞艇计划旨在通过螺旋式发展的方式，逐步研制出可携带 22.7～90kg 有效载荷、功率为 200～1000W、留空时间为 4～30 天、留空高度为 20km、后勤保障负担小的平流层飞艇，用于实现低成本战术通信，并完成情报、监视和侦察任务。

"高空哨兵"飞艇在设计上已考虑到野外部署的需要，在发射时只需部分充满氦气，发射过程中氦气膨胀充满气囊，因此发射时无需占用大型飞机库和专用设施，易于野外部署。2005 年 11 月，在一次技术验证试验中，美国成功放飞一艘长 44.5m 的"高空哨兵"飞艇。试验中，飞艇载有一个重约 27kg 的设备吊舱进入 22.55km 的高空，并留空 5h。这是历史上在临近空间实现有动力飞行的第二艘飞艇。"高空哨兵"项目的重点是研制小型临近空间飞艇，用于实现低成本战术通信和完成情报、监视和侦察任务。

（四）基于气球的"战斗天星"计划

美国空军目前正在探索利用自由浮空气球、自由浮空气球/无人机组合来实现临近空间的通信和监视，其典型代表为美国空军的"战斗天星"（Combat Skysat）计划（图 3.4），该系统由总部设在亚利桑那州钱德勒市的空间数据公司开发。空间数据公司负责政府项目商业开发的副总裁杰瑞·昆妮维尔表示，"战斗天星"系统在距地面约 20～31km 的高度运行。空间数据公司目前正向一些公司推销这项技术，如用于从油田传递信息。

"战斗天星"计划分为两个阶段进行，第一阶段方案是：自由气球下挂美国空军信息战实验室研制的蓝军跟踪转发器。第二阶段方案是：自由气球下挂滑翔机携带高分辨率情报、监视和侦察（Intelligence，Surveillanceand Reconnaissance，ISR）传感器，自由气球一次性使用，滑翔机可重复使用。

"战斗天星"系统主要由一个一次性气球和超高频通信有效载荷组成，可在国内灾难应对行动中用于建立应急通信网络。如果五角大楼愿意将该系统作为军方海外行动的一部分进行部署，那么它可能需要几个月时间来购买大量平台，以便长期维持行动的正常进行。6 月份的演习结束之后，参加演习的加利福尼亚及夏威夷两州的海军国民警卫队纷纷表示对装备这种高空平台非常感兴趣。一支部队需要两到三个小分队来发射高空气球，另外还需要至少三个小分队操作和维持这种高空飞行器的运行。如果其他部队开始使用这套系统，鉴于高空飞行器需要专人操作，他们需要指派额外的人力实施这一任务。

图 3.4 "战斗天星"计划

2004年11月至2005年3月，美国空军航天司令部在亚利桑那州上空对"战斗天星"的简易样机进行了多次飞行试验。试验中，两个充氦自由气球在20km的高空飞行了8h，将美国陆军信息战实验室研制的蓝军跟踪转发器 RC148 的通信距离由 18.5km 扩展到 555km，覆盖范围与伊拉克国土面积相当，可明显改进地面部队之间以及地面部队与空中支援飞行员之间的通信。2006年4月，美国空军在"联合远征部队试验"中再一次对"战斗天星"进行了验证。这些演示试验证明，临近空间飞行器能够提供临近空间通信支援，可作为卫星和无人机的补充。

"战斗天星"能够将用户和分布于约 480km 范围内的便携式通信设备联系起来。另外，对于在城区或高山地形执行任务的部队而言，这套系统无疑能助他们一臂之力，因为通常在这些地区，直线对传（line of site）式地面通信能力会大打折扣。鉴于"战斗天星"采用低功率信号，不需要部队携带大量电池，特种部队装备了这套系统无异于如虎添翼。目前为止，对"战斗天星"实验的重点一直集中于通信任务，而实际上高空气球还能用作监视敌人行动的平台。

"战斗天星"是美国国内唯一准备用于灾难应对行动的高空气球，能在数月内完成国外部署。目前出现的其他概念还包括俄勒冈州蒂拉穆克的临近空间公司生产的飞行器，这种飞行器能够让用户将有效载荷安全运抵地面部队。如果军方选择将机密有效载荷部署到高空平台上，这种能力对军方尤其具有吸引力，因为机密有效载荷不能被随意丢弃。空间数据公司已将培训版本的"战斗天星"卖给美国空军，高空气球可像灯塔一样协助救援，但真正用于实战的版本的任务则不会肩负这种使命，后者迄今为止只为军方制造。

美国空军计划进一步提高自由浮空器的技术成熟度，使其可携带更重、更昂贵的有效载荷。2006年3月，空军航天司令部向工业界征求关于发展气球载综合通信中继系统的建议,并于 2006 年 9 月授予"战斗天星"的供应商——空间数据公司一价值 4900 万美元的项目,研制一种在距地面 19～31km 的临近空间使用的通信系统。

(五)"临近空间机动飞行器"(NSMV)计划

位于科罗拉多州施里弗空军基地的美国空军空间作战实验室和空间作战中心,从 2003 年初就开始联合研制一种半自动的轻于空气 NSMV。该飞行器可以在"临近空间"空域长期活动,集卫星和侦察机的功能于一身,由地面遥控设备操纵,能完成高空侦察、勘测任务,也可用作战场高空通信中继站。

2003 年 9 月空间作战实验室开始对 NSMV 原型机进行验证试验。这架原型机由美国 JP 航宇公司制造,被命名为"攀登者"(Ascender)。作为能够在临近空间活动的新型侦察工具"攀登者"的造价仅为 50 万美元,远远低于任何一种有人驾驶侦察机,还不到 RQ-4"全球鹰"高空长航时无人侦察机的 40%。

"攀登者"是一种军用巨型飞艇。其设计飞行高度为 30～50km,外形呈 V 形,全长 53m,宽 30m,比一个棒球场还大。艇内充氦气,设有多个气舱,利用控制系统可以调节各气舱的氦气容量,辅助飞艇进行空中机动。该飞艇安装两台由燃料电池驱动的螺旋桨推进器,采用全球定位系统进行导航,可在临近空间空域长期活动,集卫星和侦察机的功能于一身,由地面遥控设备操纵,能完成高空侦察、勘测任务,也可用作战场高空通信中继站。

2003 年 11 月间,未携带任何设备的"攀登者"被释放到 30km 的离空进行初期验证试验,并在地面控制下返回基地。2004 年 6 月,它搭载通信和监视传感器进行了升空和巡航试验。2005 年 3 月,美国空军又进行了两次"攀登者"裸机的 30km 高空飞行试验,但均未达到预期目的,在第一次飞行试验中,气囊发生了爆炸,在第二次试验中,搭载的相机未能正常工作,没有获得所需数据。

JP 航宇公司还为"攀登者"飞行器进行了配载试验,携带 45kg 重的通信和监视传感器设备,并升入"临近空间"区域进行巡航试验,完成地面操作指令反应、地面指挥所控制下的转换飞行,以及点目标上空 5min 悬浮、降落、返航等试验任务。

除"攀登者"飞艇外,美国空军还资助 JP 宇航公司研究"轨道攀登者"(Orbital Ascender)飞艇,这是一种外形如独木舟的巨型飞艇,长 2000m,能停留在 30～42km 的高空,也能在地面-空间站-轨道之间往返飞行。JP 航空航天公司打算开发先进的离子推进系统,将"轨道攀登者"送到预定轨道,这将创造不用火箭就将人和货物送至地球轨道的新型运送方式,并为人类航天提供更安全的飞行方式。

(六)"黑暗空间站"(Dark Sky Station)高空漂浮飞艇平台

"黑暗空间站"(Dark Sky Station)高空漂浮飞艇平台,是美国空军资助 JP 航空航天公司的另外一种飞艇概念。该平台由多个飞艇组成,长约 3.2km,驻留在 30.5km 的临近空间区域,是一种永久性有人驾驶设备,将用作太空船从地面到轨道间的高空中转站、第三方飞行设备补给站或遥控操纵的通信中继站。整个平台由氢电池提供动力,同时利用燃料电池和太阳能电池作为辅助动力。美国空军提出建造一个宽 30m、高 9000m 的小型"黑暗空间站",尝试由 2 名人员到上面执行 3h 左右的任务,之后再进一步扩大平台规模和增加人员停留时间。

（七）"海象"（Walrus）重型飞艇

DARPA 于 2004 年 4 月 26 日在阿灵顿召集美国各大军事工业企业代表举行会议，专门讨论该局经过数年前期论证的"海象"（Walrus）重型飞艇计划实施的可行性，如图 3.5 所示。

图 3.5 "海象"飞艇概念图

"海象"重型飞艇主要由充满氦气的流线型艇体、推进系统、稳定操纵舵面和飞行吊舱等组成，具备运送一个完整的作战单位从驻防区到战区的能力。"海象"重型飞艇的起飞重量高达 500t 以上，相当于十几架 C-130 "大力神"运输机的运力，具有洲际飞行能力，并能够在恶劣的着陆地点如草地上起降，不需要跑道或港口，也不用前沿基地支持，能够垂直起降。由于使用了大量新技术，"海象"重型飞艇在军事上的应用潜力比早期飞艇大得多。这些新技术包括优化的飞艇设计理念、新型结构设计方法、综合推进系统、地面操纵系统以及有效载荷系统。"海象"飞艇是理想的海上侦察平台。它可搭载先进的传感器和战术数据链，对目标区域进行全天候监视。由于内部空间巨大，可装备无人机无法搭载的先进侦察与通信设备，其侦察能力远远超过 P-3C 等海上巡逻机。超强的续航能力使它能够有效侦察大面积海域，尤其适合跟踪敌方潜艇的行踪。美军大力开发空中"巨无霸"，侦察机和一些卫星的功能将被"海象"替代，这可能改变未来侦察和作战的模式，也刺激其他国家在此领域加大研发力度。

（八）"高空侦察飞行器"（HARV）

约翰·霍普金斯大学的应用物理实验室（APL）目前已经投资 25 万美元，自行开展"高空侦察飞行器"（HARV）概念的研发工作，如图 3.6 所示。

尽管 APL 已经制定了为期 4 年的计划，用于开发、建造和试飞演示验证平台，但潜在的军方用户已经要求 APL 将时间缩短为 2 年。APL 估计投资 1200 万～1400 万美元就能够开发和试飞 HARV，时间控制在 2 年左右。

APL 的一位负责人解释说，之所以自筹资金研究，是因为他们认为未来的战争确实会对"临近空间"飞行器有很大需求。

现在的作战要求有更持久的监视能力，飞机、卫星和 UAV 无人驾驶飞机（Unmanned Aerial Vehicle）仅仅能够满足部分的需要。"临近空间"飞行器能够在目标上空 30.8km 处连续工作 2 个星期或 1 个月。如果能够解决价格和快速部署问题，未来"临近空间"飞行器将前景无限。

APL 开发的临近空间方案是将一个类似于气球形状的飞行器和传感器都装载在飞机或导弹上，用飞机或导弹将其运送到高空后释放。HARV 将自行充气并启动它的太阳能电推进系统和传感器。HARV 将作为一个超视距通信节点/中继或 ISR 平台太阳能充电电池能够为 HARV 在某一特定区域进行昼夜工作提供能量。APL 设想的飞行器运载方案解决了飞行器从地面飞入高空可能会遇到的问题，如遇到强风和破坏性的漩涡时飞行器的生存问题。

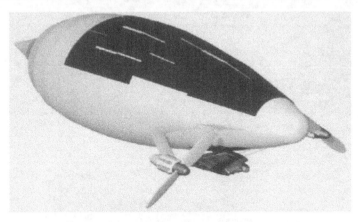

图 3.6　高空侦察飞行器概念图

APL 的研究人员认为可以使用不带战斗部的巡航导弹作为效费比适当的运载器在几个小时之内可以通过巡航导弹或飞机将 HARV 快速部署到战区。APL 的工程师认为 HARV 将是一种层流化飞行器，它能够使用电推进装置，太阳能板将集成在 HARV 的结构中以减少重量。另外，有很多现行技术也可以应用于这个系统。

（九）SR-72

SR-72 高超声速飞机验证机项目由洛克希德·马丁公司承研，计划研制试飞一型与 F-22 战斗机大小相当的高超声速飞行验证机，计划研制进度为 2018～2023 年，经费预算 10 亿美元，采用可选有人驾驶。SR-72 在设计时除考虑侦察监视能力外，还同时考虑了利用导弹的打击能力。从 $6Ma$ 飞行的平台发射的武器无需助推器，将显著减少重量。拥有更高速度的 SR-72 将能探测和打击更加敏捷的目标。即使是 $3Ma$ 的 SR-71，被侦察目标仍可提前侦察到飞机的来袭，但是对于 $6Ma$ 的飞机而言，根本没有足够的时间来隐藏移动目标。分析表明，飞行速度 $5Ma$ 以上时，生存力将高于 98%，该种飞行器在未来作战体系中将具有重要地位，可执行察打一体等多种任务，如图 3.7 所示。

（十）MANTA

MANTA 计划是由美国空军牵头、波音公司承担的临近空间侦察、打击平台研究项目，该项目于 2007 年启动，预计型号计划于 2025 年首飞，计划分两阶段发展。第一阶段为演示验证阶段，采用火箭助推，实现高速飞行。采用火箭基组合循环（Rocket Based Combined Cycle，RBCC）+涡轮基组合循环（Turbine Based Combined Cycle，TBCC）发动机，最大飞行速度为 $7Ma$，航程大于 3000km，如图 3.8 所示。第二阶段为型号研制阶段，研制水平起降高超声速飞行器，实现全程自主飞行。采用两台 TBCC 发动机，起飞总重 84t，有效载荷 2.3t，最大飞行速度马赫数 7，航程大于 5000km，如图 3.9 所示。

图 3.7 SR-72 概念图

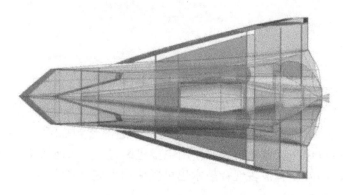

图 3.8 MANTA 第一阶段飞行器

图 3.9 MANTA 第二阶段飞行器

三、临近空间平台作战应用性能

临近空间平台的主要性能包括驻空高度、抗风能力、承载能力、可提供有效载荷功率、定点能力、定位精度、姿态稳定精度、指向精度与稳定度、机动能力、导航控制、巡航速度、升空回收能力、信息传输能力、滞空时间、覆盖范围、侦察频段、分辨率、隐身性能、对抗性能等。当应用于作战时，需要重点关注以下性能：

（一）承载能力与连续工作时间

1. 承载能力

结合国外主要临近空间平台性能参数，考虑到目前侦察预警设备重量，要执行侦察/监视/预警任务，除飞行器本身的重量之外，近 1000kg 的载荷能力是十分必要的。这些载荷可以包括通信设备、侦察设备、备用的燃料等。美国 HAA 执行洲际弹道导弹和巡航导弹预警任务，有效载荷为预警雷达，载重 2t。欧洲"哈尔"，执行对地观测任务，载重 lt。英国"天猫"（SkyeAT）系列，执行预警任务并可作为信息平台，载重 1t。以色列"SPA"飞艇，执行侦察预警任务，载重 1.8t。

2. 连续工作时间

临近空间平台的工作时间主要与平台自身的能源供给系统有关，临近空间平台的能源主要来源于高效率太阳能薄膜电池和可再生燃料电池,提高其单位重量的能量密度（效率）是提高滞空高度或实现大载荷能力的关键。

（二）飞行高度、覆盖范围与定点悬停能力

1. 飞行高度

临近空间平台的飞行高度与临近空间平台的观测范围、观测精度、时间效能、安全性能等作战性能有直接的关系。计算表明驻留在 20km 高度的临近空间平台，可观测半径为 500km（仰角 0°），并且驻留高度越高，就越难以被地面雷达观测到，同时也越难被地面防空武器攻击。

考虑到临近空间独特的环境特性，驻留高度也不是越高越好。首先，低速临近空间平台要长时间驻留，必须考虑风速的影响，风速越小，消耗的燃料越少。风速在 20km 处达到一个最小值，然后随着高度的增加快速增加。其次，临近空间大气密度状况对低速临近空间平台驻留高度也有影响。在 20km 高度附近的大气密度约为地面的 7%。随着高度上升，大气密度持续下降，30km 高度的大气密度约为地面的 15%。对于典型的低速临近空间平台如飞艇来说，由于密度随高度的增加快速下降，在相同体积下大气所能够产生的浮力也随高度增加急剧下降。例如，氢气球要获得 1kg 的浮力，在 20km 高度时体积约为 $12m^3$，而在 40km 高度时，体积就需要增加到 $270m^3$。飞艇体积的增大，将会带来储存、制造上的问题，也会造成放飞困难和成本过高。

综合起来考虑，适合低速临近空间平台的驻留高度为 20~30km，先期发展目标为 20km 比较适宜。

2. 覆盖范围

一般来说，高度不同覆盖范围大小也不一样。临近空间 ISR 平台在低轨时，即可实施范围为 $9×10^5 km^2$ 的侦察监视，向外预警探测能力伸至 600km；在中高轨 36.6km 时，可实现直径 1000km 的侦察监视。

3. 定点悬停能力

临近空间在 20~50km 区域内的气温上高下低、气流相对稳定，将临近飞行器置于此层，可实现在地面控制下定点上下悬浮并根据需要横向移动，且临近空间续航能力达十多天，可以建立长时间监视和凝视的对地侦察系统。临近空间平台的定点悬停能力，一是要保证临近空间平台上的导航仪器的精度，使得能够得到比较准确的飞艇位置和姿态信息；二是要保证控制系统的控制效果能够实现浮空器的高位值保持精度。这种能力对于以重点军事目标（或敏感地区）长时间、全天候的实时监视为主要目标的临近空间平台具有重要意义。

（三）快速部署与操作控制能力

1. 快速部署能力

临近空间平台的快速部署能力是其有别于地基、空基及天基系统的重要特征。受当前工程技术制约，卫星发射准备周期长，一般需要40天左右，并且星载燃料有限，卫星机动变轨次数有限。而临近空间平台架设大多不需动力发射架，发射准备周期短，因此，可以携带有效载荷随时应急升空，实现快速机动部署。

机动性能是战时临近空间平台快速部署的关键。高空无人机和高空飞艇都具备机动能力，作为临近空间平台可具有前伸部署及凌空部署能力。同时，变轨机动将使飞艇享有大范围搜索的普查和小范围高精确的详查两种军事需求。所以，具有变轨能力的飞艇也可作为临近空间平台的选择。以高超音速巡航导弹为代表的高速临近空间攻击飞行器，可以在10min内攻击距离2000km的目标，攻击时间比亚音速巡航导弹缩短一个数量级以上。现在正在研制的平流层飞艇载重能高达2t以上，携带一定数量的小直径制导炸弹甚至可以对目标区域做到实时打击。

2. 操作控制能力

要完成对高空浮空器平台和有效载荷的控制，必须由地面接收控制主站向浮空器发出指令信号，用来控制浮空器平台的飞行高度、俯仰姿态、悬停时间、返航时间以及有效载荷的工作时间、工作方式等，确保浮空器平台和有效载荷能够正常工作。

（四）生存能力

临近空间平台的生存能力是作为一个搭载平台的重要性能。由于大多临近空间平台运动速度慢，容易成为对手攻击的目标，现阶段其生存能力较强，随着对抗加剧，不确定性因素加强，其生存能力需要特别加以考虑。现代军用飞艇一般采用无金属骨架的软体结构，几乎没有雷达回波和红外特征信号，很难被探测到，具有一定的隐身特性。此外，平流层飞艇的飞行高度超过20km，超出了地面防空火力的有效射程。即使遭到攻击，由于囊体内外压差小，氦气泄漏速度缓慢，一般也不会立刻导致灾难性的后果，有足够的时间返航或进行修复。但是即使这样，攻击与防御始终是矛与盾的关系，较强的生存能力也是提高其防御能力某种意义上的有效方式。

以高超音速巡航飞行器为代表的高速临近空间飞行器具有飞行高度高、飞行速度快的特点，其飞行高度和速度超出了一般地面和空中防空武器的打击高度范围。以防空导弹和空空导弹为代表的现代防空武器拦截高度一般在20km以内，且要求飞行速度是拦截目标的2.5倍，而高超声速巡航飞行器飞行高度一般在30km以上，且飞行速度大大高于普通防空和空空导弹。以高超音速巡航飞行器为代表的高速临近空间飞行器目前尚无有效的拦截手段。以平流层飞行为代表的低速临近空间飞行器一般以纤维材料制成，透波性能好，红外及可见光特征微弱，且飞行高度高，同样难以发现及拦截。

临近空间特有的高度和环境优势，使其部署的平台本身就具有不易被发现、跟踪和攻击的生存优势。但在构建时还应尽量选择抗毁性强、可自动修复的材料和结构，如囊体结构，以增强其顽存性。

（五）运载、发射及补给、维修能力

临近空间平台作为新一代运输工具，可以在高于现有防空能力的空域运输部队，做到强火力混编作战单位的大范围、高机动投送。巨型临近空间平台可作为地面到轨道之间的运载器，将诸如宇宙飞船、人造卫星等航天器运抵预定高度并发射入轨；另外，巨型临近空间平台在临近空间犹如一个"临近空间站"，也可作为临近空间平台系统（设备）的补给和维修平台。

如由许多飞艇构成、长约3.2km的"黑暗天空站"（Dark Sky Station）就是美空军设计的一个永久性有人驾驶设备，设在30.5km的高空中，用作宇宙飞船从地面到轨道间的高空中转站、第三方飞行设备补给站以及远距离操纵的无线电通信中继站。另一种是设计长约2km的高空轨道飞艇"轨道攀登者"（Orbital Ascender），它能停留在30～42km的高空，也能在地面到轨道之间往返飞行。这种巨型飞艇有望在3～9天的时间内从地面飞抵轨道，从而创造出一种不用火箭就把人和货物运送至地球轨道上的新型安全运送方式。

（六）卫星有效载荷和空间武器的试验能力

卫星有效载荷试验通常借助于飞机、系留气球或者临时设立的高塔来进行，这种方式存在高度低、覆盖范围小、受大气影响大等缺陷，与空间环境相差甚远，无法达到理想试验效果。而临近空间环境可提供平稳的飞行条件，临近空间平台携带卫星有效载荷到达高于20km的高度，可以在更加接近于真实环境条件中进行试验。同样，随着空间武器的研究和发展的不断深入，临近空间平台也将成为空间武器试验平台的最佳选择。

第二节　临近空间低动态平台

临近空间低动态平台主要是指利用气囊充载轻于空气的气体（如氦气、氢气），依靠空气浮力升空的飞行器。临近空间低动态平台主要指高空气球、高空飞艇、高空长航时无人机等。高空气球、高空飞艇属于巨型柔性飞行器，平台自身具有惯量大、刚度低、响应时延长、可控性弱等特点，飞行高度在20～50km的平流层中。高空长航时无人机主要指飞行高度在20～30km之间，飞行时间达几十小时甚至1年的太阳能无人机，号称"同温层人造卫星"。临近空间低动态平台凭借其自身特点，可以作为战场持续C^4ISR能力的搭载平台，在未来战争中发挥重要作用。

一、临近空间低动态平台特点

临近空间低动态平台兼有航空器与航天器的优点，能在很大程度上避免它们的不足，在军事领域拥有广阔的应用前景。2005年8月，美国国防部正式发布了最新版无人机路线图——《无人飞行器系统路线图2005—2030年》，作为临近空间平台的无人飞艇在新版路线图中首次被单列一节，这充分表明美国对无人飞艇一类临近空间低动态平台的作用更为重视。目前，美国已展开一系列飞艇研究项目，除执行侦察、预警和通信中继外，还可执行低成本的超重载（500t）远程/超远程（22224km）运输任务。在军事应用方面，临近空间低动态平台具有以下特点：

（一）覆盖范围大、持续性好

临近空间低动态平台的覆盖范围比航空器大，定点时它与地球自转保持同步，可对服务区提供连续不断和没有缝隙的覆盖，并可在有限的留空时间内提供快速响应、近距和凝视的持续性，克服中、低轨道卫星（MEO，LEO）间歇性覆盖的缺陷。当作为接力通信系统的一个节点时，平台间的中继距离可达到1000km以上。当作为一个独立的空中枢纽时，其覆盖范围可达到900000km^2。对于小覆盖区域，只需一个飞行器平台就可满足覆盖要求。而更大覆盖区域可用多个平台进行接力覆盖，协同完成区域内的任务。

（二）分辨率高、传输损耗小、时延小

临近空间低动态平台不仅在战区范围提供空间效应，它们比卫星平台更接近目标，可以提高图象分辨率，其地面分辨率与成像灵敏度是卫星的几十倍。临近空间低动态平台通信信号路径损耗比地面通信平台和通信卫星小得多，路径损耗和信号延迟小。与卫星相比，其路径损耗比低轨道卫星LEO少40dB，比高轨道卫星GEO少70dB，传播延时仅为LEO的1/35，并具有较好的电磁波传播特性，可降低对信号功率的要求，并提供更好的实时性。

（三）隐身性能好、生存力强

由于临近空间低动态平台的活动区域远非一般歼击机和导弹所能企及，使其拥有较强的战场生存能力。虽然有些飞艇的体积很大，由于飞行体采用复合材料，材料本身的雷达反射面积极小，几乎没有雷达回波和红外特征信号，很难被探测到，现代多卡勒雷达也难以捕捉这类低动态目标，因此平台具有极好的隐身性。

（四）任务载荷大、造价低、寿命长

临近空间低动态平台的内部空间大，可携带大量尖端的电子设备和自卫武器，携带任务载荷的能力可达到2t以上，比一般的空基、天基平台任务载荷大得多，同时它的研制成本、发射成本和使用成本却低很多，并且可以回收，一般可以重复使用5～10年。

（五）发射机动性好、可快速部署和转移阵地

临近空间低动态平台的制造与发射周期短、难度小、发射方便，不需要高等级机场和专门的发射工具，即使被摧毁后也可在短时间内发射一个新的继续工作。而且它可以回收、维修和重复部署，并可根据任务需要在任意地点、任意时刻巡航飞行至某空域定点执行探测任务，转移阵地方便，易于适应战场形势变化的需要。这在一定程度上弥补了卫星应急发射难的缺陷，更有利于面向战术、战役级部队甚至单兵提供军事服务。

二、临近空间低动态平台应用模式

根据军事应用特点和方向，临近空间低动态平台系统能满足从战略级到战术、战役，甚至单兵作战使用等多层次的需要，系统所承担任务的重要性和复杂性，决定着飞行器系统的应用方式。临近空间低动态平台系统可按单平台独立工作，多平台组网工作，陆、海、空、天、地一体化协同工作等多种模式使用。

（一）单平台独立工作模式

临近空间低动态平台在单平台独立工作模式下，系统主要由飞行器平台、任务有效载荷、视距和超视距测控与信息传输数据链、地面指挥控制站（含地区主站与机动接力站）、地面保障系统、情报数据处理系统等组成。根据需要，系统留有与其他系统的接口。任务期间，整个系统自成体系，可执行空中侦察、中继通信、气象探测、电子干扰、武器发射、武器试验、兵力运输等任务，适用于战役级应用，也可为单兵作战提供指挥、通信中继服务。

（二）多平台组网工作模式

临近空间低动态平台在多平台组网工作模式下，系统主要由按覆盖区域、任务性质、空中路由中继方式等部署的多平台空中网络或伪卫星星座、多平台任务载荷、空-空数据链、视距和超视距测控与信息传输数据链、地-空情报宽带数据链、多站制地面指挥控制站（含1个地区主站、若干个机动站）、地面保障系统、情报数据处理系统等组成。根据需要系统在空中和地面均留有与其他任务系统的铰链接口。系统可兼容单平台工作模式下的任务，但更主要的是作为一个综合化的网络体系，完成多平台协同工作任务，如战场监视与测绘、导弹预警、空中接力通信、区域导航、目标识别、目标定位、协同攻击与毁伤评估等，该模式可适用于战术级应用。仿真试验表明：3个临近空间低动态平台组成的星座可以连续覆盖从极地到纬度45°范围内的地区，实现导弹预警；30个这样的平台可以提供类似的全球覆盖。800个平台组成的星座可以对全球连续提供按需的通信或ISR覆盖。

（三）陆、海、空、天、地一体化协同工作模式

临近空间低动态平台可与陆、海、空、天信息系统平台协同使用，进行协同组网工作，根据任务需求可灵活配置出更加灵活的、综合性能更强的空中组网作战使用模式，并充分利用空、天、地网络系统资源，协同完成战略级军事任务。如临近空间低动态平台与侦察卫星、预警机协同，可组成区域侦察监视系统；结合跟踪与数据中继卫星、导航卫星等，可组成空-天-地数据链，构建一个区域战场指挥调度系统；也可作为武器发射平台，加入到陆、海、空、天联合作战体系中。临近空间低动态平台可作为空基伪卫星与天基导航卫星、地基伪卫星一起构成卫星/伪卫星混合星座导航系统，能极大地优化导航星座的几何构型，显著改善导航系统的可用性、连续性、可靠性。

三、临近空间低动态平台可应用领域

临近空间低动态平台可广泛应用于空间探测、遥感、武器试验、情报侦察、电子对抗、导航定位、战区通信信号空中中继、无人机/侦察机等侦察数据的空中中继；可为靶场武器试验提供测试设备搭载平台和试验通信与数据的空中中继平台；还可与卫星、飞机、地面站组成一个立体观测信息网，为高科技武器（巡航导弹、隐形飞机等）的攻防作战，预警探测、情报侦察、指挥、控制、引导、通信、战损评估、目标识别等提供综合信息作战能力。其典型的应用方向有：

（一）侦察监视

临近空间低动态平台可以搭载成像侦察、信号情报侦察设备、遥感遥测、测绘等多种有效载荷，悬停于重要目标上空达几天甚至数月之久，既能密切关注目标动态，又能及时发现并揭露伪装，对于生成高质量的综合情报具有重要意义。由于它飞行平稳，比侦察卫星更接近侦察目标，地面分辨率更高，图像更清晰。而且它可以增强对全战区的防空、反导武器指控的态势感知，提供用于战斗识别的单一、共享、综合态势图，利于统一指挥海、陆、空、天等诸兵种协同作战。

（二）早期预警

作为预警卫星、预警飞机和无人机的重要补充和增强手段，临近空间低动态平台配置微波合成孔径雷达后，可实现对地面、海面、低空飞行目标全天候不间断地跟踪、监视、定位，可尽早发现敌方攻击武器（巡航导弹、隐形飞机等），提供预打击目标的准确数据，并引导我方攻击武器，对敌实施精确打击。由于平台位置高、视距远，相对于地面雷达站能大大降低地球曲率对雷达的影响。据相关资料，1艘高空飞艇平台相当于3架预警飞机的效能。

（三）空中通信中继

临近空间低动态平台搭载通信设备后，可为地面、海面、低空对象提供宽带高速抗干扰及超视距通信能力，扩大有效作战空间。它不仅能作为军事信息网络系统各节点间的信息中继站，也可对高山两侧或海上机动部队间的通信提供中继，对保障战场上各战斗小组间的联系起到重要作用。

（四）临基导航

利用临近空间低动态平台可以构建空基伪卫星或伪卫星星座，可以优化导航星座的几何构型或独立提供区域导航定位系统功能，提高卫星导航系统的可用性、连续性、精度和可靠性，或提供战时应急导航定位手段。战时可以快速发射、快速部署，受损时可以得到快速补充。临近空间伪卫星宜选用悬停能力强的高空气球或飞艇，宜布设在风切变最小的空域，经初步研究20~25km是伪卫星布设的"黄金空段"。

（五）电子对抗

临近空间低动态平台可用作一种超高空、长航时/隐身的电子干扰平台，支援各种攻击机、轰炸机、有人/无人作战飞机等的作战。临近空间低动态平台具有长时间定点或在空中慢速巡航的特点，可以在各种不同的地理环境下，根据情况选择最佳的位置施放近距离干扰，从而一方面可以降低所需的干扰功率，同时还可以避免对敌干扰时，可能会对己方的电子设备造成的干扰。

（六）气象探测

临近空间低动态平台飞行高度高、飞行速度较慢，可以长时间在指定目标上空驻留，因此可对目标地区的气象状况进行全面、精确的测量。如高空气象雷达有效载荷，能直接接触到大气，对风、云、气压、气温、雷暴、降水、高空风以及可能产生的空中飞行器结冰、颠簸、尾迹等气象指标进行实时测量，通过地空数据链下传到地面数据处理中心。临近空间低动态平台气象探测可以满足战区周围500km范围内的实时气象预报。

（七）战损评估

临近空间低动态平台可以比卫星平台更接近目标，可以提供更高的图象分辨率，在我方的作战武器（空对地导弹、地对地导弹或者无人作战飞机、轰炸机等）对敌方的一些重要目标进行第一轮打击后，实时传回高分辨率侦察图象，供打击效果评估，为新一轮打击提供决策依据。

（八）兵力及装备运输

临近空间低动态平台有效容积很大，可以将大体积和大重量的武器装备及兵力运送到几万千米外的前线。而对基础设施的要求远较其他运输方式（如航空运输、海上运输等）简单。从研制成本、部署时间、基础设施和后勤保障方面综合考虑，具有更高的性价比。

（九）发射攻击武器

作为发射武器平台，临近空间低动态平台载重可达2t，可以装备精确制导武器，上可攻击卫星，下可攻击低空飞行器甚至地面目标等。

四、临近空间低动态平台面临的关键技术问题

以飞艇、系留气球等为主要代表的临近空间低动态飞行平台在军事上拥有广阔的应用前景。然而，要演变成具有实战能力的军事装备，全面提高陆、海、空、天一体化作战能力，真正成为军事实力的倍增器，还面临众多棘手问题，需要突破许多关键制约条件。

（一）平台材料问题

以平流层飞艇为例，由于长时间工作在低温（温度在0℃以下）、低密度和高辐射的环境下，普通材料会变得非常脆，飞艇内部填充的氦气等容易泄露。因此，必须要求飞艇材料具有重量轻、强度高、抗辐射、耐低温、工艺性好等特点。除此之外，为了进一步提高飞艇的生存能力，需要采用防电磁探测的复合材料和玻璃纤维，能够在吸收雷达波的同时几乎不发出具有红外特征的信号，以最大限度的减小飞艇的雷达反射面积，达到光电隐身的目的。

（二）平台能源问题

临近空间低动态飞行平台的一个突出优势就是能够实现长时间的临空驻留（长达几个月甚至几年），这就要求平台必须具有自给能源的能力。高效率、大面积的太阳能帆板（覆盖在平台表面）技术和超强蓄电电池（如氢氧再生电池）技术是最为关键的突破点。

（三）平台姿态控制问题

临近空间低动态飞行平台要实现侦察、预警探测、通信、导航等功能，需要平台能够实现高精度姿态和位置保持控制、机动控制，但是平台经常受到阵风、热环境变化等不确定性扰动的影响，是一个具有大时滞、大惯性和非线性的动态系统，平台终端状态的精确预测十分困难。因此，平台的姿态控制问题是制约其应用的一个关键难点问题。

五、临近空间低动态平台发展趋势

目前，临近空间低动态平台虽然还处在研究、论证和试验阶段，但由于其自身

所具有的优势，使其具备了旺盛的生命力和良好的发展前景。2006年，美国空军已开始使用临近空间飞行器进行转发通信试验，而且未来还将对其投入更多的资金和研究力量，使其能够承担包括情报、监视和通信在内的更复杂的任务。其技术发展趋势主要有：

（一）外形隐身化

虽然临近空间低动态平台处在超高空，但并不意味着不能被发现。如"攀登者" V形军用飞艇，将近有200m^{2}的面积无法跳过雷达的眼睛，而要想达成作战的突然性和情报获取的连续性，就必须做到"瞒天过海"。所以外形小型化、材质隐身化是必然要求。

（二）功能多样化

目前，临近空间低动态平台的主要作用是搭载情报、侦察、监视和通信设备，但随着战场高空化进程的加快，临近空间低动态平台作为新的空战平台成为一个必然发展趋势。特别是太空武器得到运用之后，临近空间低动态平台将成为空中武器的有利补充，它将使打击武器在整个天空"无孔不入"。另外，临近空间低动态平台在气象和科学研究上具有较高的应用价值。

（三）作战智能化

智能化程度直接影响着临近空间低动态平台军事效能的发挥。随着信息和电子技术的广泛应用，临近空间低动态平台发射升空、展开工作、信息处理、实施打击、返航着陆等一系列行为，都将自动完成。

第三节 临近空间高动态平台

临近空间高动态平台是指以临近空间为主要作战空域，装载不依靠空气的自主推进系统，能够以数倍音速航行的可重复使用飞行器。主要有高空高速无人机、亚轨道飞行器、通用再入大气飞行器和空天飞机等。临近空间高动态平台利用临近空间执行任务，具有马赫数大于5的飞行速度，可以实现快速全球到达，是全球打击的重要搭载平台，是影响未来战争的颠覆性手段。

一、临近空间高动态平台应用特点

临近空间高动态平台具有飞行速度快、费效比低、可重复使用等诸多优点，但其最大的特点是其超高的飞行速度和特殊的飞行区域可能给未来战争带来的重大变革。临近空间高动态平台全新的使用模式、所能承担的任务以及独特飞行轨道，使得它的使用可能深刻改变固有的作战样式，给未来战争带来诸多变革。

（一）使得战场空间急剧扩大

由于临近空间高动态平台远超现有航空平台的飞行速度，具有高超音速飞行能力的临近空间高动态平台的投入使用，可在很短时间内到达地球的任意角落，迅速打击千里之外的各种军事目标。在"猎鹰"（FALCON）计划中，美国明确提出要获得"在2h内，全球到达"的作战能力，这种全球打击、全球作战能力的获得缩短了敌我双方的地理间隔，进一步模糊了战场前方和后方的界线，使得未来战场空间急剧扩大。

（二）使得空、天作战融为一体

由于临近空间高动态平台具备在航空、航天两个空间层次，以及在结合部——临近空间使用运行的能力。使得高动态平台能够打破空天的限制，在两种作战环境下切换，除执行大气层内远距离打击认为之外，可根据作战需要，执行发射、维修和回收卫星、空间侦察监视和预警、卫星对抗等任务，并且还可以作为空间武器发射平台、战时作为太空预备指挥所或者是往返于空天的战略运输机等。所以临近空间飞行器的使用将空中作战和航天作战更为紧密得融为了一体，更加紧密了各军兵种的协同以及"陆、海、空、天、电"一体化战场的作战模式。

（三）使得突袭能力进一步提高

由于临近空间是目前其他武器所较少涉及的区域，因此飞行于临近空间的高动态平台具有极高的生存能力，在未来作战中可大大增加空袭的成功率。其次，临近空间高动态平台极快的飞行速度使得敌方防空系统的反应时间大幅减少、拦截概率也大幅度下降，可有效地制约敌方预警和武器系统整体功能的发挥。再者，具备精确制导能力和高超声速的打击系统，不仅能通过热辐射和冲击波造成毁伤，而且能依靠直接命中来破坏目标的内部结构，高超音速精确打击要比常规精确制导武器的威力要大的多。

二、临近空间高动态平台应用模式

临近空间高动态平台不仅具有特殊的作战任务和作战使命，而且具有灵活多变的作战样式。下面将以单机作战和联合作战的划分方法来介绍临近空间高动态平台可能的作战样式：

（一）单机作战

临近空间高动态平台的单机使用模式可按照用途分为武器搭载平台、C^4ISR 平台、运输平台以及空间对抗搭载平台。

1. 作为武器搭载平台使用

从目前美国对临近空间的作战要求、作战效率、作战耗费比等进行全方位考虑，临近空间高动态平台最适于完成对重要目标的远程打击任务。临近空间高动态平台具有飞行速度快、机动性能强、突防能力强等优点，可以满足"远程、快速、精确、纵深打击"等作战要求。可以实现"作战打击、全球到达"的作战目标。可以在战区外对敌纵深目标实行打击。高动态平台的使用可以大大降低打击的风险，同时增加打击的突然性。其打击目标不仅局限于固定单元，还将扩展到时间敏感性或时间关键性目标。并且首先要保证对极其重要的高价值目标的打击能力，如打击指挥控制设施，恐怖分子，固定或移动式一体化防空系统中的各个分系统，战区导弹发射架，化学、生物、放射性、核及高爆炸武器的生产，存储设施和投放装置。其打击方法可以归纳为：携带钻地武器攻击深埋地下的目标，例如地下指挥和控制中心或者地下生产和储存设施；在钻地弹上装配用于摧毁生物或化学武器的武器；装备高效区域攻击子弹药攻击在宽阔地理区域内分布的目标；使用非致命性武器，例如电子干扰器，脉冲发生器或粘性泡沫来阻滞、瓦解、失效或破坏器材和设施；发射无人驾驶飞行器来搜索和重新定位战略目标。

2. 作为 C⁴ISR 平台使用

高动态平台可搭载各种侦察监视预警设备，电子侦察设备对陆、海、空、天目标进行侦察与监视，对导弹发射等进行预警。与各种侦察卫星相比，高超声速飞行器具有更大的灵活机动性。综合侦察能力更强，实时性更好，并且能够提供更高分辨力的图像。而与航空飞行器相比，高超声速飞行器覆盖面积更广，能够对更大的战场面积实施监控。但高动态平台一般不具备长时间的持续飞行能力以及长时间滞空悬停能力，高动态平台执行 C⁴ISR 任务不具备提供现代战场所要求的持续 C⁴ISR 能力。因此，只有在紧急、特殊的情况下，才会考虑把高动态平台用于执行临时性 C⁴ISR 任务。

3. 作为空间支援平台

高动态临近空间飞行器在技术条件的允许情况下，可以跨越大气层进入空间地球轨道。作为航天器在轨道上运行。此时，临近空间飞行器就可以执行包括空间控制、力量增强、空间支援在内的一系列空间作战任务，例如可执行作为航天器和空间武器的发射平台、执行反卫星任务、充当战场空间预备指挥所、执行空间 C⁴ISR 任务等。

4. 作为运输平台使用

由于临近空间高动态平台一般都能实现高超声速飞行。能在数小时内到达全球各个区域。因此，临近空间飞行器可以在特殊、紧急情况下，承担战略物资等特殊物资的远距离运输任务。

（二）机群联合作战

1. 高动态平台间的联合作战

为了充分发挥高动态平台的作用，实现效能的最大化。有人提出在技术条件成熟的情况下，可将多架高动态平台组网使用。以通用航空飞行器/高超声速巡航飞行器（CAV/HCV）为例，多架 CAV/HCV 可在轨组成星座，以星座的形式运行。这样可实现对地大范围覆盖，提高整个系统的冗余能力，缩短作战反应时间。

2. 与常规飞机、卫星等联合作战

为了实现空天一体化联合作战，高动态平台将实现与航空器（有人机/无人机）、航天器（卫星）等常规装备的协同使用。取长补短实现作战平台间的信息共享能力，提高战场态势感知能力，增强作战打击效率。

三、临近空间高动态平台可应用领域

如果说临近空间低动态飞行平台的发展定位是基于获取 C⁴ISR 能力的话，那么高动态平台的最主要目的可认为是获取对远距离重要目标的快速打击能力。临近空间高动态平台作为一种多功能、可重复使用、跨大气层的新概念飞行平台，还可搭载不同的任务载荷完成各种任务：

（一）全球目标快速打击

临近空间高动态平台凭借其高空高速的特点，具备对全球任何目标实施快速、精确、长效打击的能力，可以实现全球范围指定地区的快速攻击和武器投放任务。特别适于高价值目标、具有坚固防护措施目标、时间敏感性目标等的快速打击。因

此，临近空间高动态平台在未来战争将更加适于执行战略威慑任务，以及特殊的打击支援任务。

（二）投放部署增强性任务载荷

临近空间高动态平台可以携带各种 C^4ISR 有效载荷飞到地球的任何指定区域，在目标区域上空散布、投放或部署能够支持或增强军事任务的有效载荷，对特定局部地理区域的行动进行实时评估、报告和管理。因此临近空间高动态平台可用于对热点地区进行实时增强的短期监视，还可临时辅助当地的侦察和监视系统并阻止敌方使用 C^4ISR 作战系统。

（三）廉价快速可靠的空间运输

临近空间高动态平台的发射费用要比现有一次性使用运载器或航天飞机的发射费用低得多，能够按需发射，且从空间返回到再次发射之间只需要几个小时的准备时间。可携带多种载荷或小卫星进入低轨道。

四、高超声速飞行面临的技术挑战

更高、更快、更远一直是航空航天飞行器发展的目标，高超声速飞行需要融合航空、航天两个综合学科，形成航空航天一体化的完美技术集成。

高超声速飞行器最早由奥地利科学家 Eugen Sanger 在 1938 年提出，并于 1944 年发布"火箭远程轰炸机"的概念性方案，设想采用跳跃式再入飞行轨迹实现飞越半个地球的任务。1946 年，钱学森首次提出了英文版高超声速的术语 Hypersonic，将气动流体速度大于 $5Ma$ 定义为高超声速，并提出了高超声速火箭飞机的"助推-滑翔"方案和几乎没有波动、再入平衡滑翔的"钱学森弹道"，如图 3.10 所示。

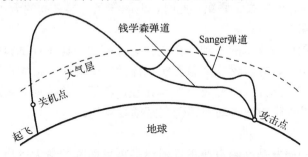

图 3.10 Sanger 弹道和钱学森弹道

钱学森高超声速火箭飞机是美国助推-滑翔飞行器的先驱，继钱学森方案之后，美国进入了高超声速飞行器探索的高潮，各种设计方案层出不穷。虽然对高超声速流动定义为流速在 $5Ma$ 存在争议，但公认的是：随着马赫数的增大，一些在低马赫数时不显著的物理现象，包括薄激波层、熵层、黏性干扰、高温流动和低密度流动等，逐渐变得越来越重要，成为飞行器设计时必须考虑和解决的问题。

例如，当飞行速度为亚声速时，飞行器的阻力主要由压差阻力和摩擦阻力组成，当飞行速度由亚声速提高到超声速时，出现了激波阻力，导致飞行器的阻力大大增加，对飞行器的动力系统提出了巨大挑战；当飞行器的速度由超声速提高到高超声速时，高动能的气体分子动能大部分转化为热能,产生了大量的气动物理效应,气动热效应凸显,不仅对动力系统提出了更高的要求,而且颠覆了传统低速飞行器的设计理念,对高超声速飞行器的设计和热防护以及控制系统都提出了极大的挑战。

(一)气动

高超声速飞行面临复杂的飞行环境,多种流动效应相互耦合、气动阻力增加、气动加热严重,甚至通信也会受到影响,即面临"声障""热障""黑障"的威胁。如何在满足总体及防隔热等要求的前提下使飞行器具有优良的气动性能和操控稳定性,对气动设计提出了巨大的挑战。

"声障"也称"音障",是飞机接近声速飞行时引起的一系列不正常现象,如飞机阻力剧增、升力减小,对飞行器动力系统和外形设计都提出了极大的挑战。随着速度的进一步提高,机体表面与空气强烈摩擦,空气中大量分子的动能转化为热能,导致接近飞行器表面的气体温度急剧升高,对飞行器形成温度极高的障碍,称为"热障"。研究表明,当飞行器的飞行速度达到 2 倍声速时,其前端温度可达 100℃;当飞行器的飞行速度达到 3 倍声速时,其前端温度可达 350℃,已超过铝合金的极限温度,使其强度大大削弱。当飞行速度进一步提高时,飞行器前端的温度可能会更高。当"阿波罗"号在高度 52km、36Ma 飞行时,头部附近的气体温度高达 10727℃。这是目前绝大部分材料都无法承受的温度。

此外,由于气动加热,贴近飞行器表面的气体和飞行器材料表面的分子被分解和电离,形成一个等离子体层。由于等离子体具有吸收和反射电磁波的能力,所以包裹飞行器的等离子体层实际上是一个等离子电磁波屏蔽层。因此,当飞行器进入等离子体包裹状态时,飞行器外的无线电信号不能进到飞行器内,飞行器内的电信号也传不到飞行器外,一时间飞行器内、外失去了联系。此时,地面与飞行器之间的无线电通信便中断了,这种现象称为"黑障"。

同时,由于风洞试验技术的限制,在地面进行高超声速飞行试验模拟时,存在尺度小、参数模拟能力不足、难以模拟高温真实气体效应等问题,很大程度上制约了对高超声速气动问题的研究。此外,研究天、地差异性,积累试验数据、发现真实问题的专门的飞行试验等,都是高超声速气动问题研究必须攻克的。

(二)材料

先进防热材料的研发是高超声速飞行器诸多项目面临的最大挑战之一。当飞行器以高超声速飞行时,飞行器周围的空气受到压缩而产生激波,空气经激波压缩产生剧烈的摩擦作用,由于空气的黏性作用,气流的动能不可逆地变为热能,飞行器表面温度急剧升高,有可能导致飞行器表面外形改变,并改变飞行器的结构强度和刚度,给飞行器的正常飞行带来严重的影响。为使飞行器在如此严酷的热环境下飞行而不被烧毁,并保证内部装置及仪器正常工作,必须采取特殊的防热措施,这对防热材料提出了耐高温、轻质、可重复使用等要求。

(三)动力

在大气层内,以火箭发动机为动力实现高超声速飞行,是通过自身携带氧化剂与燃料实现的。这需要大幅增加动力系统和飞行器的质量,比冲等发动机效率将随之降低。吸气式发动机的氧化剂取自空气中的氧,不需要像火箭发动机那样携带氧化剂,经济性比火箭发动机更高，成为在大气层内高超声速飞行的理想动力装置。然而，当飞行器速度大于 $5Ma$ 时，传统的涡轮发动机、亚燃冲压发动机等吸气式发动机的性能将急剧下降，需要性能更稳定的发动机技术，超燃冲压发动机被视为最有希望的方案。然而，尽管超燃冲压发动机在原理上被证明是可行的，但是仍存在巨大的技术挑战，主要表现在如下方面：一是超燃冲压发动机燃烧室入口气流为超声速，燃烧组织和控制十分困难；二是超燃冲压发动机壁面温度高、热流密度大，高速富氧条件下的气流冲刷、热烧蚀现象严重，工作环境十分恶劣，且发动机性能对其内流道型面的变化非常敏感，这对发动机材料、结构和热防护提出了很高的要求；三是超燃冲压发动机性能对飞行器姿态、高度和速度等因素高度敏感，要求发动机与飞行器之间必须高度一体化设计。

第四章 临近空间作战应用技术

临近空间之所以被称为是一个只能穿越但无法自由飞行的区间,就是因为人类技术的发展还不足以支撑对临近空间资源运用的需求,而关键技术的突破,也必然带来人类对临近空间更全面的开发和利用。从作战应用的角度看,发展临近空间装备、实施临近空间作战所涉及的关键技术主要包括:平台技术、有效载荷技术、通信技术、机动发射技术、自动防撞技术等。

第一节 低动态平台关键技术

临近空间低动态平台一般靠太阳能提供动力,有较长的续航时间,通常为几天、几个月甚至几年。美空军认为,在平流层内长时间执行任务的飞艇和无人机可以完成目前的轨道卫星和地面设备所进行的许多工作,从而可以作为卫星和地面设备的补充和替代手段。本节主要讨论高空飞艇、高空长航时无人机和太阳能飞机等的关键技术。

一、高空飞艇

高空飞艇是作为一种轻于空气的飞行器,通常由轻质气体填充,靠空气的浮力漂浮到临近空间,再靠动力系统和推进装置进行水平机动和逆风飞行。飞艇的飞行性能与飞行环境、飞艇结构材料、任务要求以及能量的获取和供给方式有直接关系。通常要根据能源生产、传输和消耗情况,结合飞行任务、环境,及飞艇构造和运行条件等诸多因素,对能量分配使用和利用效率进行评估和管理,保证能量产生与消耗达成动态平衡、获得最大的利用效果。高性能囊性材料、合成材料、能源、动力和控制是高空飞艇设计、制造和使用的关键技术,同时制造工艺和地面保障设施也必须配套解决。

(一)结构技术

目前,主要活动于临近空间平流层的高空飞艇结构有硬式、半硬式和软式三种。半硬式飞艇采用氦气囊和飞艇的外蒙皮双重结构,通过氦气囊和外蒙皮间的空间,在氦气囊的外部设有一定压力的空气层,以减少氦气的慢性泄漏。采用设置多个氦气囊的方式,可防止在局部发生氦气泄漏时发生飞艇因丧失浮力而急速坠落。为减小阻力,大多飞艇平台系统采用椭球体流线型。此外,飞艇尾部有"×"字型或"+"字型的升降舵和方向舵等控制舵,以控制升降及完成各种运动,如图 4.1 所示。

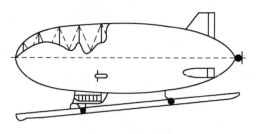

图 4.1 飞艇结构图

（二）材料技术

临近空间恶劣的物理环境对高空飞艇的材料提出了很高的要求：飞艇的材料除了要具有一定的力学性能以承载内外作用力之外，还要求耐低温、抗温度交替或梯度变化，结构质量和有效载荷的限制对材料的比强度提出了要求。而最基本的要求是单位面积的重量要轻，因为飞艇要上升到25km以上高度，艇身的自重可能占飞艇总重的70%~90%，上升的高度愈高，自重所占比重愈大。因此，降低材料的单位面积重量极为重要。此外，临近空间具有臭氧和强烈的紫外线辐射，它们的存在加剧了材料的老化，因此，高空飞艇的发展需要一种抗臭氧、紫外线辐射，且比强度高的纤维材料。新型合成材料、生物材料、智能材料都将是未来的发展方向。

一般非刚性飞艇的蒙皮材料主要由耐气候层、阻氦层、主结构层、粘接层4种主要层组成，如图4.2所示。

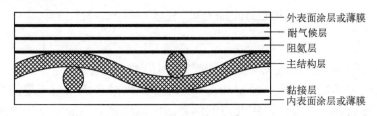

图4.2 典型层合膜构造

为了使蒙皮基布纤维耐久防水，需对膜材进行纤维双面涂覆或黏合薄膜，涂覆黏接剂同时也可用于膜片融合，涂覆剂黏着力强弱会直接影响膜材焊（层）合的强度，如果黏接力非常低，还必须用其他连接方法。作为涂层材料可有聚氯乙烯（PVC）涂层，聚四氟乙烯（PTFE）涂层、硅树脂、氟化物表面涂层或薄膜。PVC涂层弹性柔韧性好，抗紫外线能力低，抗菌抗腐蚀性较差、阻燃、自洁耐久性差，具有十年的保质，通常用于尼龙纤维、聚酯纤维膜表面涂层及基底涂层。PTFE涂层耐腐蚀、防潮、防菌、防老化，耐高温、耐酸性、难燃（280℃以上高温才会分解），颜色呈乳白色，保质期大于30年，常为玻璃纤维膜表面涂层。

英国Lindstrand公司平流层飞艇的艇膜材料的设计结构如图4.3所示，它把太阳能电池也全部都集成在飞艇的艇膜上。

目前，临近空间飞艇多采用金属材料、合成材料等，下一步将可能采用生物材料。合成材料重量较轻，但是一旦某部分受损，则修复后的性能要比原来差很多。有研究人员通过在材料中置入微型"胶水"胶囊，通过材料受损后胶囊的开启，赶在破损面扩大前将其密封，从而实现材料的自我修复。还有一种具备再生能力，能在破损处自我修复的异构体材料也在研制中，这对于长航时飞行器也非常有价值。生物材料的强度通常是钢的2倍，而重量仅是纸的1/4，而且其柔韧性非常好，非常符合高空飞艇对材料比强度的需要。同时，由于生物材料的自身特性，以及能够减小信号发射的外形，使得飞艇的信号控制能力大大提高。

（三）能源与动力推进技术

高空飞艇的能源与动力推进系统的功能主要是为飞艇的浮空飞行和控制提供动力，它包括：能源装置、动力装置（发动机或电动机）和推进装置（螺旋桨、风扇等）三大部分。

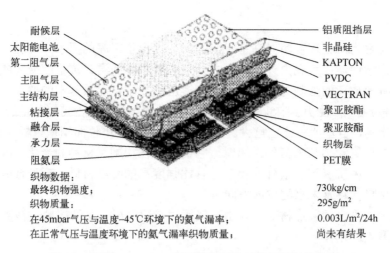

织物数据：
最终织物强度： 730kg/cm
织物质量： 295g/m²
在45mbar气压与温度-45℃环境下的氢气漏率： 0.003L/m²/24h
在正常气压与温度环境下的氢气漏率织物质量： 尚未有结果

图4.3 英国Lindstrand公司平流层飞艇的艇膜材料结构

1. 能源装置

由于高空飞艇不但要在放飞与返回期间穿越环境复杂的对流层，而且还要在平流层这一高空稀薄气体环境下长期、稳定和可靠地工作，同时考虑到平流层的太阳辐射强度与太空的太阳辐射利用率接近，因此可利用太阳能电池将太阳能转化为电能作为高空飞艇的能源。目前，在国内外主流的设计方案是采用太阳能薄膜电池和储能电池联合供电。太阳能薄膜电池在白天通过光电效应或光化学效应直接把光能转化为电能，给飞艇供能，同时，将多余电量储存在电池中，以保证夜间飞艇供电。

再生燃料电池是储能电池比较好的选择，它是一种将水电解技术与氢氧燃料电池技术相结合的可充放电电池，具有较高的能量密度。白天，它通过从太阳能电池摄取的多余能量电解水，以氢气、氧气的形式储存起来，夜间或太阳能电池供电不足时，它通过储存的氢气和氧气的化学反应，产生电能，供飞艇工作使用。

目前国内外对柔性薄膜太阳能电池和再生燃料电池均有研究并且取得了一定的成果，待技术进一步完善和成熟后，将推广到实际应用中。

2. 动力装置

高空飞艇概念设计中通常采用电动机来驱动推进装置产生推力的。电动机分为直流电动机和交流电动机，都可以用于飞艇，需要综合判断两者的优缺点来决定。直流电动机除了更适合于总线外，它还具有易控制的力矩-转速特性，最重要的是具有平滑的无级调速特性。尤其是永磁无刷直流电动机，因为充分利用了直流电机优越的调速性能，具有无级调速、工作转速范围大、起动力矩大、温升较低等特点。交流电动机的起动和调速性能稍差，但是当需要用多个电机驱动单轴的系统时，一种使用电磁铁的交流感应电机则比直流电机更具有优势。在这种多电机驱动的系统中，单台电机的失效不会对其他电动机造成逆向负载，可以在不需要时关闭，且这种交流感应电机和无刷直流电动机一样没有电刷的问题。无论选择什么样的电动机，都必须确保在高空稀薄气体环境下稳定工作。目前从实用性方面考虑，永磁无刷直流电动机是比较合适的选择。

3. 推进装置

高空飞艇一般采用高空螺旋桨作为推进器，与普通螺旋桨不同，高空螺旋桨需要为适应平流层稀薄气体环境而进行专门的设计。高空螺旋桨可以安装在飞艇的艇尾、艇首、艇身两侧等位置，数量也相应由 1 个到多个不等。根据环境变化、任务需求的不同，可以对螺旋桨进行合理的推力分配，使螺旋桨运行在一定的转速范围之内，提高运行效率。例如，美国 HAA 的概念设计中安装有 4 个电动螺旋桨，艇身两侧各 2 个。目前国外 20km 以上低密度稀薄气体工况条件下的高效螺旋桨设计和制造技术发展比较成熟，设计效率高达 85%左右。

综上所述，目前高空飞艇的动力推进系统概念设计如图 4.4 所示。

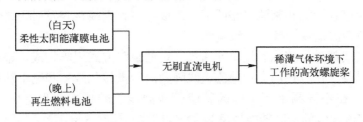

图 4.4　高空飞艇动力与推进系统概念设计图

4. 微波输能技术

近年来，由于临近空间飞行器研究的热潮和能源问题的发展迟缓，又有学者提出使用微波输能（Microwave Power Transmission，MPT）技术解决临近空间飞行器的动力问题。

MPT 是指将能量以微波的形式，通过真空或地球大气，不借助导线或其他任何介质，实现点对点之间高效的电能传输。在 MPT 系统中，能量的传输速度为光速，其传输方式和大小可以迅速改变，且能量的传输不受地球引力的影响；微波在真空中传播没有损耗，在大气中传输损耗也可以降到很小，约 3%左右；而且 MPT 系统的发射端置于地面，不受质量和体积的限制，同时安装在飞行器上的能量转换设备可以做得很轻，在很大程度上降低了飞行器的结构质量。因此，将 MPT 技术应用于临近空间飞行器有着很大的技术优势。

MPT 系统的关键技术包括微波功率发生器、发射天线、整流天线三部分，衡量各关键技术的主要性能参数分别为输出功率大小和能量转换效率的高低。

（1）微波功率发生器。

微波功率发生器的主要作用是将直流电转换为微波，能实现这一功能的器件很多，如磁控管、速调管、行波管、半导体器件、混合型器件等，其中磁控管的能量转换效率最高。美国能源部的研究表明，用于微波炉的商用磁控管外加无源电路可作为锁相、高增益放大器直接用于相控阵的辐射单元，这种磁控管不但技术成熟，而且造价非常便宜，每只不超过 15 美元。因此，对于 MPT 系统而言，磁控管是作为微波功率发生器的一个较好的选择。加拿大 SHARP 计划和 1987 年的实验，以及日本 1994~1995 年期间由京都大学、神户大学等研究机构所做的 MPT 实验中，均采用磁控管作为微波功率发生器。

（2）发射天线。

微波在自由空间的传输效率不但与传输距离相关，还与发射和接收天线的面积，以及工作频率相关。在 MPT 系统中，由于发射天线安置在地面，没有体积、质量和形状等因素的限制，利用现有的技术，或者将现有技术加以改善集成，就可以实现极化方向控制与跟踪等功能，满足临近空间飞行器的需要。在已有的 MPT 实验中，大都采用的是技术较为成熟的抛物面天线，但是由于其口径非常大，在增大加工难度的同时也降低了其聚焦能力及机动性，从而导致了发射效率的降低，因此，有学者提出可选用对波束控制比较好的相控阵天线作为 MPT 系统的发射天线。

（3）整流天线。

整流天线是 MPT 系统的核心技术，它的功能是将接收到的微波能量转换为直流电能。整流天线由接收天线和整流电路两部分组成，接收天线接收发射天线辐射的微波能量，整流电路将微波能量转换为直流电能。

通常整流天线都是由整流天线单元通过一定的组阵方式组阵构成，整流天线单元的不同排列方式以及极化方式均会对整流天线阵列的能量转化效率和输出功率产生同程度的影响。同时，在不同频率下工作的整流天线的能量转化效率也有所不同，工作在 2.45GHz 下的整流天线的最高转换效率为 91%以上，工作在 5.8GHz 下的整流天线的最高转化效率为 82%。另一方面，随着工作频率的提高，整流天线的结构可以进一步小型化。这种形式的整流天线可以制作在很轻的有机薄膜上，极易实现与飞行器表面的共形，同时也可以大大降低整流天线的结构质量和制作成本，非常适合于临近空间飞行器。

应用于高空飞艇的整流天线的选择应该从需求、极化方式、工作频率、安全性等多方面统筹考虑。例如，整流天线通常安装于飞行器的底部表面，而飞行器则处于准静止状态时，位置可能发生转动或漂移，因此，可以选择对极化方向要求不是很苛刻的圆极化形式。

综上，MPT 技术不仅包括高功率微波的产生、发射和接收，还涉及生态、环境、电磁兼容等许多相关学科，是一个综合课题。从技术原理上看，MPT 技术应用于高空飞艇是完全可行的，但在实用化方面仍然需要继续研究。

（四）自适应定点控制技术

自适应定点控制技术要解决的是飞艇的定点控制问题。控制问题包括：在上升过程中，随外界大气压力和温度进行飞艇容积与上升速度的控制；飞艇从地面到预期驻留点的路径规划与控制；在预期驻留高度上的机动和准静止定位控制；平台上任务设备的控制以及可能需要的释放、回收控制；等等。难点在于上升至预期驻留点的控制以及回收控制，因为这些过程不仅时间较长，而且受外界大气环境影响的不确定性比较大。在此基础上，再依靠智能化的控制策略，解决对环境的自适应定点控制问题。总的来说，飞艇自适应控制要解决压力控制、温度控制、位置修正、姿态调整、推进动力控制和专家系统控制等问题。

1. 压力控制

为了维持设计的低阻飞艇外形和飞艇具有足够的刚度，飞艇内部需要保持高于艇体外部一定的压力。压力控制一般通过对飞艇内部的空气囊充放气来实现。在飞艇上升期间，外部压力低，为避免飞艇外形过度膨胀引起爆裂，需通过差压阀门放气以保持内外压平衡。飞艇下降过程中，随着高度降低，外部压力增加，飞艇内部趋向负压，则需打开鼓风机充气，维持压差。在定点期间，由于昼夜温差的变化，也会使飞艇内部压力改变，从而影响飞艇的外形，以至影响飞艇的平衡，因此也需通过压力控制来维持内外压

2. 温度控制

平流层昼夜温差大，引起大气压较大的变化。分析表明，由于太阳能电池吸收效率低，与太阳能电池接触的一面温度起伏范围在70~100℃与-70~-100℃间，温差造成艇体内部气体温度和压力变化，继而影响到飞艇的外形和浮力，造成飞艇的高度漂移、姿态变化和抗风能量下降等。另外，一些机载设备对工作环境温度变化范围也有一定的要求，所以温度控制也是一项关键技术。由于，压力差正比于温度差，因此可以利用压力控制系统对温度进行调节。日本的Yoshitaka Sasaki教授对温度控制技术进行了深入研究，建立了热解析模型，进行热课题设计并进行热解析评价等，在国际上较为先进。

3. 位置修正

高空飞艇在执行任务时，由于环境变化，会造成其位置发生漂移，因此需要控制系统根据定点要求不断地修正环境变换所引起的飞艇漂移。位置修正是浮升气体控制、姿态调整、推进动力控制等方面的综合控制。

影响高空飞艇位置精度的主要因素有高空的大气风和温度变化。飞艇垂直方向的位置变化，主要是由随季节和昼夜变化的温差引起飞艇浮力的扰动造成的。水平方向位置变化的影响因素主要是大气风。平流层的大气风随季节、区域会发生很大变化。一般来说，冬季风速比较大，夏季风速较小；中高纬度风速较大，赤道附近风速较小。例如，在日本Wakkanai，冬天最高风速达到59m/s，飞艇保持位置的能源需求达到850kW。风向在水平面内变化，基本上是层流，紊流度很小，中高纬度地区夏天是东风，其他时间是西风，在春夏之交与夏秋之交会发生逆变换，发生逆变换时风向会有剧烈的反复变化。因此，位置修正主要是解决大气风、大气温度对飞艇位置的影响。

4. 姿态调整

飞艇在低速和低密度情况下，舵面气动效率降低，再加上飞艇体积庞大，表面为布纹结构，运动时会带动周围气团一起运动，产生附加质量和惯量，使飞艇动态飞行品质比一般航空飞行器变得更为复杂。当航向与风向夹角小于90°时，动态操纵响应时间增大，姿态调整能力变差，需要增加直接力控制，这样就要解决复杂的舵面与直接力混合控制问题。

作用在高空飞艇上的力有气动力、浮力和直接力等，所以在定点控制时姿态调整与飞机等有很大区别。飞艇在抗风时需要保证迎角与侧滑角为0°，这样就能使飞艇所受到的阻力最小，使动力需求降低。在风向发生变化后，飞艇要立即控制偏航操纵系统，使航向始终对准风向。由于风速与风向是随机变化的，使航向始终对准风向的这种姿态调整的复杂度明显增加。

在冬季，飞艇驻空抗风时航向基本处于东西方向，中高纬度区域风速很大，由南向北斜射的太阳光无法照射到面北的太阳能电池，摄取的太阳能总量降低，飞艇推进动力系统无法获取足够的能量来抵御风力，造成飞艇可能被大风吹离执行任务区域。因此飞艇在冬天抗风过程中，除了要使航向与风向完全对准外，还需要研究飞艇随纬度变化的姿态调整，使太阳能电池随着太阳偏转。

5. 推进动力控制

高空飞艇要实现长期定点，需利用发动机作为动力装置带动螺旋桨，以对抗风的扰动。由于风速、风向变化具有很大的随机性，推进动力控制系统需要根据当时飞艇的位置、姿态以及风向、风速大小调整电机转速大小，改变推力，使位置保持在预定的区域内。因此，需要研究动力系统的最佳控制策略和控制方案。

（五）定位与导航

不论是用作定位导航基准平台，还是用作情报侦察平台，都要求高空飞艇本身具有一定的位置精度。特别是用作定位导航基准平台，其位置精度的要求达到米级。由于高空飞艇留空时间长，通常飞机所使用的惯性导航系统将无法保证其位置精度要求。使用卫星定位系统，如现有的 GPS、GLONASS 卫星定位系统和中国的北斗卫星定位系统等，虽然能够达到定位精度的要求，但从电子对抗角度看，利用卫星信号实现定位，无法保证可靠性和战时可用性的要求。所以，还需要解决多系统、多波段的导航定位技术。

二、高空长航时无人机

高空长航时无人机活动在临近空间，飞行环境与高空飞艇类似，因此很多技术有通用之处。但由于高空长航时无人机和高空飞艇有着不同的飞行机理，高空无人机是一种有翼飞行器，由自身动力系统推动并靠机翼产生的升力飞抵临近空间，因此，其关键技术还有自己的特点。

（一）材料与结构技术

高空无人机在结构上注重轻质结构、高展弦比设计，因此材料一般选用轻质、比强度高的金属材料或合成材料。例如，目前在设计高空长航时无人机时通常用环氧石墨作为机翼的材料，这种材料在强度重量比方面相对于铝合金或者玻璃纤维有明显的优势。另一个方面大展弦比机翼加大了无人机的结构质量。结构质量和有效载荷的限制要求使用更轻且强度更好的材料，这就对材料的比强度提出了更高的要求。与高空飞艇相比，高空无人机的结构材料则强调轻质、高比强度。

减重是提高无人飞行器性能的关键问题之一，为此要发展超轻质、多功能材料以及新型结构形式和多学科优化设计理论和方法；研究超轻质材料特性及其力学行为、仿生材料结构和设计的新概念和新理论。结构柔性变大，固有振动频率显著降低，以颤振、抖振和结构弹性/控制系统耦合为核心的空气弹性问题变得非常严重。

（二）能源与动力推进技术

高空无人机采用航空飞行器设计方法，依靠空气动力达到临近空间。因此，以提高升阻比和操稳特性为核心的空气动力学是其关键技术。包括先进气动布局、增升减阻措施、边界层流动控制、大攻角气动力、舵面铰链力矩和控制效率、动稳定导数计算等。由于无人飞行器雷诺数比较低，一般在 10^5 左右，出现许多与常规飞机高雷诺数流动显著不同的特征；因此要研究低雷诺数空气动力学问题。

此外，低速推进高效能源动力系统和能源管理也是高空无人机需要解决的重要问题。包括高效低速螺旋桨设计技术；活塞、涡桨、涡扇等各类发动机的推重比，以及油耗、增压及长时间稳定工作问题；提高储能电池的比能量和太阳能电池的转换效率；高效储能问题；高能燃料电池等高效新能源的开发、利用和机载能源管理问题。

（三）可靠性和自主控制

对于高空长航时无人机，可靠性是非常重要的。动力系统在决定无人机任务和总体可靠性上是最关键的。高空长航时任务需要无人机自主飞行控制，因此发展多余度航电系统以及相关软件是必需的。软件还需有自主识别能力，在组件或系统失效时提供反馈而不需人为干涉。在飞行的关键阶段——起飞着陆阶段能够自动控制也是必须的。因此，人工智能技术在高空长航时无人机上的应用，也是需要研究和解决的。

（四）高性能、微小型、低功耗任务载荷研制

无人机机载空间的限制，使得其任务载荷必须实现小型化。除飞行必要的导航控制系统外，各类光电、红外、SAR、生化物质传感器、数据采集/处理/传输系统、通信中继、各类电子干扰装置，以及机上电源等的总重量应控制在机体总重的30%以下，否则将给设计带来很大困难。目前国内元器件和设备重量、性能指标还不能达到要求，这方面的矛盾非常突出。

三、太阳能飞机

除一般无人机必须考虑的低雷诺数、高升阻比气动布局、低翼展飞行器稳定性和操纵性、轻质高强韧材料、结构一体化技术、小型轻质任务载荷等问题以外，太阳能高空无人机还需解决太阳能电池及高效燃料电池技术及柔性结构的气动弹性问题。

（一）太阳能电池技术

太阳能电池是将太阳光能直接转换成电能的一种器件。自20世纪50年代，世界上第一块实用的硅太阳能电池问世以来，太阳能电池研制工作进展非常迅速。1958年，太阳能电池首次应用于空间，装备在美国"先锋"1号卫星上。1975年，美国科学家研制出第一块非晶硅太阳能电池。20世纪80年代初，太阳能电池开始规模化生产。目前，单晶硅和多晶硅太阳能电池的转换效率均已达到或超过了20%；非晶硅单结薄膜太阳能电池的光电转换效率也超过了10%。到21世纪初，化合物薄膜的铜铟镓硒和碲化镉太阳能电池的转换效率可以达到16%～18%。在各种类型的太阳能电池中，晶体硅太阳能电池仍然占据着较大份额，其生产技术已趋成熟，但由于高纯晶体硅生产能力和成本方面的因素，其发展受到一定制约。低成本、大面积化的薄膜太阳能电池的研发，引起人们的高度关注，特别是非晶硅和以太阳能薄膜电池和碲化镉为代表的化合物太阳能电池发展尤为迅速。由于太阳能是一种低密度的能源，地面上的太阳能密度约为$1kW/m^2$左右，在阳光充足时，每平方米每天也只能得到不足10kW时的能量。此外，太阳能受一天中早、中、晚日照变化影响很大，夜间使用需要解决储能的问题。

总之，在太阳能电池的研发与使用中，材料、结构设计、制造工艺、降低制造成本、拓宽光谱响应、提高转换效率和储能等方面，还有许多问题需要深入研究解决。

（二）燃料电池技术

燃料电池是一种能在一定条件下使存储在其中的氢气、天然气和煤气等与氧化剂发生化学反应，从而把化学能转换为电能的装置。燃料电池由阳极、阴极和电解质构成。燃料在含催化剂的阳极氧化，在阴极还原，产生电能驱动负载。工作时只要保持燃料供应，就能不断工作提供电能。它不但能量转换效率高（一般都能达到40%～50%）、寿命长、比功率高，而且对环境无污染。世界上许多国家都非常重视燃料电池开发。2003年，美国政府通过了为期5年的氢燃料电池研究的提案，计划投入经费高达17亿美元。欧盟在2005年至2015年期间，计划花费34亿美元用于氢能源研究。近年来，由于电极材料、总体重量、制造成本等方面的原因，人们对其短期内进入实用化的可能性提出质疑，因

而减缓了研制进度。

（三）气动弹性

太阳能飞机为了提高飞行性能和装载能力，采用了轻质结构材料和减重设计，使结构柔性变得很大，在气动载荷作用下，很容易产生大的变形和振动，气动弹性问题非常突出，美国"太阳神"号空中解体坠毁就是个典型的例子。需要进一步研究解决的问题主要有：大变形非线性动力学和气动力简化模型的完善；轻质、高强韧材料、先进复合材料的气动弹性分析、剪裁和多目标优化设计；低速飞行时气动弹性系统建模、非稳定运动形态和稳定性判定、颤振抑制以及气动弹性试验等问题。

第二节　高动态平台关键技术

临近空间高动态平台，由于飞行速度马赫数较大，所以要克服许多低动态平台不需要考虑的技术挑战。涉及的关键技术，主要是为了实现高超声速飞行所需要的动力、材料、通信、结构与控制等技术。

一、热防护与材料技术

为解决高超声速飞行的"热障"问题，使飞行器在临近空间严酷的热环境条件下飞行而不被烧毁，并保证内部装置及仪器正常工作。准确确定气动加热环境和进行热防护设计一直是高超声速飞行器的重大技术关键。

（一）早期高温防隔热技术

高温防隔热技术最早始于导弹再入大气层时的热防护需求。早在 1953 年，Atlas 洲际弹道导弹项目启动前，科研人员就设计了若干以其鼻区为代表的热防护方案。最基本的就是热沉法。热沉式防热是防热方法中发展最早和结构最简单的一种，属于被动防热，其原理是利用壳体本身允许有一定程度的温升，热量将由结构表面辐射出去，或依靠壳体自身的热容吸热来达到防热的目的。热沉式防热的结构简单、可靠，能保持气动外形不改变，但防热效率很低，且会带来重量问题。

热结构方案作为备选，利用耐热合金蒙皮将热量由结构表面辐射出去，利用蒙皮内部附着的隔热层来保护内部结构。热结构带来两个问题：一是选择适合的耐温金属；二是如果一块隔热瓦板脱落则意味着将失去整个鼻区。辐射散热结构主要依靠辐射方式散热，其外蒙皮用耐高温材料制成，表面涂有高辐射率的涂层，以提高防热层表面的辐射散热性能。在受热时，它将以辐射形式向周围发散出大量的热量。它允许结构温度持续上升到辐射平衡温度。该结构的特点是不受加热时间的限制，且可保持气动外形不变，但总热流不能超过限制值，如 X-37 控制舵。

同样作为备选的还有发汗冷却技术。令鼻区充满冷却液体，在减速过程中强地心引力将迫使液体压向热的表皮内壁。其表皮由多孔渗水材料组成，内部气体压力作用使得液体通过孔隙进入边界层，一旦喷射出去，气流将带走热量，并且可以增加边界层的厚度，降低温度梯度，由此降低热传导速率，通过发汗使鼻区冷却下来。发汗冷却技术具有很高的实用价值，但是在当时存在多个技术难点。例如，发汗冷却剂通过多孔表面喷出，吸收大部分气动加热产生的热量，使其不传递至次层结构，冷却系统利用泵压系统来汲取存储的冷却剂。一方面冷却剂从多孔结构中吸收热量，另一方面冷却剂蒸发影响边界层，显著降低对流传热，这种结构对气动特性基本无影响，但难以保持多孔壁持续畅通。

美国早期的 X 系列高超声速飞行器，包括 X-1 至 X-15，普遍采用热沉结构解决其防隔热问题。期间，镍铜合金、钛合金、镍铬铁合金和钛铝合金等耐热合金技术得到了充分的发展。

（二）天地往返和再入飞行的热结构技术

天地往返飞行器和再入飞行器在防隔热、结构的轻质及可重复使用方面提出了明确的需求。单级入轨的空天飞机要求材料与结构质量轻，并能够反复承受高温载荷和重复使用。在满足轻质和可重复使用需求的同时，这一时期对热防护系统及防热材料的耐温性能有着更高的要求。传统的热沉式防热系统由于防热效率有限，难以满足新形势下航天飞机和再入飞行器任务的防热需求。因此，以碳/碳复合材料和陶瓷基复合材料为代表的热结构技术及以隔热瓦为代表的隔热防热系统技术得到了长足的发展。

碳/碳复合材料热结构：利用材料的高辐射率散发热量，材料必须具有优良的高温强度，技术成熟，但成本较高，已用于美国航天飞机端头帽、机翼前缘、尾翼，是多项航天计划的首选方案。陶瓷基复合材料热结构：热结构与碳/碳材料性能相似，高温下抗氧化性能更好，但尚不十分成熟，成本也更高，适用部位同碳/碳复合材料，是多种高超声速飞行器首选防热方案，但正式飞行尚少。

隔热防热系统主要包括陶瓷纤维毡、陶瓷隔热瓦和金属隔热瓦。陶瓷纤维毡：用高硅氧线将陶瓷隔热纤维缝合在陶瓷布之间，形成棉被状隔热层，成本低，重量轻，已用于美国和苏联航天飞机温度低于 600℃的背风面；当用于法国 Pre-X 飞行器时，使用温度已达 1000℃。陶瓷隔热瓦：将涂覆高辐射率涂层的耐高温陶瓷瓦，下衬应力隔离层后逐一黏接到飞行器表面，成本低，技术成熟，但保养困难。适用于飞行器大面积防热，工作温度达 1260℃，已用于美国、苏联、日本的航天飞机。金属隔热瓦：采用高温合金箔、高温合金蜂窝和陶瓷纤维制成多层壁、蜂窝夹层隔热瓦、微层板，强韧性好，连接简单可靠，易维护，适用于高超声速飞行器大面积迎风面，是美国 X-33、FALCON 飞行器的主防热设计，FALCON 的多层箔使用温度已达 1650℃。

对先进防热材料的研发是天地往返飞行器和再入飞行器领域诸多项目面临的最大挑战之一，随着各型号项目的推进，美国和欧洲发展的典型飞行器，根据各自飞行器的特点，分别采用了不同的结构材料，先进耐热材料方面已经取得了重要的进展。

X-30A 开展了轻质耐高温材料的研制工作，通用动力公司着重发展难熔材料，主要是碳/碳复合材料；罗克韦尔国际公司和普·惠公司着重发展钛铝互化金属；麦克唐纳·道格拉斯公司的重点是碳化硅纤维增强的钛铝互化金属基复合材料；洛克达因公司的重点是高热导率复合材料，主要是石墨长纤维增强的铜基复合材料。

X-33 及覆盖其上的隔热瓦是用非常规材料制造的，隔热瓦的设计满足了 X-33 总体外形约束（共 1309 块），包括单曲率上表面、圆筒形侧壁段、平整的下表面、平坦的尾部、简化的机身襟翼设计及球形头锥等，它的外形基于隔热瓦，最小曲率半径大于 0.3048m。头锥和翼面前缘覆盖以碳/碳隔热瓦，机身上表面覆盖的是 17 块 FRSI 和 AFRSI 石英毡隔热壁板，镍基高温合金 Inconel-617（适用于 700～900℃）和钛合金 Ti-110（使用温度低于 700℃）壁板加隔热层对下表面提供热防护。

X-37B 最突出的特点是采用了新型的热结构材料。包括飞行器的翼前缘首次使用了新型的更薄、更轻和韧性更强的增韧单体纤维抗氧化陶瓷瓦，可以承受再入大气层时超过 1700℃的高温，其性能超过航天飞机机翼前缘使用的碳/碳材料；机身采用了轻质复合材料结构，其热防护能力更强，并且可重复性更好；还采用了强化单体纤维隔热瓦、先进的共形可重复使用防热毡等新型防热材料。

IXV 防隔热系统由三个主要部分组成，即陶瓷基复合材料外壳、隔热材料、连接系统。防隔热系统的外壳由 C-SiC 材料构成。迎风面有 30 个面板，由带有一体编织成型的筋和支架的薄外壳组成，鼻锥采用了带有一体编织成型的筋和支架的单块 C-SiC 部件。每块面板和鼻锥均装配隔热材料。根据材料的密度、最大使用温度和隔热效率，从靠近外表面的氧化铝毡到靠近冷结构的硅气凝胶，选择不同的材料。

（三）吸气式高超声速飞行的热防护技术

吸气式超燃冲压发动机的横空出世，促进了升力体外形高超声速飞行器的发展，其前缘尖化及锥形的需求，对热防护材料提出了更高的挑战。这一期间防隔热技术的发展主要围绕材料改性，发展高温难熔被动防热材料，以涂层式抗氧化碳/碳复合材料为代表。发展能适应高温、长时间氧化条件下的难熔热防护材料使高超声速飞行器以更高马赫数飞行成为可能。时至今日，基于现有热防护材料，如何提高其长时高温抗氧化抗烧蚀能力仍是各航天大国不竭的追求。

1. 尖前缘材料开发：涂层式抗氧化碳/碳复合材料的研制

从 1990 年以来，美国对高超声速飞行器新型热防护材料的研究都是改性，而非重新开发新材料。改性主要是从基材（substrate）、基体抑制剂和涂层 3 个方面入手，尤以抗氧化涂层的研究最多并得到了成功的工程应用。但当飞行速度超过 $10Ma$ 后，即使是单次飞行，也需开发以 2200℃和有氧环境为目标的抗氧化涂层结构碳/碳复合材料。材料以高导碳/碳为基体，辅以不同的涂层材料及不同的涂层工艺，包括 CVI、CVD、CVR、等离子喷涂、热压等。例如：前缘部件的生产商 MER 公司使用了型号为 P-30X 的高导纤维，涂层分 3 层，底层为高导碳/碳基材上表面的 SiC 转化涂层，第二层为 CVD 工艺的 SiC 涂层，第三层为 CVD 工艺的 HfC 涂层。初步解决了高热应力下基材失稳、涂层变形或脱落等问题。

2. 发动机用被动热防护

航天飞机的大多数迎风表面由隔热瓦进行热保护。从安全的角度看，在工作期限内是可靠的，但易碎，雨、雪等天气很容易被损坏，而且需要经常重新喷涂和维护，与快速反应的要求下不符。因此，隔热瓦不能用于超燃冲压发动机燃烧室。被动热防护是采用轻质的耐烧蚀隔热材料对结构进行热防护。超燃冲压发动机的性能对其流道型面变化非常敏感，使得烧蚀涂层也不能用于超燃冲压发动机燃烧室。热沉式的超燃冲压发动机可用实心的铜壁或者不锈钢壁来吸热，但这种结构的重量大、运行时间很短，将它用于持续的飞行显然是不切实际的。美国自 1996 年起，就开始了 $8Ma$/600s 条件下的被动防热材料筛选。除了可耐 1647℃的高温外，还要求没有明显的线烧蚀，主要测试了带 CVD/SiC 涂层的 C/SiC 复合材料和带 CVD-（HfC-SiC）涂层的 C/SiC 复合材料，但长寿命服役行为还需要更长时间的考核来验证。

3. 发动机用主动冷却结构

被动热防护的研究表明，C/SiC 复合材料可用作 $8Ma$ 状态一次性使用的超燃冲压发动机被动防热材料，要想更长时间乃至重复使用或者在更高马赫数下服役，必须发展主动冷却结构。发动机主动冷却的方式是利用从进气道进入发动机的"低温"流体进行冷却。从冷却原理上区分冷却方式，主动冷却方式主要分为发汗冷却、对流冷却（含冲击冷却）和气膜冷却。其他多种新型冷却技术是它们的复合形式，如多孔层板冷却就是集冲击冷却、对流冷却、气膜冷却为一体的新型冷却方式。$7Ma$ 以下多采用被动热防护；$7Ma$ 以上的则必须使用主动冷却。

由于超燃冲压发动机工作环境的特殊性，目前已经提出了多种热防护方法，如再生主动冷却、被动冷却、发汗冷却、气膜冷却等。其中，再生主动冷却是经常采用的方法。采用再生主动冷却，一方面，可以减少热防护材料的使用量，降低高超声速飞行器结构质量；另一方面，燃料吸收一部分热量，能提升燃料喷射温度，提高能量的利用率。当超燃冲压发动机采用再生主动冷却时，冷却剂流经冷却套，对内壁冷却，自身受热升温后经喷注器进入燃烧室，使得通过内壁传出的热量又回到燃烧室，得以"再生"。从美国 NASA 发展路线图可以看出，主动冷却结构的发展路线是从金属管与复合材料面板的组合向全复合材料冷却结构进步，而 C/SiC 复合材料是贯穿整个路线的材料体系。

综上，历经几十年的发展，高超声速飞行器建立了多种热防护系统及相应的防热料体系，以吸气式发动机为动力的升力体外形高超声速飞行器的热防护系统不同于以往的防热系统，而是集热结构、隔热及主动冷却于一体的新型热防护体系，其防热性质决定了与以往高超声速飞行器相比具有更加复杂的防热设计和试验考核需求。

（四）高超声速助推-滑翔的热防护技术

高超声速助推-滑翔飞行器与传统的飞机和弹道导弹不同，具有在低空大气层内长时间、大范围高超声速滑翔机动飞行的特性，飞行速度一般达 $10\sim20Ma$。高超声速助推-滑翔飞行器设计与制造面临的核心问题是，可在极其严酷的热载荷、静载荷、振动载荷和动态载荷条件下，仍能确保结构的完整性及工作的有效性，其高效的承力/防热结构设计与制造是要解决的关键问题之一。

为了实现长距离高超声速机动滑翔飞行，高超声速助推-滑翔飞行器通常采用高升阻比气动外形。高升阻比外形在高超声速飞行条件下，气动加热极为严重，距离地面越近、飞行速度越高，气动力热环境越恶劣，飞行器端头、迎风面、背风面、翼舵前缘等不同部位承受的气动力/热载荷将会不断增加，尤其是端头驻点加热温度可达 2000℃以上。在 2000℃以上的超高温考验下，常规金属结构是无法直接暴露使用的，极易被熔化或破坏，即使是耐高温合金或非金属热结构材料局部也可能会因工作温度超过耐受极限而被烧坏。同时，飞行器内外温度梯度会产生明显的热应力，致使结构失效，最终导致飞行任务失败。在这种复杂力热环境条件下飞行，承力/防热结构设计与制造方案不仅需要满足强刚度要求及耐热要求，还需要考虑制造工艺性，保持气动型面不变，避免影响飞行器控制效果和稳定性，同时兼顾重量、成本等多方面条件的限制。

随着技术水平的不断提高，催生了全机身、全复合材料防热/承力一体化热结构方案，兼顾了承力防热及轻质化设计要求。然而，以尖前缘、薄机身的高超声速气动外形为基础，进行高超声速滑翔飞行器全复合材料结构设计与制造，并让其能够在严酷的气动力/

热环境下有效工作,这是当前世界航天最前沿的技术问题之一,目前鲜有一个技术方案是成熟的,对全尺寸一体化结构的工程开发、制造,尚缺乏充分经验。高超声速滑翔飞行器全复合材料防热/承力一体化设计与制造技术仍需进一步研究。

二、动力推进技术

要实现高超声速飞行,适合的推进系统是绕不开的。现有的涡轮/涡扇喷气发动机在 $3Ma$ 以上时,比冲大大降低。涡轮喷气发动机和涡扇喷气发动机能达到的最大速度低于 $4Ma$。在 $3\sim6Ma$ 之间,冲压发动机具有较高的比冲。在 $6\sim14Ma$ 或以上时,只有超燃冲压发动机具有较高的比冲。火箭发动机能达到高超声速,但比冲低、成本高、结构复杂。目前看来,超燃冲压发动机是实现高超声速飞行的首选推进系统,但由于冲压发动机必须在一定速度才能启动,所以高超声速飞行器的需要使用适当的组合动力系统。

(一)超声速燃烧技术

传统的火箭发动机、涡轮喷气发动机和冲压发动机均为亚声速燃烧,即在亚声速气流中与燃料混合并燃烧。超燃冲压发动机要求发动机为超声速燃烧,即燃料在超声速气流中与燃料混合并燃烧,这与传统发动机的燃烧过程有着很大的区别。由于空气来流速度高,燃料在燃烧室驻留时间非常短(通常为毫秒级),燃烧室要在如此短的时间内完成燃料的喷射、雾化、蒸发、掺混、点火、稳定燃烧等一系列过程,还要能实现高效的能量转化和较小的压力损失,无异于在"龙卷风中点火",还要实现火焰的稳定燃烧。这带来了一系列难题,包括可靠点火技术、火焰稳定技术、燃料技术等。

1. 可靠点火技术

在超声速燃烧室中要实现燃料的点火是异常困难的,首先必须有足够的点火能量,可燃混合物才能被点燃;其次必须满足火焰传播所需的热平衡条件,点燃后的火焰才能被传播。目前,常用的点火方式有引导火焰点火、等离子体火炬点火、火花塞点火、支板点火等。总体而言,它们通过提供低流速、高静温且富含活化分子的环境,从而实现燃料和氧化剂混合物的点火。

引导火焰点火技术是预先将易于反应的引导燃料注入来流中,产生引导火焰,用由引导火焰所创造的高温和活化分子将主燃料区域点燃。常用引导燃料有氟、硅烷、氢气等。

等离子体火炬点火技术是通过电极对气体放电,将其激发至等离子态,这些等离子体将会通过一系列化学反应或直接生成活化分子,从而促进燃料点火。

火花塞点火技术通常在不需要非常高点火能量的位置使用,例如,凹腔的内部可燃混合物均匀且流动速度较低。但在超声速气流中,火花塞很难实现直接成功点火,原因在于在较短的驻留时间内,火花塞难以提供足够高的点火能量来使燃料分子活化。

支板点火技术是通过支板减速或滞止来流,以获得较高的静压和静温,从而促进燃料点火。

至今,在液体碳氢燃料方面,多种点火方式均已实现,但是,在超声速流场内液体燃料点火过程的研究仍处于探索阶段。

2. 火焰稳定技术

在超声速燃烧过程中,燃料与空气混合并被点燃后,火焰向整个主燃区传播,以维持主燃区的稳定燃烧。但是，在高速来流中，火焰往往在发展的初期被冲淡，这种作用在来流速度大于火焰传播速度的情况下尤为明显，火焰极易碎熄。因此，为了防止火焰碎熄，火焰稳定装置就起到了至关重要的作用。通常可通过提高火焰传播速度和降低来流速度两种途径来实现火焰的稳定。前者需要引入激光、电弧等巨大的外部能量而不具有实际应用价值，因此目前通过降低来流速度达到火焰稳定的方法得到广泛应用。该方法是通过在燃烧室内建立一个回流区，使气流在回流区中的速度降低，火焰能始终驻留在回流区中，以保证燃烧室中能持续存在火焰。常用的火焰稳定技术有支板火焰稳定技术和凹腔火焰稳定技术。

3. 燃料技术

目前，应用于超燃冲压发动机的燃料主要有氢燃料和碳氢燃料。氢燃料反应速度快、热值高、相关物理化学性质的研究比较成熟，因此成为超燃冲压发动机燃料的首选。然而，氢燃料的密度比碳氢燃料小得多，在飞行器上使用导致体积很大，不但会增加飞行器的负载和气动阻力，而且氢燃料液化温度低，需要绝热保冷装置，这将会产生难以克服的后勤问题和安全问题。因此，氢燃料并不适用于体积较小的高超声速巡航导弹等，而适用于体积较大的跨大气层飞行器。

碳氢燃料具有易于储存、易携带、便于实际应用的优点，但其燃烧特性远逊于氢燃料，其中化学反应速率比氢燃料慢 3～5 个数量级，单位质量的热值只有氢燃料的 1/3，单位质量热沉只有氢燃料的 1/6，特别是液体碳氢燃料与空气混合成可燃气体之前，还需要经过雾化和汽化过程，这些额外的液滴破碎过程和蒸发过程增加了燃料充分反应所需的时间。由于碳氢燃料的这些缺点，人们对其性能是否满足超燃冲压发动机的要求一直存有疑虑，直到 X-51A 的飞行试验才证明碳氢燃料的缺点在一定程度上是可以克服的。

一般认为，碳氢燃料能用于 4～8Ma 的超燃冲压发动机，但是在 10Ma 以上的跨大气层飞行器研究中将优先考虑氢燃料。

（二）组合推进技术

对于高速巡航系统来说，冲压发动机和火箭发动机都可以胜任。冲压发动机按其工作模态分为亚燃、超燃和双燃冲压发动机。亚燃冲压发动机采用超声速进气道，燃烧室入口为亚声速气流，推进速度可达 6Ma；超燃冲压发动机在 4～4.5Ma 开始投入运行，飞行速度高达 16Ma，理论上可以达到 25Ma；而在双燃冲压发动机中，实现了亚燃和超燃两种工作模态有机结合，其运行限速约为 3Ma，最大飞行速度约为 6.5Ma。

由于冲压发动机必须在一定的速度下才能启动，不能独立完成从起飞到高超声速飞行的全过程。所以出现了众多的高超声速飞行组合动力方案，这些组合动力系统可以分为两类：组合推进系统和组合循环推进系统。

组合推进系统主要是形式上的组合，航空发动机和火箭发动机是相互独立的，分别安装于飞行器上，在物理和功能上的联系很少，互不影响，例如固体火箭助推的冲压发动机和液体火箭冲压发动机。组合循环系统则是将各种推进单元有机的组合到一起，融为一体，在功能上相互补充。这就注定组合循环系统必定要经历不同的工作模态，以达到最佳的发动机性能，同时这种组合循环系统还有利于飞行器的结构更简单紧凑。目前组合循环系统主要包括：RBCC、TBCC 和 RBCC/TBCC 集成循环。

1. **火箭/冲压发动机**

火箭/冲压发动机模式是以火箭发动机作为助推动力,将飞行器加速到冲压发动机可以启动的状态,而后以冲压发动机作为续航主动力推进飞行器在高空以高速飞行。实际上在这种组合中,冲压发动机是主要动力,火箭发动机只是起到了助推的作用。

固体火箭与冲压发动机组合的方式可以有两种:固体火箭+冲压发动机和固体冲压发动机。固体火箭+冲压发动机的方式比较灵活,二者是相互独立的,固体火箭是助推器,工作结束后可以抛掉以减轻结构质量。

液体火箭冲压发动机具有较大的适应性。首先是比冲高,采用碳氢燃料其比冲可以达到1000～2000s,而采用氢燃料比冲则可以达到3000～4000s。当然,液氢属于低温系统,不但价格高,也比较难于操作,所以常用的燃料就是碳氢燃料,例如煤油。

2. **涡轮喷气发动机/火箭发动机**

对这种组合动力较为适用的有两种形式:涡轮喷气发动机+液体火箭发动机以及涡轮喷气发动机+固液混合火箭发动机。其工作过程是先由涡轮喷气发动机在飞行器的起飞和爬升过程中提供动力,爬升到预定高度后再切换为由液体或固液火箭发动机提供动力。

3. **组合循环推进系统**

RBCC、TBCC等组合动力技术是发展高超声速技术的关键,也是高超声速飞行器推进系统发展的关键。组合动力方案的最大特点就是在不同的飞行状态下采用不同的工作模态,以期达到最佳性能,因而模态间的过渡与转换问题也就显得十分突出。在什么样的速度下,在什么样的飞行高度上进行模态间的切换最为合理、最具经济性,这是总体设计中必不可少的内容,也是整体优化中比较难处理的环节所在。

可用的组合循环推进系统有以下方案:

(1)固体火箭助推的双模态冲压发动机方案。方案设想:由助推火箭将飞行器加速到一定的马赫数,上升至一定的高度,随后抛掉助推器。从这一高度开始飞行器冲压发动机采用亚燃模态工作,将飞行器飞行速度加速到巡航状态,双模态冲压发动机开始工作,最终工作模态到达规定的马赫数,进入临近空间的预定飞行高度,然后进入超燃巡航状态。

(2)RBCC方案。方案设想:火箭基组合循环发动机集引射器模式、冲压发动机模式、超燃冲压发动机模式以及火箭发动机模式于一身,在整个飞行航路内比纯火箭发动机的平均比冲高,比纯吸气式发动机的推重比高,有望成为高超声速飞行器的推进系统。

(3)TBCC方案。涡轮-冲压组合发动机是将涡轮发动机和冲压发动机组合起来使用的吸气式发动机。根据涡轮发动机和冲压发动机的组合方式,可以分为分体式和整体式组合发动机。其中整体式组合发动机又根据涡轮和冲压两类发动机主要部件的关系和流程分为串联布局和并联布局。国外目前研究的重点是通过采用先进技术发展飞行速度至少可达到 $4Ma$ 并且维修性和操作性大大改善的涡轮加速器,并完成涡轮加速器与亚、超燃冲压发动机的组合技术研究。

三、测控通信技术

从临近空间高超声速飞行器的飞行特点、平台特点和军事应用方式来看,测控通信系统是保障其性能发挥的核心技术之一。一方面测控通信系统可为高动态平台飞行提供重要的支持和保障,是高动态平台发射、飞行、回收各阶段的生命线;另一方面,测控通信系统是高超声速飞行器作战系统的重要组成,承担着对作战任务控制指令的抗干扰传输,对重要任务指令进行安全防护,并将采集到的侦察信息传回指控中心。

(一)技术需求

临近空间高超声速飞行器的环境特点、飞行特点等,与以往的卫星测控、飞行器/火箭测控、无人机测控相比有很大的不同,因此,其测控通信技术应满足如下需求:

一是高覆盖率、全程测控。高超声速飞行器具备全球打击能力,相应的测控通信手段必须满足对飞行器全球、全时段覆盖。二是高动态。临近空间飞行器的飞行速度、加速度都很大,轨道机动性高,甚至可能出现跳跃式的航迹变化,导致飞行器的多普勒频移、多普勒变化率以及多普勒二阶变化率都比以往的测控系统要严苛得多。这给测控信号的捕获、跟踪和测量带来了新的难题。三是精确、实时定轨。临近空间高动态飞行器的一个重要特点是机动能力强、变轨频繁且幅度大,要求测控系统能够提供精确、实时的定轨、定姿数据。尤其是实验飞行阶段,需要对其进行控制规律建模、改进,对测控数据的依赖可想而知。四是多目标测控与协同管理。临近空间技术在军事上的广泛应用加快了高动态平台种类和数量的增长,特别是多平台组网使用或与海陆空天其他载体协同遂行任务时,要求测控系统在同一时刻能够完成对多个飞行器的测控及协同管理。五是"三抗"需求。由于现有的作战飞机和地空导弹还无法到达临近空间高度,高超声速飞行器在作战使用过程中,敌对双方必然会重点采用软打击(如电子干扰、微波损伤等)手段来破坏临近空间飞行器的电子设备,其中测控通信系统由于与飞行器外部发生信息交换,最容易被破坏。因此,高超声速飞行器的测控通信系统必须具备一定的抗干扰、抗截获、抗摧毁等能力。六是"黑障"问题。高超声速飞行器以 $5\sim25Ma$ 的速度在临近空间飞行时,将与周围的空气剧烈摩擦并压缩轨道前方空间,使飞行器周围的空气温度急剧上升,致使空气发生电离,从而在飞行器四周形成等离子体屏障。等离子体会引起飞行器天线的阻抗失配、方向图畸变、辐射效率下降甚至被击穿,从而影响飞行器通信链路的建立和维持。等离子鞘套使无线电信号通过等离子传播时引起衰减,严重时会中断无线电信号,产生"黑障"现象。由于"黑障"的影响,造成临近空间高超声速飞行器飞行高度越低、速度越高,克服"黑障"的工作频率就必须越高,从而对高速率、超视距的测控通信系统提出了新的挑战。

(二)测控通信策略

根据上述的需求分析,需要结合现有的技术、设备基础进行全面的评估,设计合理的测控通信策略。才能保证高超声速飞行器在试验、飞行、作战等多种情况下获得满意的测控服务支持,更有效地发挥临近空间飞行器的特色。

1. 区分不同的飞行阶段

应针对临近空间高超声速飞行器的起飞、巡航、回收、试验、战前、战后等不同过程的特点,研究有针对性的测控策略和手段,保证其测控通信技术适用、好用。

在起飞阶段,可使用可见光、地基监视雷达等设备对其起飞状态进行监视,利用机载数据链终端将飞行状态参数实时传回指控中心。在巡航阶段,由于飞行器已经超出了地面观测设备的视距范围,甚至飞出了国土,可考虑使用中继卫星,在飞行器上安装中继卫星通信终端,从而满足大纵深、宽范围信号覆盖的需求。在回收阶段,可将灵活、机动的车载站布置在落点区附近进行测控。或通过远洋测量船配合实施。

各种情况下的测控通信方式将因飞行器的高动态特性、打击目标和范围不同，所需要传输的指令、数据容量、实时性要求、跟踪范围、测量精度等会有较大不同，要根据实际情况做出灵活选择和取舍，针对高速相对运动时的信号捕获与跟踪，要充分考虑大幅度的多普勒频移变化对信号体制、码速率的影响，先克服与地面观测站的测控通信问题，再克服与中继卫星的通信问题。

2. 解决"黑障"问题

目前解决"黑障"问题的思路有两个：一是从测控通信技术手段本身入手，如提高信号发射功率、提高工作频率、增强飞行器自主导航性能等；二是改变等离子体媒介的电特性，如改善飞行器气动外形、外加降低电子密度的添加物等，也是有待进一步研究的技术途径。

3. 多目标测控

对于飞行器的多目标测控是建立在综合管理与控制的基础之上的，多目标测控的基本功能就是使多个飞行器协同、安全、快捷、有效地完成复杂的战术、战略任务。先进的多目标测控系统不仅能使复杂飞行任务有效实施，而能够提高飞行器在执行任务时的生存性和经济性。多目标测控系统是高度综合化、自动化、智能化的系统，它将机载电子设备或分系统，包括飞行控制计算机、导航分系统、通信设备、任务载荷以及各种传感器等综介起来，进行统一管理，以保证协调工作和飞行任务的圆满完成。

四、高精度的导航、制导与控制技术

高精度的导航、制导与控制（GNC）技术是临近空间高超声速飞行器完成作战任务的根本保证。临近空间高超声速飞行器要在环境极其复杂的亚轨道空间作超高声速飞行，由于稀薄大气的影响，使得飞行过程中会出现长时间的黑障区。卫星导航、天文导航的使用受到限制。临近空间环境的不确定性，使得终端状态的精确预测十分困难，因而要求制导方法具有自适应能力。高超声速飞行器在全航程飞行过程中，空气密度低、气动控制效率低，可采用喷射反作用控制系统作为执行机构，但喷射反作用控制系统喷流与飞行器流场之间存在复杂的相互干扰问题，直接力/气动力复合控制方法在分析上也存在很多困难，而新概念控制方式仍存在一系列问题。因此，作战任务与飞行环境给 GNC 系统的设计提出了大量复杂的约束和极高的要求，要求 GNC 系统必须能够适应飞行环境的剧烈变化并以较高的末端精度完成作战任务。

（一）动力学控制技术

1. 多约束下的弹道优化技术

弹道优化就是要在满足多种约束条件下，充分考虑高超声速飞行器的任务目标，对整个弹道进行优化。因为防御系统对弹道导弹轨迹的预测是将弹道限定在一个管形区内，逐渐缩小预测弹道管形区的半径，当其足够小时，就可以发射拦截器进行拦截，弹道跳跃的幅度越大，管形区的面积就会越大，给防御系统的管形区预测带来更大的困难。因此，加大弹道跳跃的幅度是提高突防能力的重要手段。这就需要选用适当的优化策略，在满足多种约束的条件下，优化各种控制参数，使得飞行器航程最远或弹道跳跃的幅度最大，最大程度地隐蔽导弹的飞行弹道，以有效提高临近空间飞行器的作战效能。

2. 滑翔控制技术

航程是衡量飞行器作战能力的重要指标，应通过飞行器总体设计与制导系统设计，使其航程满足要求。高超声速飞行器一般都需要具有较远的航程，借助滑翔控制技术它可以对远程目标进行精确打击。其原理是利用飞行器在飞行中产生的升力与重力平衡，升力主要由飞行器自身的升力体结构和动力舵控制来实现，同时可通过调整滑翔规律参数（如舵偏角）进行制导控制。以满足滑翔控制和导引精度要求。滑翔控制技术是实现高超声速飞行器远程精确打击的关键技术之一。

3. 快速发射及弹道重构技术

快速发射技术即飞行器接到任务命令后，在极短的时间内投入使用的能力。FALCON计划要求高速无人飞行器和相关的滑翔武器能够在 2h 内将传统的非核武器从美国本土投送到地球的任何地方。

自适应弹道重构与控制（Adaptive Trajectory Reshaping and Control，ATRC）是高超声速飞行器的一种先进控制技术。当飞行器在飞行过程中接收到作战指令，改变作战任务时，能够迅速地根据当前位置和目标位置制定制导策略，即要求飞行器具有在线实时自适应制导能力。

（二）气动布局控制技术

在高超声速飞行条件下，具有高升阻比是确保飞行器滑翔达到很远的航程（几千千米以上）的必要条件。对于长时间飞行的高超声速飞行器来说，实现高升阻比与降低防热要求通常是矛盾的。一般情况下，高超声速高升阻比飞行器的头部与翼前缘的气动外形比较尖，必然会产生高加热问题，给防热系统设计带来压力；还可能出现横向和纵向气动特性不对称，即横向压心和纵向压心一般相距较远，在实际应用中会引起纵、横向稳定性不匹配的问题，给飞行器的稳定飞行和控制带来很大的困难。此外，理论上升阻比很高的外形往往无法满足装填性能要求，在实际工程设计中需要综合考虑气动与装填的要求。这些问题需要很好的协同解决，抑制高升阻比气动外形的负面效应。

控制机构的布局对控制系统设计影响重大，合理高效的控制机构布局有助于提高控制系统的稳定性和可靠性。携带动力系统的飞行器，其控制系统的布局有别于无动力的，控制系统设计还必须考虑推力变化对控制系统稳定性的影响。

（三）自适应制导控制技术

由于高超声速飞行速度高，机动范围大，飞行器状态参数变化大，对控制系统稳定性和可靠性提出了更高的要求。高超声速飞行器一般采用两种或多种导航方式相结合的组合导航技术，并采用具有自适应能力的制导与控制系统。

变结构控制是控制系统的一种综合方法，已被用于解决复杂的控制问题，其主要特点是滑动模态具有对系统摄动及外干扰的不变性，即理想的、完全的鲁棒性。变结构控制的设计主要包括两方面：一是选取切换面（滑模面），使滑动运动渐进稳定，动态品质良好。二是选择控制律，使满足到达条件，即切换面以外的相轨线于有限时间内到达切换面。相应地，变结构控制系统中的运动包括位于切换面之外的趋近运动和位于切换面之上的滑动运动，而过渡过程的品质决定于这两段的运动品质。

第三节 载荷技术

可用于作战的临近空间飞行器有效载荷种类繁多、形式各异,根据作战任务不同,需要不同的载荷,面临的技术问题也有很大区别。总的来说,有效载荷的关键技术主要包括:信息获取技术、信息处理技术、信息对抗技术和精确制导弹药技术。

一、信息获取技术

目前来讲,临近空间飞行器系统主要用于执行探测、侦察、情报收集、通信等任务,有效载荷主要是信息获取载荷,这些有效载荷的信息获取的能力与质量直接关系着临近空间平台执行任务的结果与质量。信息获取载荷的主体是传感器载荷,总的说来,传感器最主要的功能是成像;其次是信号探测,包括探测化学、生物、放射性大规模杀伤性武器,气象海洋学的气象信息,以及反潜战和反水雷战中的磁信号等。

目前用于远程预警探测的传感器类型包括光学传感器、SAR/ISAR 传感器、被动定位雷达、高精度跟踪雷达等。光学传感器又包括红外、可见光、激光传感器。

1. 红外成像传感器

任何物体,只要其温度高于绝对零度,就会发出红外辐射,其他部位温度不同,辐射率不同,就会形成物体的红外图像,经过大气传输,就能被红外探测设备所探测,经光电转换,成为人眼可观察的图像。

红外成像的特点为:红外辐射看不到,可以避开敌方目标观察;白天黑夜均可以使用,特别是适于夜战的场合;采用被动接受系统,比用无线电雷达或可见光装置安全、隐蔽、不易受干扰、保密性强;利用目标和背景辐射特性的差异,可以发现伪装的军事目标;分辨率比微波好,比可见光更能适应天气条件;红外传感器受大气窗口影响,工作时受云雾的影响很大,在气象条件恶劣时几乎不能正常工作;红外传感器只能获得目标表面信息,不具有穿透性;红外传感器因为波长短,因此可以得到很高的空间分辨率,但因为每个波段探测到能量很小,所得到的图像分辨率较低。

2. 可见光成像传感器

可见光传感器利用物体的太阳反射光成像。可见光成像特点为:可见光成像采用的像素级融合;隐蔽性好,识辨率高;适应近距离作战的要求;有测角精度高,不能测距,受天气影响较大;可见光传感器只能获得目标表层信息,不具有穿透性。因为波长短,因此可以得到很高的空间分辨率。但因为每个波段探测到的能量很小,所得到的图像分辨率较低。

3. 高光谱成像传感器

各类物体都有表明自己特征的光谱反射特性曲线,许多地表物质的吸收特征在吸收峰深度一半处的宽度为 20~40nm。高光谱侦察是在紫外至近红外较宽波段内以高光谱分辨率(波段宽度一般为 10nm)对指定地域进行侦察,对获取的目标及背景的空间信息和光谱信息(方位 x、y 两维,波长一维)进行处理,形成一条完整而连续的光谱曲线,再与预先获得的各种目标反射或辐射的光谱信息进行对比,区分出那些具有诊断性光谱特征的地表物质。

高光谱成像在军事上的应用包括：从自然背景中发现人工材料制作的伪装器材和材料，揭示严密伪装的军事目标，并判定出军事目标的性质；在调查武器生产方面，超光谱成像仪不但可探测目标的光谱特性、存在状况，甚至可分析其物质成分，从而可采集工厂产生的烟雾，直接识别其物质成分，判定工厂生产的武器，特别是攻击性武器。

高光谱成像特点为：成像光谱仪只注重提高谱分辨率，其空间分辨率却较低。正是因为成像光谱仪可以得到波段宽度很窄的多波段图像数据，所以它多用于地物的光谱分析和识别；成像光谱仪数据具有光谱分辨率极高的优点，同时由于数据量巨大，难以进行存储、检索和分析，因此必须对数据进行压缩处理；成像光谱数据也经受着大气、遥感平台姿态、地形因素的影响，产生横向、纵向、扭曲等几何畸变及边缘辐射效用，因此，在数据提供给用户之前，必须进行预处理。预处理的内容包括平台姿态的校正、沿飞行方向和扫描方向的几何校正以及图像边缘辐射校正。

4. 微波成像传感器

微波是指波长为 1mm～1m 的电磁波。微波在发射和接收时常常仅用很窄的波段，所以学界将微波波段加以细分，并赋以更详细的命名。表 4.1 列出了常用的微波波段：Ka、K、Ku、X、C、S、L、P，以及其波长与频率的关系。

表 4.1 微波波段、波长与频率

波段名称	波长/cm	频率/MHz	波段名称	波长/cm	频率/MHz
Ka	0.75～1.1	26.5～40.0	C	3.75～7.5	8.0～4.0
K	1.1～1.67	26.5～18.0	S	7.5～15	4.0～2.0
Ku	1.67～2.4	18.0～12.5	L	15～30	2.0～1.0
X	2.4～3.75	12.5～8.0	P	30～100	1.0～0.3

微波获得的主要信息是目标的几何特性、物理特性和介质特性。

按照获取遥感信息的方式，微波遥感器可以分为有源微波遥感和无源微波遥感。有源微波遥感，又称主动微波遥感，通过接收目标对遥感器发射的电磁波信号的散射回波获得关于目标的信息，有源微波遥感器包括雷达高度计、雷达散射计和 SAR；无源微波遥感，又称被动微波遥感，通过接收目标本身辐射的微波信号获得关于目标的信息，无源微波遥感器又称为微波辐射计。

按照数据记录方式，微波遥感器可以分为微波非成像传感器和微波成像传感器。微波非成像传感器有微波散射计、雷达高度计；微波成像传感器有微波辐射计、侧视雷达、合成孔径雷达。

微波成像特点为：微波传感器分辨率比同样孔径的可见光传感器低，但微波传感器可以对大面积的陆地和海域进行探测；云、雨和冰雪对微波传感器图像有不利影响，造成图像模糊和对比度降低，但其程度不像对可见光和红外图像那样严重；微波可全天候工作，不受黑夜的影响；而可见光夜晚不可能观测，红外遥感虽可在夜间观测，但微波的大气衰减很小；微波具有一定的穿透能力，可以获得地下或水下浅层目标信息，而可见光和红外波段则只能获得目标表层信息；微波波段的频率远低于可见光和红外波段，对于发射、接收和处理的响应速度的要求要比可见光和红外波段低得多，能实现更高的系统性能；在微波波段可以通过极化获得极化信息，可以通过相干接收获得相位信息，可见光和红外遥感难以提供；由于微波波长比可见光和外红长，因此微波遥感的空间分辨率不及可见光和红外遥感；为了便于判别被观测景物，微波传感器需要做大量地面实况的校准测量。

5. 雷达信号侦察传感器

雷达信号侦察是为获取雷达对抗所需情报而进行的电子对抗侦察。主要是通过搜索、截获、分析和识别敌方雷达发射的信号，查明敌方雷达的工作频率、脉冲宽度、脉冲重复频率、天线方向图、天线扫描方式和扫描速率，以及雷达的位置、类型、工作体制等。

雷达信号侦察任务内容包括：发现敌方带雷达的目标；测定敌方雷达参数，确定雷达目标的性质，即通过对其信号频谱、天线波束、扫描方式、脉冲宽度等技术参数的侦测，弄清敌方雷达的型号及工作性能，判断其用途和对己方军事行动（目标）的威胁程度，以便采取必要的对抗措施；引导干扰设备对敌实施电子干扰，即通过提供及时、准确的敌方雷达信息，引导己方电子干扰分队对敌雷达目标实施有效的跟踪和干扰；为雷达反干扰战术、技术的应用和发展提供依据。

6. 通信信号侦察传感器

通信侦察是在通信领域内实施的电子侦察，是指利用收信设备或其他接收设备截获和识别敌方通信信号的频率、功率、信号形式等技术参数、工作特征和所在位量，探明敌方通信网的组成、用途等情报或侦听其内容，为决策提供信息支持。

通信信号侦察的军事应用包括：信号的搜索与截获；信号的侦听与显示；信号的测向与定位；信号参数的测量与存储；信号的分析与识别等。无线电通信侦察的特点为：立体式侦察；获取情报快；隐蔽性好；受客观条件影响小。

7. 对隐身目标的探测技术

虽然隐身飞机的材料和形状十分巧妙，但是隐身飞机并不能实现全方位隐身，它们本身还有许多缺点甚至缺陷，不可避免地会在雷达上留下一点痕迹，这为反隐身提供了机会和可能性。科索沃战争中，南联盟军队在捷克产的"维拉"无源雷达的目标指示下，用"萨姆-3 型"导弹击落了美军 F-117A 隐身战斗机，就充分证明隐身飞机性能是相对的。海湾战争中，部署在沙特的法制 FALCON 雷达，多次发现 20km 以外高度为 2000～3000m、飞行速度为 900～1000km/h 的 F-117A；英国一艘导弹驱逐舰上所配的 L 波段 T-1022 型双向对空搜索雷达，在 80～100km 范围内也发现过 F-117A。据报道，乌克兰的"铠甲"雷达探测系统不但可发现利用"隐身"技术制造的飞机（如 F-117A 和 B-2），还可确定目标的准确位置。

隐身飞机不可能实现全频段隐身，隐身飞机被雷达探测到的距离仅仅降低到 7～20km 之间，而且主要对厘米波（工作频率 1～20MHz）雷达起作用，对于毫米波、米波雷达隐身效果就大大降低。国外试验表明，超视距雷达可在 2800km 上发现飞行高度为 150～7500m、RCS=0.1～0.3m^2 的空中目标。采用米波段的超视距地基雷达、米波和分米波的地基相控阵雷达，能对隐身飞机提供远程预警。红外隐身仅仅是降低了温度，将隐身飞机的红外辐射波长作了改变，红外辐射依然存在，不能避免红外侦察设备侦察和红外制导导弹的攻击。而在目视侦察方面，与普通飞机一样，只能依赖于夜暗掩护。

隐身飞机的隐身重点多放在鼻锥方向正负 45°范围内，其他方位的隐身效果较差。

将探测系统安装在临近空间平台上，可通过俯视探测提高对雷达截面较小的目标的探测概率。美空军的 E-3A 预警机（采用高 PRF 脉冲多普勒雷达）和海军正在研制的"钻石眼"预警机（采用有源相控阵雷达），都能有效地探测隐身目标。天基探测器居高临下，可以对地球进行大面积、全天候监控，还可以完成对多目标的探测跟踪，并且可以探测隐身武器。天基后向散射式监视雷达就是针对隐身飞机的顶部无法隐身这一特征设计的反隐身监视雷达。此外采用双（多）基地雷达、无源雷达等技术措施也具有良好的探测隐身目标的应用前景。

二、信息处理技术

有效载荷的信息处理能力与质量直接决定了飞行器系统执行任务的结果与质量。临近空间飞行器系统对信息处理技术的要求主要体现在处理速度快、容量大上，其算法准确经济，信息融合度高。信息处理技术的突破体现在硬件和软件两个方面，一是处理器技术，二是超高速数据处理技术。

处理器技术不仅是实现无人飞行管理与控制的关键，而且也是有效载荷信息处理的关键。目前，以硅为基础的半导体处理器限定在大小为 0.1mm 的尺寸，也就是当前制造工艺技术上所提到的"负载点"。一旦硅半导体达到这一极限，就将促使人们采用其他技术或材料开发更先进的处理器。将来，可能会采用光学、生物化学、量子力学和分子力学等技术制作处理器，或综合运用上述技术形成某种处理器，进而获得更快的处理速度和更大的存储容量。据预测，运用量子力学技术制作的处理器，大小虽然相当于现在的处理器，但在速度上增长了上千倍，而运用分子力学技术制作的处理器在速度上则会有十亿倍的增长。最终，量子运算可能取代传统的以"1"和"0"为基础的运算。

超高速数据处理技术是提升临近空间平台信息支援能力的催化剂和放大器。由于临近空间平台视野宽阔、监视区域大，可获取大量目标探测数据，这些数据可在临近空间平台上处理，也可通过数据链路下传至地面站进行处理。若要实现对临近空间平台探测数据及时有效的利用，则应采用超高速数据处理技术在临近空间平台上对尽可能多的数据进行处理，只要是不需要人参与的数据处理原则上应在临近空间平台上完成。这样一可减轻数据传输链路的负担，只传输经过加工的精确数据，从而降低对数据传输链路容量的技术要求；二可以直接向空中作战平台传输可用度很高的预警或指控数据，实时支持空中平台的作战。

超高速数据处理技术对于地面站系统而言，也同样是关键核心技术之一。但临近空间平台对应的地面站，在技术和实施上与现有空中和太空平台的地面站没有本质区别，可参考执行。例如：美空军现装备的 E-8C 预警机的数据必须通过地面站进行处理，地面站对汇集的数据进行分析处理后再将有关信息传给用户。美军新开发的 E-10A 预警机的数据传输系统将获得极大改善，E-10A 预警机通过战斗管理指挥与控制系统，将雷达信息与飞机扫描地区的数字地图叠加，变成一个屏幕上的综合敌情数字地图（包括地图和文字数据），再通过通信系统传输到地面、海面和空中的使用平台，从而极大地提高了整个作战体系的作战效能。

三、信息对抗技术

信息对抗技术是为在战争中争夺或保持信息的获取权、控制权和使用权而使用的技术，主要包括电子对抗技术、网络对抗技术和心理对抗技术等。

（一）电子对抗技术

现代战争电子战的对抗领域不断扩大，几乎覆盖了整个电磁波频谱，是全频谱对抗。电子对抗技术包括雷达对抗技术、通信对抗技术、光电对抗技术等。

1. 雷达对抗技术

雷达对抗的工作原理是应用雷达侦察装备获取敌方雷达信号，测量、分析雷达信号的特征、工作特性和状态等战术技术参数，利用所获取的敌方雷达相关数据，人为地产生与雷达特征参数相同或相近的各种干扰信号。这些干扰信号被敌方雷达接收机接收和处理后，就会在雷达荧屏上显示出来，从而干扰和遮盖了所显示的真实目标信息或造成假目标信息，破坏了敌方雷达对真实目标信息的提取和跟踪能力。包括雷达侦察、雷达干扰、反辐射攻击等。

雷达侦察是指利用雷达侦察装备搜索、截获、测量、分析、识别和定位敌方雷达辐射的电磁信号，以获取其战术技术参数、位置、类型、用途以及相关武器的属性等情报而采取的战术技术行动。雷达干扰是指利用雷达干扰机或干扰器材辐射、转发、反射或吸收电磁能，削弱或破坏敌方雷达对目标的探测和跟踪能力的战术技术行动。一般分为有源干扰和无源干扰。反辐射攻击是应用反辐射武器（包括反辐射导弹、反辐射攻击无人机和反辐射炸弹等），以敌方雷达辐射的电磁信号作为制导信息，跟踪和直接攻击敌方雷达辐射源的一种摧毁性手段。雷达防御是采取措施保护己方雷达的战术技术行动。主要研究方向包括：研制低截获概率雷达；发展雷达自适应技术；建立多（双）基地雷达；雷达组网；开发和利用新的探测手段等。

2. 通信对抗技术

通信对抗，即通信电子战，可以分为通信电子进攻、通信电子防护和通信侦察。从狭义的概念上理解，可说成是通信干扰、通信对抗防护和通信侦察。通信侦察是指搜索、截获、测量、分析和识别敌方通信目标辐射的电磁信号以获取其技术参数、方向、位置、类型及相关武器平台的属性等情报信息的过程。通信干扰是用人为辐射电磁能量的方法对敌方获取信息的无线电通信过程进行的搅扰和压制的技术。不同的通信干扰装备采用不同的干扰形式，其工作原理也不尽相同。通信对抗防护是指对己方通信系统的防护。主要研究方向包括：开辟新的通信频段；采用猝发通信；采用跳频通信；开发和利用新的通信手段；研制隐形通信系统；建立能保密战术通信网等。

3. 其他对抗技术

电子对抗技术还包括光电对抗技术、导航对抗技术和敌我识别对抗技术等。

光电对抗是敌对双方在光波段（紫外、可见光、红外波段）范围内，为削弱、破坏和摧毁敌方光电侦察装备和光电制导武器的作战使用效能，并保证己方光电装备及制导武器作战使用效能的正常发挥而采取的战术技术行动。

导航对抗是针对导航系统进行的对抗行动。GPS 系统由卫星、地面测控站和用户三个源以及由地面测控站向卫星注入导航电文和控制指令的上行信道、由卫星向用户广播导航电文的下行信道两条信道组成。对 GPS 系统的干扰有两种方式：压制干扰和欺骗干扰。其中，压制干扰主要分为瞄准式干扰、阻塞式干扰和相关干扰三种方式。欺骗干扰有两种方式：给出虚假导航信息和增加信号传播时延，分别对应于"产生式"和"转发式"两种干扰体制。GPS 系统的抗干扰方式有三种：改进 GPS 卫星星座、提高接收机性能和增加其他导航系统作为备份等。

敌我识别对抗技术是使对方敌我不分、甚至导致自相残杀的一种重要作战手段。一方面可通过向敌方的敌我识别器施放干扰，使对方敌我识别器"视线"模糊，"看"不清敌我；另一方面，可通过向敌方的敌我识别器发送相应的模拟应答信号来欺骗对方，而使敌方的敌我识别器认敌为"友"，掩护己方的作战平台执行有关的作战任务。由于敌我识别器是一种十分机密的装备，对它的对抗更属高度机密。

（二）网络对抗技术

网络对抗技术主要包括网络进攻技术和网络防御技术。

1. **网络进攻技术**

网络进攻技术的作战目的不是简单的对计算机网络的进攻，而是扰乱敌人的信息、信息处理过程、信息系统和计算机网络。主要有三个层次，信息攻击的目标分为感知层（认识或心理）、信息结构层（信息采集、存储、传输和处理）和物理层（计算机与计算机网络、电信基础设施等）。网络进攻技术包括软件攻击和外部信息攻击等。其中，软件攻击包括计算机网络窃密、计算机网络欺骗、计算机网络虚拟攻击、计算机网络远程控制攻击、计算机网络病毒攻击、计算机网络服务攻击以及计算机网络破袭，等等。外部信息攻击主要包括电磁脉冲武器、高功率微波武器等从外部攻击信息系统。

2. **网络防御技术与装备**

网络防御技术是军事力量整个防护体系的一部分，担负着指挥控制系统、传感器系统、武器系统、情报侦察系统、决策系统、国防信息基础设施等方面的信息和信息系统的防护，其作战目的是使己方信息的完整、可用、保密、可靠和顺畅流通，确保获取制信息权。网络防御技术主要包括对信息环境的保护技术和对攻击的检测、响应与恢复技术。

（三）临近空间信息对抗关键技术

临近空间平台搭载的各类有效载荷，都需要对接收到的各类信息进行变频、解调、译码等信号处理，恢复出原码信号后，可选择变频、重调制、重编码等方式进行信号处理，再转发或进行进一步的信息融合等处理。因此对接收和转发信号的有效载荷提出了较高的抗干扰能力要求。对有效载荷抗干扰能力主要有两方面的要求：一是在干扰条件下有效载荷能正常工作；二是若在干扰条件下不能正常工作，有效载荷应具有不损坏的能力。为提高有效载荷的抗干扰性能，重点对以下几个关键技术及其在临近空间平台的应用进行研究。

1. **直接序列扩频技术**

直接序列扩频技术是目前应用非常广泛的一种抗干扰技术，专发射端采用具有较高速率的伪码序列对数据信号进行调制，使信号带宽大大展宽。接收端采用时域相关技术，将有用信号进行相关接收，噪声和干扰信号因不具有相关性，可通过相关处理后从噪声中提取出有用信号。扩频系统本身具有较高的抗单频、频带和噪声干扰的能力，同时因传输信号频谱被展宽，功率谱密度较低，系统的抗截获能力大大提高。

2. 时域自适应滤波和智能自动增益控制技术

时域自适应滤波和智能自动增益控制技术均主要解决的是带内窄带干扰问题，需保证有效载荷在多个带内窄带干扰的情况下正常工作，该技术适用于采用直接序列扩频技术的信号。智能自动增益控制技术工作的基本原理是利用弱信号（扩频信号）与包络慢变化的强干扰在幅值上的差异，通过对强干扰包络进行检测和提取，用来自适应地控制截止限幅放大器的截止门限，使干扰大部分落在截止区，弱信号落在线性放大区，从而有效的改善输出信号与干扰的功率比，提高系统抗干扰能力。

时域自适应滤波技术采用横向滤波器结构，基于有用信号带内功率平坦，干扰信号为窄带信号，只占据部分信号带宽。利用窄带干扰在不同时刻采样具有相关性的特点，估算出干扰信号的中心频率和带宽，对干扰信号实行复制，实现干扰信号的对消。

3. 空域自适应滤波技术

宽带强干扰会造成有用信号的幅度跳动和失真，影响有效载荷对有用信号的捕获和跟踪。空域自适应滤波技术主要解决在宽带强干扰的情况下，有效载荷对弱有效信号的正常接收问题。其基本工作原理是采用自适应调零天线，通过时域或频域的数字信号处理技术控制天线的方向图，使其感受到干扰的方向，并迅速形成零区，以此削弱干扰影响，提高信噪比。自适应调零天线主要由阵列天线、射频通道、高速ADC及信号处理模块等组成，通过对方向图的精确控制，实现对干扰的抑制。

四、武器弹药技术

随着临近空间平台载荷能力和性能的提高，发挥临近空间平台居高临下的火力打击作用十分必要。高空投放或发射的有动力和无动力制导弹药均可作为开发临近空间平台挂载武器系统的参考，如B-2和F-22携带的GBU-37卫星制导弹药（重2134kg）、GBU-31联合直接攻击弹药（重908kg）、GBU-32联合直接攻击弹药（重454kg）、GBU-38联合直接攻击弹药（重227kg）等。除此之外，美军还在研发一些新型精确制导弹药，从临近空间平台的特性来看，这些新型精确制导弹药都可用于相应平台的武器挂载，实现不同作战任务下的硬杀伤。

（一）小直径炸弹

小直径炸弹（Small Diameter Bomb，SDB）是一种重量不超过113.5kg的制导滑翔导弹，代号GBU-39。SDB是一种微型联合直接攻击弹药，采用GPS和惯性导航系统整合组件制导（重18kg）。SDB与联合直接攻击弹药有90%的共通性，即采用GPS卫星制导套件和可折叠弹翼。目前正在研制的SDB有两种，一种重113.5kg，另一种重90kg。第一种SDB在高空投射后，直接射程可达80～97km，如中间进行机动飞行射程为647km，其导引圆概率偏差小于3m。第二种SDB预计导引圆概率偏差为6～7m，带滑翔翼，其作战距离可达148km。美空军还设想发展加装激光雷达或雷达导引头的SDB，用于攻击运动目标。

（二）低成本自主攻击系统

低成本自主攻击系统是一种融小型无人驾驶飞行器和灵巧炸弹于一体的武器系统，正由美国洛克希德·马丁导弹和火力公司研发和试验。低成本自主攻击系统通过传感器在空中自由飞行,可区分出敌我方坦克、行进中的车辆和移动指挥所。低成本自主攻击系统的价格仅为 3.3 万美元,美国空军的"广域搜索自动攻击小型弹药(AWASM)"和"动力低成本自主攻击系统"就是低成本自主攻击系统的具体项目。AWASM 重 38.6kg,长 31in(0.79m),预定使用自动分辨软件配合激光/红外雷达搜索特定目标,具有 10min 的巡逻与搜索时间,具有 185km 或 93km 的射程。AWASM 尺寸很小,因而具有良好的隐身能力,可称为世界上最小的巡航导弹。"动力低成本自主攻击系统"长 0.762m,翼展 1m,重 27.2~45.4kg,装有小型的涡喷发动机,采用 GPS 导航,可在 9144m 或更高的高空发射,并能在 230m 低空飞行。该系统主要以 370km/h 巡航,可加速到 555km/h,续航能力 15~30min,射程 185km。美空军于 2003 年开始,在"捕食者"无人攻击机上挂"动力低成本自主攻击系统"进行先期概念演示,由于"动力低成本自主攻击系统"十分小巧,每架"捕食者"B 无人攻击机可挂载 8 枚,与原先可挂载 2 枚的 AGM-144"海尔法"空地导弹相比,两者重量基本相同,而"动力低成本自主攻击系统"长度比"海尔法"空地导弹短一半,射程增加了 23 倍。"动力低成本自主攻击系统"如果作为高超音速巡航导弹的子弹药以提高对机动目标的打击能力,美军计划下一步将这种武器安装在 X-45 和 X-47 等无人战斗机上。

（三）高超音速防区外武器

研究高超音速防区外武器的目的一是尽快打击时间敏感目标,二是以高速度打击加固及深埋地下的目标,三是提高导弹的突防能力。美空军高超音速防区外武器概念是一种是空射、纵深打击武器,能够投送子弹药和单一弹头。导弹采用高空（9144~12192m）亚声速发射,飞行 1852km,然后投下子弹药（如 AWASM 或 SDB）或直接进行攻击。导弹发射后经火箭助推加速至 $4Ma$ 以上,助推器脱离,超声速燃烧冲压式发动机将导弹速度在 30480m 以上高空加速到 $8Ma$,导弹采用 GPS+惯性制导,预计飞行时间在 5~10min。高超声速防区外武器提供了一种对高价值目标和紧急目标的快速反应能力,可在 30min 内从最远距离到达目标。

第四节 通 信 技 术

临近空间通信技术主要包括临近空间平台之间,临近空间平台与陆基、海基、空基和天基各平台之间的信息交互技术。高速、大容量、可靠的通信技术,是确保临近空间平台融入作战体系,与现有作战平台共同构成无缝连接的整体,真正实现"系统对系统""体系对体系"对抗的关键。

一、激光通信技术

临近空间平台通信技术主要包括微波通信和激光通信两大类,其中微波通信技术相对成熟且应用极为广泛,但是随着航天装备应用的逐步深入,目前航天频率资源已经显得越来越紧张,且经常性出现频率干扰问题。解决这一问题的技术途径之一是采用激光通信技术。

（一）典型激光通信系统

典型的激光通信终端由信号光源、天线、ATP 系统、调制信号及检测等单元组成。

图 4.5 为其典型的系统框图。

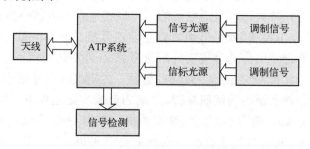

图 4.5　典型激光通信系统框图

其中，捕获、跟踪、瞄准（Acquisition，Tracking and Pointing，ATP）技术是激光通信的首要技术问题。

捕获（Acquisition），为望远镜及准直系统收集到的光学信号，经分色镜与分光镜到达焦平面阵列探测器上，接收信号在 FPA 上汇聚为光斑，捕获系统可通过直接检测其强度来进行捕获判断。

跟踪（Acking），考虑到系统扰动等的影响，必须采取补偿措施对其进行抑制，综合处理补偿系统的补偿信号与对准过程的误差信号，得到控制回路的控制信号，以其动态调整发射用反射镜的角度，进而形成闭环回路实现信号的跟踪。对准过程可看作是跟踪过程的开环实现。

对准（Pointing），发射激光信号时，在望远镜前端通过分光镜采集部分信号光到 FPA 上，通过计算发射光斑与接收光斑位置的差异可得出误差信号，再传递给控制回路以控制发射用反射镜，以达到控制光束对准的目的。复合轴 ATP 控制就是用低带宽的粗瞄控制系统进行大范围跟踪，用高带宽的精瞄控制系统粗跟踪误差进行补偿。其中，精瞄是控制的关键。

其中，粗瞄控制系统的视场大，频带较窄，跟踪精度差，但动态范围宽，可完成目标的捕获与粗跟踪。精瞄控制系统的视场小、频带宽、响应快和跟踪精度高，能在粗瞄的基础上完成精跟踪。

随着我国各个相关研究单位对激光通信的深入研究和突破，关键器件的自主研发，完全有可能开发和研制出具有自主产权的激光通信载荷。在这个方面，中科院西安光机所一直在对 ATP 技术进行研究，并取得了一定的成果。例如，西安光机所设计开发的反射镜复合轴 ATP 的原理简图如图 4.6 所示。其中天线系统由外反射镜、主反射镜、次反射镜、耦合平面镜、CCD 成像透镜、粗跟 CCD 探测器等主要部件组成。精瞄子系统由外反射镜、主反射镜、次反射镜、耦合平面镜、精瞄振镜、CCD 成像透镜、精瞄 CCD 探测器等主要部件组成。

（二）自由空间光通信技术

在以信息化为主导的现代的空、天、地一体化战争体系中，天基、空基、地基和临近空间平台是个信息和武器的有机体，相互协同、密不可分。各个平台之间的通信，是形成整体作战能力的重要基础和保障。现今，主要采用微波通信作为平台间的无线通信手段，而光通信凭借其高码率、大容量、高可靠、不易干扰等特性备受各方关注。其作为有效、高可靠的通信手段不仅可以作为微波通信的有效补充和应急方案，而且随着技术的完善，有可能替代微波通信成为主要的无线通信手段。

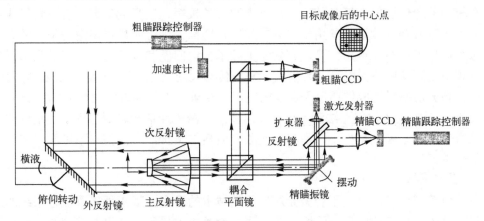

图 4.6　反射镜复合轴 ATP 的原理简图

自由空间光通信（Free Space Optical，FSO），又称无线光通信，是指以激光光束作为信息载体，在真空或大气中传递信息的通信技术。自由空间光通信与其他无线通信手段相比，具有保密性好、抗电磁干扰、传输容量大、速率高、组网快捷灵活、无需申请许可等优点，现今主要应用领域为轨道间通信、卫星间通信、深层空间任务等，特别适用于军事需要的天基空基间的保密通信、无线基站数据回传、应急通信等一系列领域。

随着电子对抗尤其是通信对抗技术的发展，自由空间光通信技术也受到了各国军方的高度重视。FSO 技术不仅可以独立作为通信手段，而且可以作为常用通信手段的有效补充，来实现应急通信。

目前自由空间光通信已经从理论研究进入应用研究的试验阶段。例如，欧洲航天局 2001 年 7 月发射成功的 ARTEMIS 同步轨道卫星与 1998 年发射的 SPOT-4LEO 之间成功地进行了光通信试验的半导体激光卫星间链路试验（SILEX）计划。日本航天局（NASDA）研发的（Laser Utilizing Communication Equipment，LUCE）系统，也通过搭载 OICETS（OpticalInter-orbit Communication Engineering Test Satellite，OICETS）卫星发射升空，与载有 SILEX 系统的 ARTEMIS 同步轨道卫星进行了光通信试验，并验证了 ATP 等技术的可靠性。

临近空间飞行平台光通信的实现是各个系统集成和发展的结果。不仅需要对飞行器本身的负重、结构、姿态控制、能量等进行修改和完善，同时需要对自由空间光通信载荷在临近空间的特殊环境下的应用进行适应性改进，还需要自由空间光通信载荷和平台上的其他载荷系统的有效融合，另外需要对地基或空基、天基的自由空间光通信接收和发射设备进行安装与优化等。在这些条件下，才可能很好的实现临近空间飞行平台与其他平台之间的光通信。

（三）空-地激光通信技术

空-地激光通信是指以激光为载波，以大气和自由空间为传输媒质，在地球同步轨道（GEO）、低地球轨道（LEO），以及国际空间站、临近空间平台等空间平台与光通信地面站之间进行的信息传输和交换。临近空间平台激光通信是一项崭新的临近空间平台通信体制。

1. 空-地激光通信系统的特点

激光通信系统能满足大容量通信链路的需求，通信容量比微波通信高 2~5 个数量级，在相同的通信性能指标条件下，由于光波波长极短，激光通信数据链收发天线系统的尺寸小、重量轻。如果将其用于临近空间平台通信，则可明显提高空间平台的有效载荷。激光通信工作波长更短，可以有效避免频率拥堵问题和设备相互之间的频率干扰问题，且频率资源使用不受限制；目前空地数据传输采用 X 频段，带宽 1GHz。随着分布式星座、高分辨率对地成像遥感平台等的应用，要求空地传输链路的数据率大于 1Gb/s，而目前的 X 频段数传体制无法满足这一使用要求。激光通信相较更为安全，临近空间平台激光通信由于波束散角很小，不容易被敌方侦察与干扰，目前基本不可能对空间激光通信信号进行侦收。

2. 发展现状

美、日等国已完成空间平台激光通信单元技术的研究，现正处于整机与系统的临近空间平台试验搭载和应用开发阶段，在地面，为解决"最后一公里"链接的短距离固定点之间激光通信已经有了较成熟的产品。在卫星、临近空间平台、飞机激光通信技术领域领先的国家是美国、欧洲和日本（表 4.2）。

美国开展空间激光通信时间最早，技术上也最为成熟，目前已经处于工程应用和全面的空间平台试验阶段。美国代表性的系统有：LCDS 系统、光通信演示系统 OCD、空对地演示系统，LITE（星间激光通信演示系统）和 STRV-2 试验的空间激光通信设备（共两台）。主要研究目标是 GEO 和 LEO 之间以及卫星平台通过高空飞机和地面之间的激光通信。

表 4.2 国外典型空间光通信系统参数

研制国家	名称	应用范围	工作波长	通信码率/通信距离	系统体积/重量/功耗
美国	OCD	空-地	0.86μm	几百(Mb/s)~(1Gb/s)/几百 km	几十 kg
	STRV-2	LEO-地	0.8μm	1(Gb/s)/2000km	14.3kg
日本	LCE	高轨-地	上行：0.51μm；下行：0.8μm	1.024(Mb/s)/37800km	22.4kg/90W
	LCDE	ISS-地	1.55μm	上行 1.2(Gb/s)/几百 km；下行 2.5(Gb/s)/几百 km	90kg/115W
欧洲	SILEX	LEO-GEO	0.847μm	50(Mb/s)/45000km	—

日本于 20 世纪 80 年代中期开始空间激光通信研究工作，代表性的系统是 CRL 研制的激光通信设备（Laser Communication Equipment，LCE）系统。LCE 试验设备装在 ETS-Ⅵ卫星平台上，1995 年 6 月与美国大气观测卫星成功地进行了 8min 的双向激光通信，7月还实现了临近空间平台与地面站之间的双向光通信，实验中建立了 1.024Mb/s 双向链路。2000 年研制出用于国际空间站-地的双向超高速光通信端机（LCDE）。

3. 空-地光通信系统的关键技术

空-地光通信技术是覆盖多种领域的综合技术，归纳起来主要包括以下几个方面的关键技术。

（1）大功率、高码率发射技术。

在空-地光通信系统中，星上可采用半导体激光器或半导体泵浦的 YAG 固体激光器作为信号光和信标光光源,其工作波长为 0.8～1.5μm。信标光源(采用单管或多个管芯阵列组合,以加大输出功率)要求能提供在几瓦量级的连续光或脉冲光,以便在大视场、高背景光干扰下,快速、精确地捕获和跟踪目标,通常信标光的调制频率为几十赫兹至几千赫兹或几千赫兹至几十千赫兹,以克服背景光的干扰。信号光源也要选择输出功率为几百毫瓦至几瓦的激光器,并要求输出光束质量好,工作频率高。地面终端还可以考虑采用波长为 10.6μm 的 CO_2 激光器。其体积和重量都较大,但输出功率高、光束质量好,还可采用外差接收技术,能够极大地提高接收灵敏度。

(2) 高灵敏度、强抗干扰性的微弱光信号接收技术。

空-地光通信系统中,由于大气随机信道对激光传输的干扰,光接收端机接收到的信号是十分微弱的,往往导致接收端信噪比远小于 1。为快速、精确地捕获目标和接收信号,通常采取两方面地措施:首先是提高接收端机的灵敏度,达到拍瓦级;其次是对所接收信号进行处理,在光信道上采用光窄带滤波器(干涉滤光片或原子滤光器等),以抑制背景杂散光的干扰,在电信道上则采用微弱信号检测与处理技术。

(3) 精密、可靠、高增益的收、发光学天线。

为完成系统的双向互逆跟踪,空间光通信系统均采用收、发合一光学天线,隔离度近 100%的精密光机组件(又称万向支架)。由于半导体激光器光束质量一般较差,要求天线增益要高。另外,为适应空间系统,天线(包括主副镜,合束、分束滤光片等光学元件)总体结构要紧凑、轻巧、稳定可靠。国际上现有系统的空间平台上系统天线口径一般为几厘米至 25cm。

(4) 快速、精确的捕获、跟踪和瞄准技术。

这是保证实现空间远距离光通信的核心技术。而对于空-地激光通信系统,由于大气随机信道会造成光束的漂移、展宽和光斑的闪烁,对系统正常工作极为不利。因此,要求系统能够对抗湍流大气对激光传输造成的影响。通常系统由以下两部分组成:一是捕获(粗跟踪)系统。它是在较大视场范围内捕获目标,捕获范围可达±10°～±20°或更大。通常采用阵列 CCD 来实现,并与带通光滤波器、信号实时处理的伺服执行机构完成粗跟踪即目标的捕获。粗跟踪的视场角为几毫弧度,灵敏度约为 10pW,跟踪精度为几十毫弧度。二是跟踪、瞄准(精跟踪)系统。该系统的功能是在完成了目标捕获后,对目标进行瞄准和实时跟踪。通常采用四象限红外探测器 QD 或 Q-APD 高灵敏度位置传感器来实现,并配以相应的电子学伺服控制系统。精跟踪要求视场角为几百毫弧度,跟踪精度为几毫弧度,跟踪灵敏度大约为几拍瓦。

(5) 随机大气信道对激光传输影响的分析及补偿技术。

在空-地激光通信系统的信号传输中,涉及的大气信道是随机的。大气中的气体分子、水雾、雪、气溶胶等离子,其几何尺寸与半导体激光器波长相近甚至更小,这就会引起光的吸收、散射,特别是在强湍流的情况下,光信号将受到严重干扰甚至脱靶。就无线电频率数据链来说,有限的频谱以及机载系统的尺寸、重量及功率最小化的需求,都严重地限制了数据的传输速率。如果采用机载光学数据链或激光通信,其数据传输速率较未来最好的无线电系统要大 2～5 个数量级。但是,激光通信的传输速率已经有 20 年没有变化了,因为它所面临的关键技术挑战是需要有适当的指向、捕获与跟踪技术,以确保激光链的形成和稳定。

（四）影响因素和待解决的问题

在临近空间平台激光通信的实现上，还有很多需要考虑和解决的因素：比如大气湍流和大气折射、散射的影响与恶劣天气会对光的传播进行衰减干扰的问题，目前的解决方案是在接收和发射的两端分别使用自适应光学技术，来实现高灵敏度、抗干扰的性能。

再比如温度的影响。在温度变化较大和频繁的情况下，必须做相应的温控措施，保证机械和光学结构的安装和指向精度，保证通信信息的正确无误。还有太阳、月亮、星等背景光的干扰影响，飞行平台的姿态变化与位置保持等问题，虽然有学者也提出了诸如采用窄带滤光器和缩小接收视场等方案，但都还需要实际平台升空后，进一步的试验验证。

二、数据链技术

数据链是伴随着现代"信息化战争"的兴起，而产生的一种与作战任务和作战过程紧密结合的信息通信系统。未来临近空间作战，数据链必然是其与各平台交换信息的重要手段。与一般的通信系统不同，数据链系统传输的主要信息是实时的、格式化的作战数据，包括各种目标参数及各种指挥引导数据等。从技术角度说，数据链是主要采用无线网络通信技术和应用协议，实现机载、陆基和舰载战术数据系统之间的信息交换，最大限度发挥武器平台作战效能的系统。从广义上说，所有传递数据的通信都可以称为数据链，它基本上是一种通信链路，能够在各个用户间，依据共同的通信协议，使用自动化的无线电设备，传递、交换数据信息。临近空间作战应用涉及的数据链，主要是用于传输战场各类信息的数据链。

（一）数据链基础

数据链最早由美军研制开发，美国国防部对"数据链"下的定义是：战术数据链是用于传输机器可读的战术数字信息的标准通信链路。美国将数据链称为战术数字信息链（Tactical Digital Information Link，TADIL），有时也简称战术数据链，北约国家称其为Link。目前，一些国家和地区军队装备的"标准密码数字链""战术数字情报链""高速计算机数字无线高频/超高频通信战术数据系统""联合战术信息分发系统""多功能信息分配系统"等，都属于"数据链"。

1. 战术数据链

战术数据链应用于战术级作战区域，传输数据、文本及数字话音等，提供平台间准实时的战场态势感知和战术信息分发，支持实时、精确的指挥引导。针对不同的作战需求、不同的作战目的以及不同的技术水平，美国和其他西方国家在不同的历史阶段产生了多种战术数据链。根据战术功能有指挥控制型、态势/情报共享型、综合型三类。

指挥控制型：以常规通信命令下达的战情的报告、请示，勤务通信以及空中战术行动的引导指挥等为主的战术数据链，如 Link-4、Link-4A 和 Link-4C。

态势/情报共享型：以搜集和处理情报、传输战术信息、共享信息资源为主的战术数据链，如 Link-1、Link-2 和 Link-3。

综合型：具有上述两种类型功能的战术数据链，如 Link-11、Link-22、Link-16。

战术数据链可独立应用于各军兵种（陆军数据链、海军数据链、航空数据链等），如 Link-4A、Link-11、Link-22。随着战争理念的变化，在联合作战的军事需求牵引下，出现了支持三军联合作战和盟军协同作战的战术数据链，如 Link-16。

战术数据链的数据以态势信息、平台信息和指挥引导信息为主，信息传输速率较低（kb/s 量级），为窄带数据链。战术数据链多采用半双工的工作方式，工作频段主要有短波、超短波以及 L/S 波段，以视距通信为主。

2. 宽带数据链

宽带数据链用于各种侦察平台（如侦察机、无人机、卫星等）对战场区域的详细侦察、监视，为战场纵深及后续部队的攻击提供支持。

宽带数据链具有明显的高数据传输速率的特点，其速率最高可达 274Mb/s，一般为 10.7Mb/s 左右。宽带数据链多采用全双工的工作方式，工作频段主要有 C、S、X 和 Ku 波段。美军研制的宽带数据链很多，有通用数据链、战术通用数据链和微型/小型无人机数据链等。

通用数据链（Common Data Link，CDL）。CDL 用来链接指挥控制平台与空中平台，主要传输图像和情报信息，适合于"联合星"和"全球鹰"等大型战略装备。

战术通用数据链（Tactical Common Data Link，TCDL）。TCDL 最初主要应用于战术无人机，如"掠夺者"和"前驱"；后来逐渐应用于其他空中侦察平台，如"护栏"RC-12、"铆钉"RC-135、E-8、海军 P-3 飞机、陆军低空机载侦察（ARL）系统、"猎人"无人机、"先锋"无人机和陆军"影子 200"无人机等。

微型/小型无人机数据链。手持发射无人机比战术无人机级别更低，通常配备背负式地面站。以色列 Tadiran Spectra link 公司将"星链"（STAR Link）和战术视频链路Ⅱ（Tactical Video LinkⅡ，TVLⅡ）用于无人机，研制了微型/小型无人机数据链。

微型/小型无人机数据链与 TCDL 性能相似。它将小型、微型无人机所获取的视频信息和遥感数据传输给地面、空中和海上的多个平台。地面设备可与飞行高度 10km 以下的无人机通信，在 S 波段的工作距离为 19~50km，在 C 波段的工作距离为 11~40km。

3. 专用数据链

专用数据链是战术数据链的一类特殊分支，侧重应用于某个特定战术领域，如某个兵种、某型武器或某类平台。美军专用数据链如表 4.3 所列。

表 4.3 美军的专用数据链

名称	应用/功能
E-8 联合监视目标攻击雷达系统（JSTARS）专用监视控制数据链	E-8C 飞机与多个地面站间的监视控制数据链（SCDL）
制导武器系统专用数据链	提供武器引导的数据链，如中远程空空导弹、空对地武器
防空导弹系统专用数据链	地面防空兵使用的数据链
增强型定位报告系统（EPLRS）	陆军数据分发系统的主要组成部分，在军及军以下部队提供数据分发
态势感知数据链（SADL）	通过美国陆军的 EPLRS，将美国空军的近距空中支援飞机与陆军数字化战场整合，为空军飞行员提供陆空协同的战场态势图
协同作战能力（CEC）	美海军宽带高速数据链，具有综合跟踪与识别、捕捉提示与协同作战三大功能，是战术数据链与宽带数据链的融合
自动目标移交系统（ATHS）	直升机用于近距离空中支援等对地任务的数据链

与战术数据链相比，专用数据链的功能和信息交换形式单一且固定。例如，监视控制数据链（SCDL）是 E-8C 侦察机上专用的数据链，用于链接 E-8C 侦察机与机动地面

站，将飞机上的报文和雷达获取的动目标及图像数据发送给地面站使用，并将地面站的服务请求传输到 E-8C 平台，同时对地面站之间的数据进行中继。

随着信息化空战场空中平台、空战模式的发展，数据链系统功能也在悄然变化，出现了新的数据链系统，如支持时敏目标（Time-critical Target，TCT）打击的战术目标指向网络技术（Tactical Targeting Network Technology，TTNT）数据链、支持隐身飞机作战的机间数据链等，进一步丰富了信息化空战场的 OODA 作战闭环。

（二）数据链的构成要素

数据链区别于其他战场使用的通信系统的最重要的因素是数据链具有一套专用的通信设备、专用的组网通信协议和专用格式化消息标准，也称为数据链构成"三要素"。

1. 数据链传输设备

数据链的基本功能是实现网内成员间信息的互联传输与交换。因此，通信技术是数据链系统构建的基础之一。由于作战的需要，数据链对于信息传输具有可靠、实时、准确等特点要求，一般通信传输设备不满足数据链信息交换的要求，所以数据链传输设备是专门设计的，且有相应的信道传输交换标准。数据链传输设备是一个大的概念，大体又可以分为"传输设备""数据终端"和"加密设备"三个部分。

数据链信息的传输主要还是依靠现有各类有线通信和无线通信传输手段。由于作战部队和武器平台（或作战单元）在战场上多以机动作战为主，因此，无线电通信是数据链主要传输手段。传输设备根据所选择的信道、功率、调制解调、编解码、抗干扰、加密算法及天线，产生满足数据链消息传输需求的数据链信号波形。不同数据链有相应的传输设备性能指标和波形标准。

数据终端是链接传输设备和用户间的接口设备。主要负责用户需要传送或接收的情报、指挥控制和作战协同等战术信息与对应数据链系统的消息传输格式间进行转换，满足数据链格式化信息与用户信息之间的传输需求。并针对信道传输可能引起的误码进行检验校正，确保数据链信息可靠传输。如 Link-16 数据链的 JTIDS 终端、MIDS 终端，Link-11 数据链的 AN/USQ-125 数据终端以及 HF/UHF 电台。

数据链系统传输的信息均是与作战紧密关联的战术信息。因此，在数据链系统传输信息的过程中，信息的保密是十分重要的。数据链信息的传输过程加密一般又分为信源加密和信道传输加密两种。数据链加密设备负责完成对发送的数据链信息进行加密，同时也负责对接收到的数据链信息进行解密。

2. 数据链通信协议

通信协议是通信网络组织的重要内容。通过相应的通信协议使网络成员在信道资源有限的情况下，公平获取信道资源，实现网络成员间的"多址通信"。数据链系统的通信协议是保证网络成员在突出保障重点的基础上，公平使用通信信道，以及信息高效传输的重要保证。目前典型的战术数据链系统使用的通信协议主要有"轮询协议""指令/应答协议"和"时分多址协议"等。

轮询协议是指数据链网络中有一个"主节点"，也称为"主站"。由它负责管理信道，网内其他成员均为"从节点"，也称为"从站"。主站以轮询方式依次（或优先）对网内各个从站进行询问或传输数据，从站在接收到主站的询问时，对主站询问做出应答，并同时向主站（或其他从站）传输需要的数据。Link-11 数据链使用的就是典型的轮询协议。

指令/应答协议也称为"点名呼叫"协议。它也是由数据链网络中的一个"主节点"负责管理信道资源。根据需要对网内其他成员进行"点名呼叫",网内其他"从节点"成员在接收到与自己地址相匹配的"呼叫"时,对主节点信息进行应答或接收主节点相关的数据信息。Link-4A数据链使用的就是"指令/应答协议"。

时分多址(TDMA)协议与前面两个协议相比较,其是一个"无主节点"网络,网络信道资源没有专门的主节点进行管理,网络成员间以时分多址的方式进行询问或数据发送。网络所有成员均使用预先分配好给自己的时隙资源,用于发送信息。在其他时隙均可接收网内其他成员发送的与己相关的信息。Link-16数据链就是典型的时分多址协议。

3. 数据链消息标准

消息标准是对数据链传输信息的帧结构、信息类型、信息内容、信息发送/接收规则的详细规定,形成标准格式,以利于计算机生成、解析与处理。消息中的有效载荷是战术消息,是数据链真正需要交互的信息;消息中的冗余载荷,如帧头、校验码、ID号、信息类型码等,是正确传输必不可少的内容。

在数据通信中,"数据"有明确的定义:能被计算机处理的一种信息编码(或消息)形式。数据是预先约定、具有某种含义的一个数字或一个字母(符号)以及它们的组合,如ASCII码。同样,数据链平台产生的战术信息也需要进行明确规定,但它与数据通信中的数据定义方式有很大不同。在计算机网络中,由于有线信道的低误码率和高传输速率(10Mb/s以上),数据的定义通常面向字节。而数据链多为无线传输,无线信道的高误码率和有限带宽(kb/s量级),使数据链采用面向比特的方式规定战术消息格式,以提高信道利用率。

数据链格式化消息都是在设计数据链系统时,依据用户在作战过程中可能需要用到的情报、指令等信息数据内容,用明确的分类、内容、格式和长度固定下来的,用户需要时可以立即提取发送,这些格式化消息在传输过程中也便于打包发送和信息校验,这样可以极大提高数据链系统对信息传输的效率,实现了数据链系统内部"机器与机器"之间的快速有效通信。因此,格式化消息是数据链的典型应用,也是数据链系统的重要组成部分。它是数据链系统区别于其他战场信息通信系统最显著的标志。

由于数据链系统的格式化消息直接关系到链路系统的信息安全,因此,各国战术数据链的消息标准都是保密的。所谓公开的也只是一个梗概,不涉及具体细节。以美军的Link-16数据链消息标准为例,它也仅仅是公开了数据链格式化消息的分类、作用和具体消息的表示内容。但这个格式化消息如何编制(编码)是绝对保密的。

(三)数据链的关键技术

数据链是以数据通信为技术基础,根据作战任务而设计的。数据通信技术是"基础"的或"普适"的技术,而需要应用与临近空间的数据链技术具有"专用"技术的特点,应注意从普适技术中正确选择,并深入研究适合临近空间数据链的专用技术。

数据链的关键技术主要分为信息处理技术、组网技术和信息传输技术,它们与参考模型功能层的关系如图4.7所示。本书主要介绍信息传输技术和组网技术。

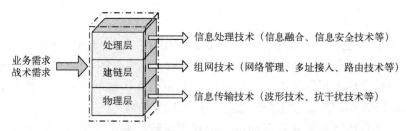

图 4.7 数据链关键技术与参考模型功能层的关系

1. 信息传输技术

（1）波形技术

由于空间信道的开放性和有限性，以及信道环境和干扰方式复杂，会导致数据链通信可靠性的降低，因此数据链信号波形需要采用高效的调制解调技术、信息编码技术和差错控制技术，以降低误码率，达到较好的通信效果。通过选择设计合适的信源编码技术、信道编码技术、调制解调技术和天线技术，形成数据链传播的基础电波信号——波形，实现数据链信号在无线信道中的点对点传播。

数据链采用的信源编码技术有 CVSD、LPC 等话音压缩编码，信道编码技术有 RS 编码、交织等，调制技术有 FSK、MSK 等。数字信号在无线信道传输过程中，由于受到干扰的影响，信号码元波形会变坏，传输到接收端后可能发生错误判决。由乘性干扰（如信道线形畸变等）所引起的码间干扰，通常可以采用均衡的办法来基本消除；而加性干扰的影响，则需要通过其他途径来解决。通常，首先应从合理地选择调制解调方法、加大发送功率、扩展信道频带等方面考虑，使加性干扰的影响尽可能小，使信道误比特率在允许范围之内。当不能满足这一要求时，就需采用差错控制。

从差错控制角度看，按加性干扰所引起的错码分布规律的不同，信道可以分为三类，即随机信道、突发信道和混合信道。在随机信道中，错码的出现是随机的，且错码之间是统计独立的。例如，由高斯白噪声引起的错码就具有这种性质。因此，当信道中加性干扰主要是这种噪声时，就称这种信道为随机信道。在突发信道中，错码是成串集中出现的，也就是说，在一些短促的时间区内会出现大量错码，而在这些短促的时间区间之间却又存在较长的无错码区间，这种成串出现的错码称为突发错码。产生突发错码的主要原因是脉冲干扰和信道中的衰落现象。当信道中的加性干扰主要是脉冲干扰时，便称这种信道为突发信道。把既存在随机错码又存在突发错码的信道，称为混合信道。对于不同类型的信道，应采用不同的差错控制技术。

（2）抗干扰技术

数据链应用的战场电磁环境比民用无线网络更复杂，人为干扰较多，必须选择通信抗干扰技术，以对抗敌方施放的无线电干扰，保证在有干扰的电磁环境下可靠通信。抗干扰技术的应用，使数据链的波形复杂。常用的抗干扰通信技术有两大类，一类是基于扩展频谱的抗干扰通信技术，一类是基于非扩展频谱的抗干扰通信技术。数据链采用的通信抗干扰技术以扩展频谱技术为主，多使用直接序列扩频、跳频和跳时技术。

所谓扩展频谱，就是将传输信息的带宽进行扩展的一种抗干扰通信手段。根据频谱扩展的方式不同，扩谱又可以分为直接序列扩谱、跳频扩谱、跳时扩谱、调频扩谱和混合扩谱等。

基于非扩展频谱的抗干扰通信体制主要是指不通过对信号进行频谱扩展而实现抗干扰的技术方法的总称。目前常用的方法主要有自适应滤波、干扰抵消、自适应频率选择、捷变频、功率自动调整、自适应天线调零、智能天线、信号冗余、分集接收、信号交织和信号猝发等，同样属于抗干扰通信的研究范畴，且近年来该领域的研究逐渐升温，成为抗干扰通信的研究热点。

和基于扩展频谱的抗干扰通信体制相比，基于非扩展频谱的抗干扰方法所涵盖的范围更广，所涉及的知识也更多。通过二者比较不难发现，前者主要是在频率域、时间域以及速度域上来考虑信号的抗干扰问题，而后者除了涉及上述三个领域外，还将在功率域、空间域、变换域以及网络域等方面下功夫。

虽然抗干扰通信的方法很多，但从本质上来讲，所有技术方法的最终目的只有一个，就是提高通信系统接收端的有效信干比，从而保证接收机能够正常地实现对有用信号的正确接收。

2. 组网技术

数据链组网技术指多个数据链平台间协调、无冲突、可靠通信的技术，确保不同平台业务在数据链网络中的按需传输，包括无线网络的多址接入技术、路由技术和网络管理技术。自20世纪70年代美国夏威夷大学推出ALOHA系统之后，不同应用类型的无线通信网络层出不穷。网络的设计和研究多采用分层的体系结构，如OSI和TCP/IP体系结构，不同层有不同的功能，采用不同的通信协议，彼此分工并相互协调，实现整个网络的功能和性能指标要求。

组网技术对数据链网络性能的影响较大。多平台间战术信息交互的信息通信网络组网技术基础，包括数据链路层的多址接入技术、网络层的路由技术以及网络管理技术。数据链采用的多址接入技术有TDMA、轮询技术等。

总的来看，20世纪90年代之前研制应用的数据链，主要侧重于信息传输和处理技术的选择使用，强调数字化通信能力，其网络化通信的能力不强，突出表现就是缺少路由技术。20世纪90年代之后，随着网络中心战理念的提出，新型数据链逐步强化网络化通信能力，开始采用路由技术，网络架构和网络管理也日趋复杂。

（四）数据链的信道选择

信道是通信信号的传输媒质，一般用传输信号的频段来描述信道。数据链使用的无线信道根据频段分为超短波信道、短波信道和卫星信道等。在数据链收发信机中，基带信号被载波调制到不同频段，所以信道带宽表示的是载波的范围。

数据链通信平台的移动速度远高于地面物体的移动速度，通信距离远大于移动蜂窝小区，并且距离地面有一定的飞行高度。因此，数据链通信信道中的电波传播方式、电波传播衰耗以及天线特性等，与地面移动通信信道有较大区别。

1. 超短波信道

超短波通信主要为飞机提供在高速移动条件下的空对空和空对地的信息传输，它在航空交通管制、航空多媒体接入以及军事领域的监视、侦察和联合作战等方面均发挥着重要的作用；超短波是航空数据链的主要通信频段，覆盖Link-4A/Link-11数据链的UHF通信频段（225~400MHz）以及Link-16数据链的L通信频段（960~1215MHz）。

因为航空器的移动速度要比地面终端的移动速度快得多，所以与陆地无线信道相比，航空超短波信道表现出比陆地无线信道更强的多普勒频率扩展，从而具有更快的时变特性。此外，航空超短波信道的最大多径时延通常与飞行器高度成正比，因而其信道比陆地无线信道具有更大的多径时延。以上因素导致航空超短波通信系统的同步、信道估计与均衡等信号处理的难度增加。临近空间低层原则上也可以使用超短波信道，特别是低动态平台。但高动态平台使用超短波信道，面临更大的难度。

2. 短波信道

短波通信主要使用高频频段（3~30MHz，波长为100~10m），因此短波通信又称为高频无线电通信。实际上，为了充分利用近距离地波传播的优点，短波通信还占用了中频段高端的一部分频率，故短波通信实际使用的频率范围为 1.6~30MHz 或者波长范围为 10~200m。

短波通信主要靠电离层反射（天波）来传播，也可以和长波、中波一样靠地波进行短距离传播。短波通信链路主要依靠天波传播来建立。倾斜投射的天波经电离层反射后，可以传播到几千千米外的地面。天波的传播损耗比地波小得多；由电离层反射回的电波本来传播就要远些，尤其是在地面和电离层之间多次反射（多跳传播）之后，可以达到极远的地方。

在远距离短波通信线路的设计中，为了获得比较小的传输衰减，或者为了避免仰角太小，以致现有的短波天线无法满足这一设计要求等原因时，都需要精心选择传播方式。图 4.8 示出了几种可能出现的传播方式。

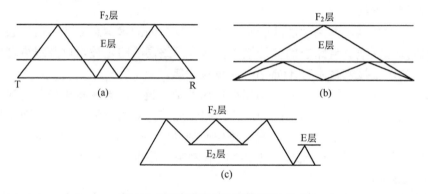

图 4.8 短波线路上可能的传播方式

利用天波传播，短波单次反射的最大地面传输距离可达数千千米，多次反射可达上万千米，甚至实现环球传播。是临近空间数据链的可选信道。但短波传播有所谓寂静区的存在，且信道拥挤，频带窄，限制了传输的速率。现在还没有数据链选择短波信道。

3. 卫星信道

卫星通信作为一种重要的通信方式，在数字技术的迅速发展推动下，也得到了迅速发展。与其他通信技术相比，卫星通信技术有着通信距离远，通信成本不受距离影响、覆盖地域广、通信的灵活性大、传播稳定可靠、通信质量高、组网灵活、应用多样、可用的无线电频率范围大（频带宽）等特点，成为近年来强有力的远程通信手段。卫星通信的波段和主要应用范围如表 4.4 所示。

表 4.4　卫星通信不同波段的应用范围

波段	频率范围/GHz	总带宽/GHz	应用范围
L	1～2	1	移动卫星服务（MSS）
S	2～4	2	MSS、NASA、太空研究
C	4～8	4	固定卫星服务
X	8～12.5	4.5	FSS 军事、地面地球探索和气象卫星
Ku	12.5～18	5.5	FSS 军事、广播卫星服务（BSS）
K	18～26.5	8.5	BSS、FSS
Ka	26.5～40	13.5	FSS

卫星数据链正是采用卫星通信作为通信手段的。目前正在研究或装备使用的战术卫星数据链主要有 3 种，英国皇家海军卫星战术数据链（STDL）、美国海军的卫星战术数据信息链路 J（S-TADILJ）和美国空军的 JTIDS 延伸（JRE）。英国海军采用了 SHF 频段的 TDMA 卫星通信多址方式，而美国海军采用了 UHF 频段的 DAMA 体制。美国有诸多发展军事卫星通信的计划，目前在实验的有宽带填隙系统计划和先进 EHF（AEHF）卫星计划。

卫星数据链采用不同轨道卫星、临近空间中继平台构成双层卫星网络结构，有中低轨道卫星数据链和高低轨道卫星数据链两种。下层是各种通信 LEO 和临近空间中继平台，上层是作为数据中继和控制的 GEO/MEO 星，采用星上处理。LEO 数据发往 GEO/MEO 卫星。GEO/MEO 卫星将各个卫星发来的数据进行交换和路由，再发向若干面控制站。地面控制中心把控制信息发向 GEO/MEO 卫星，再由 GEO/MEO 卫星把需要的信息发向各个 LEO 或临近空间中继平台。

（五）武器数据链

随着数据链技术的快速发展与广泛应用，数据链技术正在实现与武器系统的充分铰链，带动了"人在回路"参与控制的制导武器的发展。"人在回路"参与控制的制导武器在战场景象获取、目标正确识别、毁伤效果评估、打击目标实时装订、打击目标实时变更等方面具有很大的潜力，可以有效解决精确制导武器探测、目标识别等问题，并提高打击的突发性和命中精度。

1. 武器数据链功能

针对临近空间高超声速导弹，要精确打击固定和活动目标，其制导方式就必须由原来的纯惯性制导向惯性制导加指令制导和主动寻的等复合制导方式发展；而进一步提升打击效果、提高突防概率，则需要实时获得导航定位、动态目标指示等信息，并实施中段变轨、末端修正等技术；在这些技术中，"人在回路"中的指令制导具有高度的灵活性和实时性，可以实现实时战场感知、多信息汇集融合、综合判断和高效指挥控制，实现"智能化"打击。

以上功能的实现只有建立在相应数据链系统的基础上才能保证，导弹数据链以侦察数据链和飞行控制数据链为主要发展方向。

侦察数据链需提供弹载侦察信息的回传通道。弹载侦察系统可深入敌方纵深目标附近实施抵近侦察，分辨率高，弹载侦察数据链需要在约 1min 的工作时间内将所获取战场景象、目标信息、上一轮打击毁伤效果等传回后方地面情报处理中心，进行信息融合后得到战场最新态势，为战场指挥员提供决策依据。同时，侦察数据链还要能将导弹本身飞行姿态数据及设备参数回传，为后方地面实现对导弹的操控提供依据。

飞行控制数据链则需实现对高超声速导弹飞行的复合精确制导和超视距控制，实时接收通过中继平台发出的重新确定打击目标命令和数据，掌握其飞行姿态，依据目标变化和战场态势变化信息，实施导航信息远程装订、指令接收、侦察数据与先验信息匹配、中段变轨突防、攻击目标再定位和改变等功能，提高导弹打击精度和命中目标的概率。

高超声速平台的飞行控制数据链是典型的武器平台与信息平台结合范例，加大了指挥系统对武器系统打击过程的干预能力，使战争的协同性更强、更加灵活、优势更加集中。

2. 武器数据链系统组成

根据武器数据链的使命，系统应由武器数据链终端、数据中继平台、数据链地面设备管理中心和地面战术指挥应用中心等四个部分组成，系统的组成结构如图4.9所示。

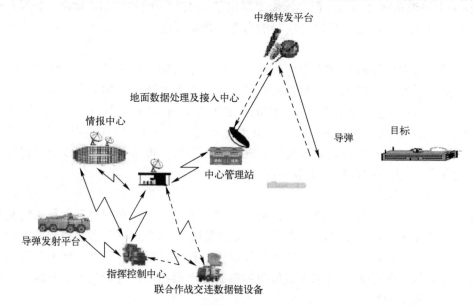

图 4.9 精确制导武器数据链

3. 武器数据链的关键技术

（1）中继技术。

要满足高超声速武器数据传输数据率要求，需要传输信号电平足够强，信号中继技术成为关键技术。可供选择的数据中继转发平台较多，如无人机、高空气球、临近空间平台、卫星等。各种平台各有特点：使用无人机平台，系统链路建立容易，但飞行高度低、覆盖范围小、生存能力差；高空气球、临近空间平台具有飞行高度高、成本低、准备周期短和易于灵活实施和系统链路容易建立的特点，但平台稳定性稍差；以卫星作为中继平台具有很多优势，如生存性好、姿态稳定、轨道参数固定等，但空间路径损耗大，链路建立要求高，各国可利用的在轨卫星资源状况也不相同。精确制导武器数据链能否进入工程实用，链路的建立是关键，中继又成为链路中最重要的因素，国外采用 TDRSS

系统作为中继平台,导弹数据链路双向链路流程:前向链路(地面中心站→卫星→导弹)和反向链路(导弹→卫星→地面中心站),由于导弹空间、功耗等因素的限制,安装在导弹平台上的弹载数据终端的 G/T 值及 EIRP 都不可能太高,星、弹间的链路是整个传输链路的"瓶颈",需要在采用频段、卫星的选择进行详细设计和合理指标分配。

(2)数据链终端技术。

武器数据链终端包括天馈、通信单元、链路控制单元、信息格式化单元、信息加解密单元,将涉及到天线技术、发射/接收技术、信号处理技术、接口技术、设备小型化技术等。天馈作为信号进入/发射门户,直接影响数据链基本性能,如作用距离等,通信单元主要完成通信信道的建立功能,链路控制单元将格式化后的信息加装链路控制信息,完成信息传输的链路控制功能,信息格式化单元主要完成从接收信号中恢复出数据流、从弹载战术计算机获取的数据按照协议进行格式化的功能,信息加解密单元主要负责对接收指令进行解密处理和对需要回传的信息数据进行加密。

(3)链路网络协议技术。

武器数据链虽然可以是相对独立的系统,但必须考虑其作为信息节点接入数据链系统的协同作战模式,数据链系统的网络体系、通信协议应是研究的重要问题,需要对其体系结构、传输规程、定位同步、网络初始化、入网过程、工作模式、交换协议和消息基本格式等内容加以明确,并支持执行任务前的规划、信息的分发与维持、网络运行启动、网络监视、动态网络管理、加密、交互等功能。

(4)链路安全技术。

战争信息化和信息化战争是未来战争不可逆转的趋势,数据链是武器信息化发展的重点,也是打击和对抗的重点,在系统设计时应考虑其攻防技巧。武器数据链路受攻击的几个环节是:数据链弹载终端、中继转发链路、地面数据处理中心站和数据通信网。攻击武器数据链的主要手段有:打击武器平台,飞行器自身的生存能力决定终端的安全性;对数据链弹载终端侦收和欺骗、阻塞式干扰;中继链路的侦收干扰;地面数据通信网入侵和攻击;系统计算机病毒破坏等。针对数据链的攻击手段,在数据链建设中应采取相应措施。

第五节 其他相关技术

除了实现临近空间驻留和穿越所需攻克的平台技术,实现临近空间作战应用的载荷技术,以及链接临近空间与各作战单元的通信技术外,还有一些与临近空间飞行器应用有关的平台发射、自动防撞等其他技术,也对未来临近空间作战有着重要影响。

一、机动发射技术

临近空间飞行器的机动发射技术主要包括:地面发射技术、空中发射技术和快速测试技术。以飞艇为代表的低速临近空间飞行器的发射方式主要采用垂直起降,发射过程相对简单,对场地要求较低。而以高超声速飞行器为代表的高速临近空间飞行器的发射方式有多种,发射方式的合理选择有利于提高战时生存能力和机动性。在突发战争的情况下,已对外公开的或固定的大型军民用发射基地易受到破坏,必须建立发射时间和发射地点灵活、测试发射周期短的机动发射系统。

（一）地面发射技术

空间作战飞行器采取自主起飞和着陆的地面发射方式具有较大的机动性和快速反应能力。其起飞和着陆可采用垂直或水平两种方式。发射方式不同，对空间作战飞行器的气动外形要求也不相同。

对于垂直起飞或垂直着陆的飞行器来说，为尽量减少气动阻力，提高飞行器的质量比，飞行器适合采用成熟的弹道导弹气动外形和无翼结构。但无翼结构影响飞行器起飞着陆范围。

对于水平起飞或水平着陆的飞行器来说，其起飞和着陆过程与一般飞机相似，因而两者气动外形也近似。适合采用机翼/升力体外形结构提供着陆过程中的升力和飞行稳定控制。这种机翼/升力体结构对提高飞行器跨越大气层飞行的机动能力和扩大起飞着陆范围十分有利。

就着陆方式而言，垂直着陆过程中发动机多次启动点火，要求更高的推力量级和精确的推力矢量控制。采用降落伞着陆系统，着陆时有相当大的冲击过载。如果要减小冲击过载，在着陆系统上要增加缓冲装置，但这样做会增加飞行器的质量和复杂性。水平着陆稳定控制相对简单，且具有较好的着陆机动性。水平着陆可以回避垂直着陆的两大缺点，即往往造成飞行器及其有效载荷损伤的着陆冲击过载和令人困扰的不易控制的落点散布。因此，空间作战飞行器适合采用有利于水平着陆的机翼/升力体外形结构。

当前各国考虑采用的空间作战飞行器的发射方式基本上为垂直起飞、水平降落。美国的 X-33 采用升力体飞行器设计，垂直起飞、无动力水平降落。俄罗斯远景规划是最终研制出可垂直起飞水平降落、多次往返太空与地球的单级飞行器，即空间作战飞行器。欧空局经过了大约 1 年的深入研究，根据载荷性能、技术风险和成本三个标准的相对比较，得出采用火箭推进、垂直起飞、水平无动力降落、带翼飞行体的飞行器设计方案。

（二）空中发射技术

由于临近空间位于距地面约 20～100km 的空天过渡区，向该区域发射临近空间飞行器时首先要通过稠密大气层。借助飞机作为载体可有效提高发射的灵活性和机动性，即采用空中机动发射方式。空中机动发射是由飞机或其他飞行器作为运载工具，在空中实施的发射。这种发射方式具有最广阔的机动范围。美国空间作战飞行器的验证机 X-34、X-37、X-38 采用的都是这种机动发射方式。X-34 采用在载机腹下挂飞的方式；X-37 搭乘航天飞机进入轨道，返回地面时采用自带动力；X-38 由 B-52 载机携带升空，然后投放进行自由飞行。

例如，美国约翰·霍普金斯大学的高空侦察飞行器（HARV）方案，就是将一个类似于气球形状的飞行器及其他传感器装载在飞机或不带战斗部的导弹上，用飞机或导弹将其运送到高空后释放。HARV 将自行充气并启动它的推进系统和传感器，然后自行进入工作区域。太阳能充电电池能够为其昼夜工作提供能量。这一将气球形状的飞行器在空中充气释放的发射方案，能够解决飞行器从地面飞入高空可能会遇到的一些难题，如强风或旋涡对飞行器的破坏等。

临近空间飞行器的空中发射方式也可借鉴火箭的空中发射。安装组合形式有背驮式、肚装式、下挂式、拖拉式等 4 种。背驮式是将飞行器固定在载机的背部，发射时依靠升力使其与载机分离。肚装式是将飞行器置于载机的机舱内，发射时将机舱打开，将飞行器推出，实现与载机的分离。下挂式是将飞行器挂在载机的机翼或机腹下，发射时启动载机上的连接分离机构，实施对飞行器的投放。拖拉式是利用绳索将飞行器拖挂在载机后方，随载机起飞，发射时断开绳索连接，使飞行器自主飞行。这4种方式各有其优缺点：背驮式和下挂式中，飞行器吊挂在载机的外部，对载机的气动特性影响较大；肚装式不存在对载机气动特性的影响问题，但受机舱容积的限制，飞行器的尺寸不能太大；拖拉式对稳定飞行器的姿态比较困难。

（三）快速测试技术

完善的测试技术是飞行器实现快速机动发射的重要保障。当前测试周期是影响发射周期的主要因素之一。飞行器发射前一般要经历较复杂的测试过程，测试项目多，测试周期长。地面测试设备功能单一、通用性差、自动化程度较低。这些问题直接制约了飞行器的快速机动发射。

随着科学技术的发展，标准化和模块化的系列测试产品的出现以及计算机技术的进步，使得外部测试技术日趋成熟，外部测试已由早期的手动测试发展到了高水平的自动化测试。但外部测试设备不能总是伴随这些系统和设备一起工作并进行实时监测，因而，当外部测试不能满足实时监控与诊断需求时，就需要被测系统本身具有一定的测试能力，这就需要引入机内测试。为实现外部测试与机内测试的有效结合，必须首先把机内测试及其设备设计到被测对象中去；其次，为了进行外部测试，被测对象要能够方便地与外部测试设备连接，以提供充分的状态信息，这就需要对被测对象进行测试性设计。被测对象如果没有良好的测试性，就会给故障诊断造成很大困难，结果不但会使被测对象没有自诊断能力，还会使外部测试设备无法应用。

对于临近空间飞行器而言，就是需要对其进行合理有效的测试性设计，就是说，在临近空间飞行器的生产设计中周密考虑，使飞行器具有便于测试的特性。临近空间飞行器测试性设计的内容主要包括：对飞行器功能和结构的合理划分、测试可控性和可观测性、初始化、元器件选用以及与测试设备兼容性等。首先需要把复杂的飞行器系统合理地划分为较简单的、可单独测试的单元装置，可使得功能测试和故障隔离都容易进行，也可以减少相关的费用。进行风险/需求分析，选取快速可靠的故障诊断方法。其次考虑测试的可控性和可观测性，进行测试点设计。测试点设计应优先从易发生故障、可靠性低和重要度高的单元中选取测试点。测试性设计还无法脱离大量可靠性数据和故障样本。因而要重视从可靠性设计资料中获得数据支持，如各种可能发生的故障模式及其影响、危害性和相对发生频率等。以可靠性分析为基础进行测试设计，将有限的测试资源优先用于测试可靠性低的、故障危害大的部件或故障模式，进一步提高快速测试的效率。

二、自动防撞技术

随着对临近空间不断开发和利用，可以想见，在该区域执行任务的飞行器会越来越多，且高空长航时无人机、高超声速飞行器等均为无人驾驶飞行器，因此，自动防撞是临近空间飞行器的应用过程中必须考虑的技术问题，是解决飞行器之间安全飞行的重要手段之一。

自动防撞技术在临近空间飞行器中应用的主要功能是：向空间中的飞行器发出询问

或应答信号；测量飞行器间的时间、距离、方位等状态参数；产生告警和避让指令信息，并传送到地面控制中心；自动控制飞行器进行避让飞行；避让成功后，控制飞行器按原定航线飞行。

临近空间飞行器自动防撞技术的主要技术要求是：监视范围为前方距离100km；上、下距离为±500m；监视区域内20个以内飞行器的动向和可能接近的危险；反应时间为10～20s，在此时间内自动采取避让措施；工作方式为广播、询问、回答。

涉及的主要关键技术有以下几个方面：

（一）飞行器自动防撞的总体技术

飞行器的防撞是一个系统的过程，需要飞行器间的密切配合来实现，而自动防撞则更是一个复杂而高度智能化的系统。临近空间飞行器自动防撞技术的总体需要对以下几方面的内容开展研究：一是系统工作频段的选择研究；二是系统信息传输格式及内容的研究；三是系统工作方式的研究；四是无人平台与有人平台间的防撞技术研究等。

（二）自动避让技术

目前在飞机上采用的避让方法主要是通过交通咨询（告警）和分析咨询（告警）两个过程来不断发出告警信息给飞行机组，由机组来最后确定采取何种避让措施。然而，在临近空间飞行器上，这种方法受到很大的限制，因此，对临近空间飞行器中的自动避让技术的研究包括以下三个方面：一是满足临近空间飞行器对威胁目标告警范围的设定；二是不同飞行速度的临近空间飞行器的自动避让算法；三是自动避让措施与临近空间飞行器平台操作控制的交联等。

（三）设备小型化技术

现有的机载空中防撞系统（Traffic Collision Avoidance System，TCAS）设备，无论设备的体积、重量，还是设备的使用方式都难以适应临近空间飞行器的要求，需要研究一种能适应临近空间飞行器平台的小型化、智能化的自动防撞设备。

（四）天线技术

为了满足临近空间飞行器平台的要求，原有的TCAS系统的询问天线和应答天线均不能满足临近空间飞行器平台的安装及使用要求。由于临近空间飞行器本身的体积非常小，它对设备以及设备的天线设计都有严格的要求，故临近空间飞行器上的自动防撞系统的天线需要根据装载平台的特点以及使用方式进行重新设计。

第五章 临近空间军事应用需求

军事应用需求分析,本质上反映的是在国家安全战略基础上,对未来可能应对的威胁和所采用作战对抗行动过程的设想,以及过程中完成特定任务要求所需的作战能力和装备力量体系。临近空间军事应用,是国家安全战略指导下,面向国家空天安全威胁的军事斗争准备和慑敌域外、御敌入侵的重要军事手段,既要立足"不战而屈人之兵"的战略威慑,也要兼顾"能打仗、打胜仗"的建军要求,还要能够完成具体作战样式下的作战任务。临近空间军事应用需求分析,要从国家面临的战略威胁出发,考虑临近空间开发利用的现实基础,在国家整体安全战略指导下,确定临近空间的战略定位,设计临近空间参与的典型作战样式和具体作战任务,并提出明确的能力需求,为装备体系和力量体系建设提供牵引。

第一节 临近空间战略需求

一、国家安全战略环境

当前,国家安全形势面临深刻而复杂的变化,诚如习近平总书记在十九大报告中指出,世界正处在大发展、大变革、大调整时期,和平和发展的大势不可逆转,但是不稳定、不确定性问题突出。"一超多强"的国际格局正在向多元化发展,战略核心地带冲突加剧,海洋领土争端、中印边界问题等周边安全隐患持续存在。国内安全面临意识形态、恐怖袭击、群体性事件、自然灾害等非传统威胁,局势总体可控,但压力呈上升态势。

(一)国际格局加速演变,我国安全环境更趋复杂

当今世界,求和平、谋发展、促合作已经成为不可阻挡的时代潮流,国际形势继续保持总体和平、缓和、稳定的基本态势。国际体系进入加速演变和深度调整时期,面临前所未有的大变局。世界新军事革命进入全面深化和拓展的阶段,海上和陆上面临的安全威胁以及新型安全领域面临的挑战增多,维护国家综合安全任务艰巨。国际战略格局向多极化演进,新兴大国、区域集团和亚洲等地区力量群体性崛起,各种国际力量加快分化组合,大国关系进入全方位角力新阶段,围绕建立国际政治经济新秩序的博弈竞争不断加剧,霸权主义、强权政治和新干涉主义有所上升,海洋、太空、临近空间、网电空间等全球公域成为国际战略竞争新的制高点,有关国家和地区因地缘、宗教、民族、资源等矛盾引发局部冲突的风险增大,地区动荡频繁发生,小战不断、冲突不止、危机频发将成为常态。随着我国综合国力不断增强,国家利益不断向海外扩展和延伸,地区动荡、恐怖主义、海盗活动等将对我国安全产生重大影响,海外能源资源和战略通道安全以及海外人员和资产安全等海外利益安全问题日益凸显,我国安全和发展的国际环境更加复杂。

（二）亚太局势深刻调整，周边安全环境隐患重重

随着美国"亚太再平衡"战略实施和推进，亚太地区的国际战略地位进一步上升，大国博弈与地区固有矛盾相互叠加，影响地区形势的不确定、不稳定性因素增多，亚太格局正经历冷战以来最深刻的调整。美国为维护其霸权地位，加速将战略重心向亚太转移，视我为主要战略对手和防范对象，不断强化亚太军事同盟，加强前沿军事部署，推出主要针对我国的"空海一体战"作战构想，加紧对我国实施战略围堵和遏制。日本右倾化情绪上升，加速扩军强兵，增加防卫预算，提出"动态防卫"战略，强化西南方向的军事部署，以海洋问题为抓手，联和美对我牵制防范，推进与美军事一体化。越南、菲律宾等南海主权声索国受自身利益驱使和美国怂恿支持，相继制定实施扩张性海洋战略，极力拉进域外国家联合与我抗衡，在南海岛屿主权和海洋权益问题上频频挑起事端，我经略南海、维护岛屿主权和海洋权益面临更为复杂的严峻挑战。朝鲜半岛长期分裂、重兵对峙，是冷战时期大国博弈的产物，也是东北亚安全的"火药桶"。印度积极谋求地区霸权，对我维护领土主权和边界安全构成的威胁不容忽视。周边这些国家对我的疑虑和戒心，以及其联美遏华、倚美抗华倾向加剧，使我周边热点敏感问题持续升温，引发冲突甚至局部战争的危险增大，我国周边安全环境面临前所未有的挑战。

（三）国内安全总体可控，非传统安全威胁压力增大

随着我国的快速崛起，国内外敌对势力加紧对我推行西化、分化战略，利用我国内矛盾制造动乱、破坏社会稳定、传播谣言，大肆宣扬西方政治主张和价值观念，企图为唱衰中国的舆论造势。但我国综合国力的不断增强和我党增强文化自信的软实力的提升，都给这些意识形态领域的斗争以强有力的还击。恐怖势力、分裂势力和宗教极端势力活动日趋活跃，与境外敌对势力内外勾连，加紧进行各种渗透、破坏、颠覆活动，暴力化倾向进一步加剧。但我国坚持和实施"积极防范、坚决打击"的反恐战略，使国家牢牢掌握了反恐斗争的主动权。值得注意的是，近年来自然灾害、环境污染、疾病传播、网络空间安全等非传统安全威胁上升，对我国应急安全响应手段、应急响应制度和信息基础设施建设等提出了新的要求和挑战，海外资产和公民安全等非传统安全问题也对维护国民安全提出了新的要求，需要国家建设一支专业力量并设置相应的组织机制，应对非传统安全威胁。

二、国家面临的空天威胁

我国是世界上举足轻重的大国，任何国家和对手都不敢轻易从地面对我发动军事入侵，我国面临的主要威胁来自海上方向，制海权的获得依靠制空天权的支援，空天威胁成为我国外部安全面临的主要威胁，换而言之：主战场在海上，制胜在空天。21世纪是空天的世纪，空天强则国安，空天弱则国危，争夺空天优势已成为大国军事战略乃至国家战略的新主题，是军事斗争准备领域的制高点。

（一）美国深化太空战略，将我国列为首要战略竞争对象

2019年2月19日，美国总统特朗普签发4号太空政策令《建立美国天军》，明确最初将在空军内部建立美国天军，成为美国第六大军种，未来时机成熟后，根据需要再在国防部成立独立的天军部，并要求美国国防部为此制定立法提案。美国这一举动，一反冷战后国际社会和平利用太空的约定，正式将太空定义为战场，太空军事化已成事实，空天安全再次升级，成为威胁世界和平和地区安全形势的重要因素。美国成立天军的背后，是特朗普《国家安全战略》和《国防战略》的落实，是用军事优势维护美国在全球领导地位，应对充满竞争的世界局势的美国国家安全战略在太空能力上的措施。值得注意的是，增强太空能力是美国国家安全战略的核心内容，这源于美国现有的通信网络、金融网络、军事系统、情报系统、天气监测、导航等领域都严重依赖于太空资产和太空能力。但其在国家安全战略中将国家间的战略竞争定位为美国国家安全的首要问题，并将与我国和俄罗斯的长期战略竞争列为国防部的首要优先事项，就不得不让我们提高警惕。诚如美国所言，面对竞争对手，越早形成能力的一方，越能占据战略主动地位。美国将太空和导弹防御确定为国家安全和国防的重点，2020财年在太空领域和高超声速武器上追加90亿美元的投资，空军追加20亿美元的投资，显示出的慑战空天的企图和决心，都是我国国家安全不能忽视的重要战略威胁。

（二）周边国家谋求空中优势，加剧对我的军事威胁

在中华民族发展崛起、走向强国之路的过程中，周边一些国家对我国的疑虑增加，领土、领海主权与海洋权益之争，将进入一个新的矛盾凸显期和冲突易发期。东海方向空中斗争形势长期复杂，日本以"洋上防空"为核心，加速推进空中力量信息化、远程化建设，谋求在钓鱼岛问题和防空识别区管控行动中占据主动。南海周边一些国家大力发展空军，强化争议地区力量部署，积极谋求空中力量快速发展。印度积极向战略空军转型，投巨资引进先进武器装备，下大力提高空中进攻和战略投送能力，对我的局部空中优势正向纵深战略威慑转化。东北亚局势走向很不稳定，一旦朝鲜半岛发生重大事变，将直接影响我东北地区安全稳定。首都方向不能排除由于某些因素的诱发，遭敌有限规模的信息化空袭。从发展趋势看，周边对手将通过空中活动，挤压控制我海洋领土权益空间，向我示强挑衅，并加紧推进对我的作战准备，我维护周边空中态势稳定的压力增大。同时，美国以干预台海冲突为背景提出"空海一体战"构想，实施亚太"再平衡"战略，强化亚太地区前沿海空力量存在，采取濒海推、陆上拖、远海堵等遏制动作，在我周边加紧进行空中力量植入，形成空中战略围堵态势，压制摧毁我战略打击和防空体系，海空封锁我远海战略通道等，对我国安全和实现国家统一构成直接威胁。未来不论哪个战略方向有事，美军都将凭借优势海空力量，对我进行空中战略牵制。

（三）新技术向空天植入，对我空天安全提出新的挑战

美、俄等世界大国和我国周边军事强国积极谋求空天军事优势，而这种优势和空天技术、信息技术等新兴技术领域的突破发展是分不开的。以隐身技术、高超声速技术和空天防御技术的发展为代表的空天对抗关键技术的突破，使得隐身飞机、临近空间飞行器、入轨型空天飞行器的武器化进程明显加快。以智能化自主技术、信息网络技术和定向能武器技术为代表的新兴技术与传统空天领域技术的融合发展，使得空天对抗样式发生了新的变化，以无人机潜入和网络电磁空间攻击的为主要手段的空中进攻，将使得军事对抗更加隐蔽，难以觉察；以激光、高能微波等定向能武器和电磁炮等动能武器为主要打击方式的新概念武器的使用，将带来战场毁伤模式的变化，"发现即打击"的快速毁伤链，将使得军事对抗更加困难。新技术对传统武器的赋能，也使得威胁迫在眉睫。美军加紧构建的"全球快速打击系统"获得成功后，将会再度引起空天作战样式的革命性演变。日本自主研发下一代"心神"隐形战机，将拥有"云射击""超强隐形"以及定向

能武器等先进技术。印度明确提出航空航天一体化作战问题,"烈火"系列弹道导弹技术日臻成熟,侦察卫星体系基本建成,并计划建立自己的卫星导航系统。随着空天网一体化力量的建设,我主要作战对手可以从空中、外空、临近空间和网电等作战空间,综合运用常规、电磁和网络等攻击武器对我实施"硬摧毁"和"软杀伤",我传统的以航空力量为主的空中力量结构难以应对全新的空天安全威胁。

三、现实基础和差距分析

(一)现实基础

我国作为航空航天技术大国,在20世纪就注意到临近空间,并开始了探索性的科学技术开发,无论在高速平台还是低速平台的研发试验上,都处于世界领先水平,在发展临近空间装备方面,具有巨大的技术优势。

1. 起步较早,已有可用平台

我国在临近空间开发方面起步较早,尤其重视以临近空间飞行器为平台的基础研发,并取得了一系列的成果。1998年,国家高技术研究发展计划就将临近空间涉及的信息技术、新材料技术、动力技术等纳入其中。"十五"期间,军队组织开展了对高空飞艇的研究,并于2006年制定了包含临近空间无人机和临近空间飞艇的无人机发展规划。目前,我国在临近空间领域已经取得了许多突破性进展,包括2015年底验证超燃冲压动力技术的"凌云"临近空间飞行器首次试射;以及前文提到的"旅行者""圆梦号"飞艇的试飞成功。特别是"圆梦号"飞艇,该飞艇具有持续、可控和重复利用等特点,升空后可停留在距地面20km左右的平流层,驻留时间可达半年之久。这意味着我国在临近空间实现了低速平台的持续、可控飞行,并能完成回收,为后续发展奠定了有力的基础。"圆梦号"的技术涉及材料、动力、控制、太阳能利用等多个方面,技术创新的程度非常高。同时"圆梦号"搭载了通信中继、态势感知、空间成像等多种信息传输设备,在功能上可以替代卫星实现气象预报、天气预警和大地观测等,节约成本的同时提高了效益。我国的彩虹T系列太阳能无人飞行器首飞成功,也被美国媒体认为是中国找到了击沉航空母舰的新法子。由于20km高空无云,从理论上讲,临近空间太阳能无人机的飞行时间也许是无期限的。再加上它能利用飞行上限高的特点维持与大约100km²的陆地和水面的视距接触,如此广阔的地域覆盖都使其成为出色的数据/通信中继、侦察监视、移动通信、导航通信节点支撑或视频广播服务等任务应用的平台。甚至是在抢险救灾、灾害预警、反恐维稳等方面也大有用途。

2. 前景可观,载荷技术高速发展

有效载荷是临近空间装备发挥作用的物质基础和依仗,以信息技术为代表的临近空间载荷技术发展迅猛,但我国无疑是其中高速跃进的典型代表,特别是高速通信、高分传感器、智能融合等信息技术发展,更是给各类功能的临近空间飞行器发展装上了"中国心"。"魂芯一号"高性能通用数字信号处理器等多个产品,达到国际先进水平,就是很好的代表。信息技术已成为支撑临近空间载荷技术的基石,同时,信息技术在民用和军用领域的广泛应用使信息的潜能和战略资源的作用得以发挥,推动传统产业不断升级和作战方式的改变,也为临近空间的军民融合发展提供了可以效仿的发展途径。随着人民群众对信息的需求快速增长,信息产业也得到了快速发展,信息产品和信息服务日趋多样，都给临近空间的应用奠定了坚实的基础。在过去的10年中，我国信息设备制造业和服务业的增长率是相应的国民生产总值增长率的三倍多，成为带动经济增长的关键产业和军队信息化最重要的基础条件。从上海市科委发布的《上海空间信息领域发展（2018—2035）白皮书》看，国家对在空间信息领域综合应用已经有了规划。这也为临近空间载荷的信息化，特别是信息载荷的发展，提供了基础条件。

3. 基础坚实，具备产业支撑能力

由于临近空间平台还在试验验证阶段，并不涉及任何产业生产，但可以肯定的是，一旦形成可用的临近空间飞行器方案，相关产业的支撑能力就成为制约临近空间能力生成的"瓶颈"。我国是航天大国，航空航天工业经过60余年的发展，体系已经十分完善，积累了大量的技术和实践经验。除国防科工企业之外，民营企业也已经形成了一定规模，为临近空间产业打下了坚实的物质基础。航空航天制造业能力应用于临近空间是完全可行的。目前在技术发展上，我国在重飞行器机体的关键制造方面，如机翼整体壁板喷丸成形、装配连接、大型整体构件制造、钣金件制造等；在发动机关键制造方面，如特种加工、先进焊接等；在航天制造业方面，数控技术、高速加工技术、复合加工技术、采用先进制造模式等都有了较强的基础，为临近空间未来的应用提供了很好的基础。从民营发展看，自主创新高性能新材料新工艺在航空航天领域的应用，也同样为临近空间飞行器的实用奠定了坚实的基础。如2015年才成立的零壹空间公司，研究的OS-X、OS-M火箭，提供了临近空间飞行器的动力支持。从临近空间的发展看，环境的影响是制约临近空间飞行器应用的关键制约因素，对飞行器的材料要求很高，如质量轻、吸声、耐热、抗压、耐腐蚀、耐酸碱等材料，这些材料中在很大程度上，民营企业的生产研发占了很大比例，他们能够及时跟踪国外技术的发展，引进和借鉴能力强，同样为临近空间快速开发利用助力了有力一臂。

（二）差距分析

从我国临近空间开发利用整体情况看，影响临近空间装备发展的外在因素很多，这些因素而且还常常处在变化之中，包括国际政治、经济、军事等，但也包含很多内在因素，同样制约着临近空间的进一步发展。

1. 需求不明确

虽然我国较早意识到了临近空间的价值，也做了相关的技术储备和开发工作，但对临近空间开发利用的具体需求和定位却不明确，这一方面是由于临近空间的各类平台发展还处在研究论证阶段，尚未有可用的平台，另一方面，却也暴露了我国一直跟随式发展的弊端。相比之下，美国早就对临近空间的发展进行了定位，针对其空间信息支援能力需求不断加大的情况，提出了运用临近空间提供战术级信息支援效能，从而实现对太空系统时效性差和响应能力不足的弥补的需求定位。经过多年的研究探索，现在已经确定了空间信息支援、全球快速打击等建设目标，并确定了超高空无人机、高超声速飞行器、高空飞艇等装备研究重点。我国临近空间开发利用，也应立足新新时代国家安全需求和短板，从临近空间可能运用的领域和我国相应的能力短板出发，制定我国在临近空间的发展目标和建设重点，牵引临近空间的发展。

2. 思路不清晰

需求解决"为什么发展"的问题，思路解决"怎么发展"的问题。虽在已经有很多

研究机构在攻关临近空间关键技术，但从总体上看，我国在总体布局、发展道路、资源配置等方面尚未形成统一明晰的发展思路，缺少一个总体的规划与设计。在临近空间开发利用的重点领域和关键项目上，鲜有国家层面的明确规划，目前主要是军队、研究机构和地方工业部门自主联姻、寻求合作的方式，短、平、快项目居多，需要长期投入，短期内难以看到效益的关键项目，往往缺乏足够的关注与投入。协调上，在涉及临近空间的军队武器装备发展规划计划、国防科技工业能力建设规划计划和国家科技规划计划中，缺乏互通互补的统筹协调，特别是在一些重大战略工程的决策程序和政策协调上，还缺少总体考虑。包括军民融合等发展路径问题，在中长期发展规划制定中，国防与经济的协调共建缺乏战略性及长远考虑。在地方发展计划上，国防建设与经济社会建设同步设计、同步运筹、同步落实、同步推进，二者互为一体、相得益彰的融合格局尚未形成。

3. 标准不统一

一方面，临近空间自成体系的分散开发，特别是平台开发涉及到的基础设施建设，没有统筹考虑各类飞行器的使用需求，缺乏有预见的标准制定。临近空间采用的各类控制和交互系统之间，也没有统一的系统互联标准，信息接口要求不规范，基础数据不尽一致。另一个方面，长久以来的跟随式发展，导致临近空间很多相关领域都山门林立，各自为政，缺少统一的开发标准，主要都是以拿来主义为我所用。军用标准和民用标准更是长期处于分化的状态，本来民用标准和性能规范在军用标准化文件中的比例就低，后进入的中小民企获取相应的军用标准的渠道、信息比较滞后，加之繁复的审批程序，在一定程度上也阻碍了标准统一的推进速度。再者，缺乏统一标准的法规依据。从美国情况看，美国国防部制定新的《国防科学技术战略》，在军民标准兼容方面是有据可依的，我国就缺乏这方面的战略。另外，还有安全保密问题，临近空间装备体系建设，事关国家安全的大局，必然涉及到军工企业、民营企业和地方科研院所等各类单位，标准的不统一，会影响装备的互联、互通、互操作，在很大程度上制约了体系能力的生成。

四、临近空间战略定位

临近空间作战应用，首先取决于临近空间在国家整体战略布局中的定位。把临近空间作战应用提升到战略层面，除了临近空间本身重要的战略地位和价值，还是航空航天技术发展到现阶段的必然选择，也是应对当下安全威胁的现实策略。临近空间战略需求，既是维护国家安全对临近空间的需求，也是临近空间自身持续发展的需求，必须从临近空间在维护国家安全和促进国家发展中可能发挥的作用出发，从我国临近空间开发利用的现实基础出发，综合考虑我国战略安全环境和现实威胁，争取和保持我们在临近空间疆域的优势地位，应对不断增长的空天军事对抗和战略竞争挑战。

（一）战略使命定位

临近空间战略使命是临近空间在国家战略全局中存在价值的哲学定位，是临近空间在维护国家安全中担负责任和存在理由的准确描述，是临近空间作战应用的顶层制导和临近空间装备力量建设的目标牵引。临近空间战略使命应致力于应对空天安全威胁、塑造有利于我们的战略安全环境，加强临近空间基础建设的同时，维护和加强那些从临近空间活动和临近空间能力中衍生出来的国家安全利益，为依赖临近空间进行的军事行动、应急处突以及其他相关活动的能力获取途径提供保障。具体的说，要履行三个使命：

1. 维护临近空间中的平安、稳定和安全

纵然空天安全面临重大威胁，我们依然要努力维护一个平安的临近空间环境，所有临近空间行为主体在其中能以最小事故风险、最小解体风险和最小受打击风险进行临近空间作业。我们要努力维护一个稳定的临近空间环境，各个国家在其中都能承担起自己的责任，在临近空间疆域按照国际惯例行事，恪守行为规范。我们要努力维护一个安全的临近空间环境，各个国家都能在其中无需行使自卫权，就能享有进出临近空间的通道，享有临近空间作业的利益。

2. 增强临近空间给国家带来的战略上的空天安全优势

我们要保障国家安全使用和进出临近空间的通道，要在和平、危机和冲突中都能有可利用的临近空间能力。我们要满足广大的人民、军事人员和应急处突人员使用临近空间的需求，增强临近空间事业的基础支撑能力，包括可利用的平台，搭载的有效载荷和各类临近空间系统，还包括临近空间环境监测和科学研究水平，其中包含临近空间工业基础水平、临近空间技术发展和创新能力，以及相关的临近空间专业技术人员水平。

3. 促进支撑国家安全的临近空间可持续发展

拥有一个繁荣的、灵活的、健康的、弹性的、可持续发展的临近空间事业基础，是支撑所有临近空间活动的保证。这包括能够将各类平台送入临近空间，并通过有效载荷为其赋能的系统开发研制人员，能够熟练使用临近空间平台系统，使其完成多样化任务的操作人员，能够将临近空间各类设计实现的工业基础，能够持续创新的研究体制和管理机制，以及能够促进和激励持续发展的政策。

（二）战略运用设想

临近空间临空接天，是空天安全的重要屏障和争夺领域，一旦有可用的临近空间飞行器或武器，临近空间必将在空天制权中扮演重要的角色。因此，临近空间的开发利用，应着眼国家安全和发展战略全局，坚持把预防危机、遏制战争、打赢战争统一起来，确立"空天防卫、区域控制"的战略运用指导，打造一个能融入空天、提升空天控制能力的临近空间力量体系，维护我国空天安全与发展利益。

1. 积极造势，在预防危机、遏制战争中发挥空天威慑作用

积极运筹和平时期临近空间力量运用，前推战略防御纵深，扩大战略活动空间，在我国周边、国家利益攸关区布设临近空间平台，实施更加积极的战略影响，营造有利的空天态势，主动防控危机，有效慑止对手。调整攻防力量布势，利用临近空间信息支援力量加强战略预置，利用临近空间高超声速武器提高快速反应、远域到达、常核远程精打能力，形成对对手的空天压力；积极营造固陆强海的临空态势，组织临近空间力量参与沿海常态化战备警戒巡逻和远程远海演训活动，对挑衅及时做出有效反应，显示空天力量存在；扩大防空识别区，针对危机事态发展，实施海空管制或警示性打击，显示我运用临近空间力量的决心和能力；有选择地公布武器试验，显示临近空间发展实力。

2. 全程使用，在军事对抗、打赢战争中发挥"杀手锏"作用

在军事对抗和武装冲突中，与现有军事力量联合使用，以灵活快速的攻势行动，争夺空天网综合制权，以临制海、以临制天、以临制地，打赢主要来自海上方向的信息化局部战争，有效制衡强敌，制胜周边。无论是进攻还是防御，都要立足在战争中首先使

用、随时能用、全程使用，甚至独立使用。利用临近空间信息支援力量为联合作战提供侦察预警和战场监视信息；利用临近空间信息对抗力量为联合作战提供战场电子侦察、电子干扰和电子反干扰能力；利用临近空间火力打击力量对敌重要目标实施高速精确打击。灵活运用多元力量在空天网领域实施体系对抗，全力争夺并保持以制空天权、制信息权为主的空天战场优势，对敌实施体系毁瘫和非对称打击，赢得战略主动。

3. 勇于担当，在遂行多样化任务中促进国际空天安全合作

发挥临近空间侦察监视、信息支援保障、紧急战略运输、远程快速响应等优势，为海洋执法维权行动提供必要的临空支援，为海上开发作业和战略通道提供信息支援和安全保护；为反恐维稳、抢险救灾提供应急通信和快速应急救援；为海外撤离公民提供远程战略运输。积极参加国际维和、国际反恐、国际救援等行动，履行国际责任和义务，维护国家国际地位和大国形象的同时，深化同各国的交流与合作，加强战略磋商，在国家外交大局下，积极推动建立临近空间领域公平有效的共同安全机制和军事互信机制，争取对我国有利的空天安全环境，在推动世界空天领域安全合作中发挥积极作用。

国家安全面临的战略困境和军事威胁是临近空间战略规划的动因和归属，面向空天威胁的临近空间运用设想为临近空间战略规划提供指向和参考。基于国家战略环境分析的临近空间战略规划，要运用总体国家安全观体系化的系统思维和科学统筹的方法论，改进用静态的单一要素构成描述战略目标的旧有模式，采用基于不同视角、面向不同维度、追求能力导向的过程化设计理念进行规划的体系模式。具体来说，首先要从国家发展建设的全局和安全威胁出发，明确临近空间在国家战略全局中的角色定位和使命任务；其次应站在临近空间自身发展建设的角度，设定能够支撑其履行使命的具体目标和实现过程；最后，要对临近空间发展达到目标后所展现出来的能力进行谋划和描述，给出不同的场景和任务下，履行使命所必须达成的具体行为标准的明确蓝图，从而形成由使命牵引、目标支撑和能力实现组成的，相互印证、互为补充、可评价的闭环体系。

（三）战略能力需求

能力是主体在一定场景下完成目标或任务时所体现出的综合素质。战略能力最早是与战略打击、战略武器等联在一起使用，用于描述国家执行军事战略的能力。近年来，随着战略外延的拓展，战略能力也不再局限于军事领域，社会经济、企业管理等也开始使用这一表述，在国家层面上，也向更为多元、立体的发展层次拓展，不但描述国家实力的强弱、资源的多少、经济潜力如何等，也反应国家对其资源和实力的运用，是更加全面、系统的描述国家在某一领域的能力。临近空间战略能力是临近空间在具体背景下履行战略使命、完成战略目标的综合呈现，是国家在一定时期开发利用临近空间所达到的战略效果和最终结果。总体国家安全观视角下的临近空间战略能力规划是立足于国家临近空间发展现状，基于对未来一段时间技术可实现的科学预测，对临近空间力量在维护国家安全过程中，执行既定战略、实现战略目标应具备的能力设想。是在战争和非战争状态下，应对空天威胁、赢得空天战争和营造有利的临近空间安全战略态势的能力，从面对威胁和应对方式的角度，应包括态势塑造能力、危机应对处理能力和战局掌控能力。

1. 和平时期的态势塑造能力

和平是人心所向，却不是大势所趋。实践充分证明，国家安全不但要维护，更要塑

造。总体国家安全观倡导构建人类命运共同体，从而以促进国家安全为依托，实现自身安全和共同安全相统一，为国际和平提供了一个中国方案。然而任何话语都需要实力的支撑，要维护我国和国际社会的和平，就需要主动塑造国内外安全环境的实力支撑。一是统筹临近空间安全实力要素，奠定能力基础。科学统筹临近空间开发利用所涉及的经济、军事、科技、政治、外交等实力，着重发挥科技实力的先导性纽带作用、经济实力的支撑性作用和军事实力的强制性作用，为塑造临近空间安全态势奠定基础。二是建立健全临近空间实力转化机制，适时展现实力。把握好国家临近空间实力转化为临近空间战略能力的机构、制度和运作流程的有效协作，能够使得潜在的静态实力，在实现维护国家安全时的快速彰显和转化，要能通过武器试验、联合演习等方式展现实力。三是履行维护国际安全职能，在对外交往中构建新型合作关系。利用临近空间安全力量体系，积极参与国际事务，开展对外合作，加大国际维和救援力度，不断拓展临近空间力量运用的范围，加大在改善周边安全、打击恐怖主义、应对自然灾害等地区性国际问题中的参与力度，深化临近空间在情报获取、技术创新、应急通信、快速投送、数据中继等领域的应用与合作，为国际社会提供更多的公共安全产品，主导地区安全向好发展。

2. 危机时期的应对管理能力

危机时期是国家安全面临挑战，国内安全遭遇重大灾难，或战争一触即发的不稳定时期。这种条件下的国家安全走向，完全取决于国家应对危机的能力。因此，临近空间的战略能力在这种时候主要表现为以下三个方面：一是快速到达的危机响应能力。无论是国内恐怖主义武装暴乱等社会性危机，还是地震、洪水等自然灾害引发的地区危机，可利用临近空间平台快速升空、快速抵达、快速部署、远程投送等优势，积极探明情况、架设区域通信网、快速掌握态势，获得民众支持和认同，引导事态发展的舆论导向，稳定局势，化危为机。二是主动作为的战略博弈能力。在半岛局势、南海危机、周边动荡的亚太地区，积极谋取主动地位，利用临近空间实力的迅速提升，为我探明周边形势、遏制地区冲突、维护亚洲核心地位提供震慑，为我扩大战略回旋空间、加深国际互动和争取更长的经济成长期提供掩护和支撑。三是应对网络攻击的快速重构能力。"没有网络安全，就没有国家安全"网络安全因其隐蔽性，已经成为危害国家安全、导致危机的重要攻击形式。以临近空间通信中继平台为依托的快速地区网络重构和区域互联网 WiFi 接入，能够实现对区域瘫痪网络的快速接替和恢复，从而对抗因网络攻击而产生的危机。

3. 战争时期的局势掌控能力

"我们渴望和平，但我们从不惧怕战争。"临近空间想要能在和平时期维护国家安全利益，就要能在战争中占有绝对优势。着眼达成战略威慑、区域控制和国家临空防卫能力，战略能力以主权空间为基准，向高、向远交互拓展，形成多级、立体能力边界。以陆、海、空边界以及临近空间为能力边界，确保在领陆、领海、领空有效遂行较大规模空天攻防战役，实现主权空间绝对控制。一是压制周边、制衡强敌的区域控制能力。在西太平洋和北印度洋地区建立制衡美国、压制其他对手的力量优势。对台湾、日本、韩国、印度保持临近空间平台数量优势，形成空天制胜优势，在攻防中均具有制胜手段，有较大把握夺取全面战场优势。对美国保持数量和部分领域质量均势，个别领域保持质量优势，在空天攻防中均具有制衡手段，有较大把握保持总体均势，实现战术级"确保毁伤"。二是应对"两场战役"的支援打击能力。通过临近空间太阳能飞机、临近空间侦察监视飞艇、超高声速武器等,满足支援性行动、威慑性行动、中小规模对抗、大规模对抗等军事行动的信息支援需求和高速打击需求,能力最高强度达到同时参加两个方向较大规模联合战役的标准,确保在打赢主要方向局部战争的同时,能够应对其他方向可能发生的连锁反应。三是覆盖军事行动全谱系的综合制胜能力。包括覆盖国家领土和重要战略利益攸关区域的持续侦察监视能力;覆盖第二岛链和周边国家战略纵深的快速进攻作战能力;抗击敌空天打击的临近空间防御能力;覆盖国家领土和重要战略利益攸关区域的远程战略快速投送能力;稳定高效的指挥控制能力和支撑高强度持续作战的综合保障能力。

第二节 临近空间作战任务与行动

未来临近空间作战是在空天一体联合作战的大背景下进行的,从临近空间潜在优势、平台特点和战略定位看,临近空间作战力量可参与信息作战、火力打击作战和后勤运输等作战行动,完成战略威慑、战略侦察、火力打击、战区监控等基本任务,并通过与其他参战力量的协同,充分发挥临近空间优势,连接、融合多元作战力量,提升体系作战能力。

一、临近空间作战基本任务

临近空间作战基本任务是指临近空间作战力量为达成作战企图和预定作战目标所需担负的任务。从临近空间环境特点和军事应用潜力看,临近空间作战力量可能担负的基本任务包括战略威慑、战略侦察、火力打击、电子袭扰、战区监控、阻止太空进入、心理战等。

(一)战略威慑

战略威慑是指国家或国家联盟运用临近空间作战力量,通过威胁或有限使用来遏制对方的一种军事行动。高动态飞行器可装载常规精确制导武器、核武器和新概念武器,能在短时间内对敌方重要目标实施各类打击,其作战威力和造成的心理震慑力远大于常规战略轰炸机,而且难以防御;在国家周边空域部署大型临近空间浮空器,可执行战略监控、导弹预警、导弹防御等任务,其部署高度将超过现役战斗机和防空武器的有效射程,作战半径可覆盖国家周边地区,且不受国际法关于领空的限制,此类浮空器的部署将大大提高国家的战略威慑能力。

(二)战略侦察

战略侦察主要是指利用临近空间侦察平台,对敌重要目标位置、军队部署情况和重要军事行动进行侦察。目前具备该能力的主要是高空无人机,但在作战高度、航程、续航时间和任务能力上都远不及正在开发的浮空器侦察系统,大型侦察飞艇作战高度在30km以上、侦察半径可达上千千米,而且可以在目标区域持续工作一年以上,由数个此类浮空器组成的侦察网络即可覆盖几百万平方千米的地域,其侦察效果要高于现役高空侦察机和侦察卫星。

(三)火力打击

临近空间火力打击是指临近空间平台携带精确制导武器和新概念武器实施的火力打

击。临近空间浮空器可以在战区上空持续警戒数月，能够携带导弹和新概念武器对地面、空中和海上的各类目标进行精确打击。美国空军已经进行了浮空器搭载武器系统实施打击的试验。搭载激光武器等新概念武器可有效执行对飞机、弹道导弹的打击，搭载导弹武器系统可有效压制对方空中力量，该类装备一旦投入使用，其打击效果不能小视。

（四）电子袭扰

临近空间电子袭扰是指利用临近空间飞行器的高位优势，搭载各类电子对抗设备对对方实施电子干扰、欺骗、侦控和压制。临近空间电子战平台可与电子战飞机联合实施电子扰袭。搭载电子侦察设备的飞艇可以固定停留在战区上空，进行长时间大范围电子侦察；搭载电子干扰设备的高空气球，可以高强度干扰敌方电子系统；搭载电子欺骗装置的高空无人机，可以造成防空系统的误判。

（五）战区监控

临近空间平台是一种高效、无人、安全的战场监控和信息支持手段。搭载各类监控载荷的大型临近空间平台可提供实时的战区态势情报、数据交换和通信保障。如果在上海东北方向公海和台湾地区上空 20km 高空部署两艘飞艇，即可覆盖包括环渤海、台湾海峡、日本、韩国和关岛附近的广大地区，能够提供半径 1000km 的信息识别区域和 600km 的地面通信中继能力区域。

（六）阻止太空进入

美军航空航天作战条令明确提出，阻止敌方进入太空的能力和确保己方进入太空的能力同样重要。在未来空天领域的军事对抗中，利用临近空间高动态飞行器和低动态浮空器对敌方航天系统实施干扰和打击，阻止和削弱敌方太空进入能力，将成为临近空间的重要作战任务之一。比如，利用浮空器搭载反卫星系统在航天器发射过程中对其进行打击，也可利用浮空器搭载电子干扰设备对天地通信进行干扰和破坏，还可利用高动态飞行器在近地轨道对航天器实施直接火力打击。

（七）心理战

临近空间作战系统不但是一种基于效能的作战系统，同时因其独特的战场空间、尖端的科技水平、特殊的作战能力，也使其成为一种有效的心理战武器。一旦在战区上空部署临近空间武器平台，无论其目的和作用如何，都将对敌方军民构成一种心理威慑。美军在规划临近空间平台的研制中已经将心理战作为作战任务之一进行开发，以期利用浮空器作为对敌电视、广播宣传的舆论战工具，一套类似装置即可覆盖上百万平方千米的地域。

二、临近空间作战基本行动

临近空间作战基本行动，是临近空间作战力量参与的具体作战行动。按照参与作战行动类别，可以划分为信息作战、火力打击作战和后勤运输等。其中，信息作战包括信息利用、信息防御和信息攻击三个主要功能部分，其中信息攻击和信息防御统称信息对抗，涉及电子对抗、网络对抗、心理对抗等，其中网络对抗和心理对抗不是以临近空间为主体的作战，因此本文重点讨论电子对抗行动。故临近空间作战基本行动可以划分为图 5.1 所示的行动。

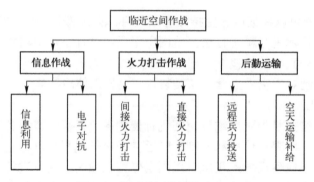

图 5.1 临近空间作战基本行动

（一）信息作战

信息作战包括信息感知、信息传递、电子干扰，是临近空间信息类装备力量作战应用的主要领域。按照作战目的，临近空间信息作战可分为信息利用作战和电子对抗作战，主要方法是与太空、空中、地（海）面的信息作战力量共同组成一个全维一体的信息对抗作战体系，按照各自的作战优势合理分配作战任务，相互配合、取长补短。

1. **信息利用**

临近空间信息利用是指利用临近空间信息作战力量实施的战场信息感知和信息传递行动，通常是支援型保障行动，与其他作战力量共同实施，也可单独进行，目的是为联合作战提供信息支撑，基本运用形式包括信息获取作战、信息传递作战和导航定位作战。

（1）信息获取。

临近空间飞行器的飞行速度、高度差别较大，组织信息获取作战的形式也有较大差别。从战术角度看，主要有三种形式。

一是全面持久侦察监视。就是利用飞行高度在 20～30km 的高空飞艇，搭载可见光、红外、激光、雷达等多种信息获取载荷实施的平战一致、常态化的全面侦察监视和预警探测，重点是对远程区域的全面侦察，特别是对远程热点地区移动目标（包括航母战斗群）的连续侦察与跟踪定位，对无人机、巡航导弹等隐身超低空飞行目标的早期预警，是临近空间信息获取作战的主要形式。全面持久侦察监视的目的是获取长时间、大范围的较为全面的战场情报。全面监控和其他重点区域的远程监控，是一种时间上平战持续、空间上无缝衔接、部署上相对稳定的常规侦察监视方式，以平时部署为主，战前根据战场形势及侦察监视需求在部分区域进行加强性部署，战中根据战损情况适时补充。

二是远程区域侦察监视。就是向持久侦察监视没有覆盖的区域，或虽已覆盖但需要加强某类侦察监视能力的热点区域快速部署临近空间侦察监视飞艇、气球或高空长航时无人机，在一定时期内对该区域实施持续侦察监视，填补全面持久侦察监视能力的空白或弥补某一区域某类侦察监视能力的不足。远程区域侦察监视所部署的临近空间侦察监视装备可以是一次性使用的气球，也可以是可回收的飞艇、无人机，可以驻留于 30km 高度，也可以驻留于 20km 甚至 20km 以下高度，可以驻留数小时到数天，也可以驻留更长时间。具体情况根据侦察范围、分辨率要求、敌防空火力强弱等战场实际情况确定。

三是重点目标临时侦察。未来联合作战中，特别是中远程作战中，必然有一些区域在其重要性没有显现之前没有预先部署侦察力量，有一些区域因敌防空火力强等原因难以预先侦察。但随着战场形势的变化，对这些区域某些目标的信息需求变得十分迫切，如该区域内的重要节点和拟打击目标的相关信息、打击效果信息等，必须进行临时侦察。重点目标临时侦察持续时间不长，信息获取目的性、针对性、时效性强，应使用高速临近空间侦察无人机实施。任务时间较长时也可快速部署高低速组合型飞艇、气球或无人机实施。

（2）信息传递。

信息传递应用就是构建战场通信网络，为联合作战的战场信息传递提供通信链路支撑，主要包括三个方面。

一是构建基本临近空间通信网。构建水平方向根据作战需要任意延伸，垂直方向可分别与天基网络、空基网络、海基网络和地面网络等区域性作战网络互联互通的信息传输网络，是临近空间信息传递作战的首要任务。平时，应根据武装力量部署及战备执勤需求构建基本临近空间通信网，一方面满足平时战备值勤需要，另一方面为组建战时通信网打好基础。战时，应根据作战力量活动范围，增加通信网络覆盖面积和安全冗余。

二是快速构建临时中小型通信网。未来联合作战中，随着战局的变化，有时需要在原先没有通信网络覆盖的区域临时建立中小型野战通信网。此时，可以通过快速部署临近空间通信气球、飞艇或低速无人机（由通信网存留时间需求确定），迅速在原先没有通信网络覆盖的区域建立中小型通信网络。

三是提供小范围通信中继服务。当小规模作战力量实施远距离作战时，如中小型编队遂行远程作战任务时，可以使用临近空间通信中继无人机伴飞，提供所需的通信中继服务。

（3）导航定位。

导航定位应用主要是为战场上的导航定位盲区、导航定位信号弱的区域或导航定位信号受敌干扰较为严重的区域的作战人员和武器装备提供导航定位服务，通常有两种实现途径。

一是导航定位信号放大转发。卫星发射的导航定位信号经过两万多千米的传播会产生很大损耗，战场上难免存在导航定位信号弱或敌实施导航定位干扰的区域。导航定位信号放大转发就是在这些区域紧急部署临近空间通信转发飞艇、气球或低速无人机，放大转发导航定位信号，提高该区域导航定位设备的可用性。

二是构建伪卫星导航定位系统。即利用临近空间飞艇构建增强型伪卫星导航定位系统，提高特定区域的导航定位精度。

三是构建独立的临近空间导航定位系统。就是在一些导航定位信号容易被敌干扰的敏感区域或导航定位信号盲区，使用临近空间平台组成导航定位系统，提供导航定位服务。

2. 电子对抗

临近空间电子对抗就是运用临近空间电子对抗力量对敌电子装备实施的电子对抗，通常与参加联合作战的其他作战力量共同实施，可分为临近空间电子对抗侦察和电子干扰。临近空间电子对抗侦察是指利用搭载电子战侦察载荷的临近空间平台实施的以探查敌电子信息装备技术体制、技术参数、部署位置等信息的电子侦察活动，与持久侦察监视相比，主要有三个不同特点。一是侦察目的是掌握敌电子信息装备的技术参数和活动规律，目的上以提供软硬杀伤引导数据为主、提供战场态势情报为辅。二是电子战侦察为无源侦察，不暴露侦察装备的位置信息，可以深入敌纵深区域实施远程侦察，便于预先部署，而持久侦察监视包含有源侦察，暴露风险高。三是电子战侦察对侦察系统的部署位置要求较高，除了便于单机侦察外，还要便于双机定位或三机定位。由于临近空间电子对抗侦察作战半径大，几乎不受地形、防空火力威胁等因素影响，运用方法比较简单。临近空间电子干扰是指运用临近空间电子干扰力量对敌雷达、通信、导航、光电等电子装备实施的电子干扰行动。由于临近空间电子干扰平台性能差异大，联合作战中不同阶段、不同情况对电子干扰的要求也不相同，临近空间电子干扰按战术使用方法可分为区域电子干扰、点目标电子干扰、区域电磁遮断三种形式。

（1）区域电子干扰。

临近空间区域电子干扰是指为了在某一时段夺取某一区域的制电磁权而实施的电子干扰作战，作战目的是尽可能对作战区域内的所有电磁目标实施压制干扰，使受扰一方在一定时段内无法正常工作或作战效能降低。作战方法是临近空间电子对抗飞艇、气球、无人机预先部署到作战区域上空或附近区域首先实施电子对抗侦察，作战行动发起后，综合采取投放无源干扰设备、开启有源干扰设备、反辐射武器攻击等多种方式全面破坏该区域敌信息系统和信息化装备的正常工作，干扰行动结束后迅速撤离或自毁。区域电子干扰也可利用临近空间大功率电子干扰装备作战距离远的特点，采取电磁机动的方法远距离实施。

（2）点目标电子干扰。

临近空间点目标电子干扰是指运用临近空间电子干扰力量对敌少数点状分布的电磁目标实施的干扰压制，干扰目标通常为位于敌纵深的重要电磁目标。如实施远程打击时，需要对位于其航路上的电磁目标实施干扰以掩护空中编队的作战行动。空降作战时，需要对运输机航路和空降区域的电磁目标实施干扰。破击敌信息网络时，需要攻击敌关键网络节点等。点目标电子干扰不需要太多的干扰力量，但需要隐蔽突然地深入敌纵深区域上空实施，主要包括三种基本形式：一是临近空间电子战飞艇、气球预先部署或机动到待干扰目标上空，首先实施电子战侦察，按计划在预定的时间节点对目标实施电子干扰；二是使用临近空间远程电子干扰无人机对预定目标实施干扰，任务结束后迅速飞离；三是在没有预先部署电子对抗飞艇、气球或没有大功率电子干扰装备的情况下，临时使用高速电子干扰无人机远距离机动实施干扰，或使用弹载式升空的临近空间电子干扰气球实施干扰。

（3）区域电磁遮断。

区域电磁遮断是指运用临近空间电子干扰力量，在一定时间内对敌纵深一定区域内的电子设备实施的持续性压制干扰，而且所形成的干扰足够强，以切断该区域与外界的通联。联合作战中，重要战役全面发起后，需要使用某一区域内的大部分电磁攻击力量对该区域实施电磁遮断。实施电磁遮断也是临近空间信息作战的重要形式。区域电磁遮断的组织方法与区域电子干扰相当，不同的是区域电磁阻断要求的干扰的强度更高，从而也要求投入更多的兵力兵器，甚至必要时使用新概念电磁脉冲武器实施高强度电磁攻击，确保区域电磁遮断的效果。

（二）火力打击作战

火力打击作战是在精确引导信息下，对敌方目标的火力摧毁。临近空间作战力量可以独立对目标实施打击，也可作为联合火力打击的一个组成环节，采用提供目标信息、接力制导或武器发射平台等方式，对敌空间、临近空间、空中、地面、海上及海下目标进行打击。遂行打击敌方空中预警机、拦截敌方弹道导弹和攻击航天器等作战任务。

1. **间接火力打击**

间接火力打击是指运用临近空间作战力量对从其他平台（太空、空中、地面、海面）发射的精确制导武器（远程巡航导弹、反辐射导弹、弹道导弹、弹道导弹拦截弹等）实施制导控制，与其共同实施的火力打击作战。间接火力打击的主要特点是利用临近空间装备作战半径大、可以靠前部署的优势，为中远程精确打击武器提供制导数据链路或作为制导数据链路的一部分，从而提高武器发射平台的效率、降低武器发射平台被发现和摧毁的概率、延伸精确制导武器的作战距离，实质上是对火力打击行动的信息支援，属于信息作战范畴，但火力打击的特征更为明显，在此归入火力打击范畴。

由于间接火力打击与武器发射平台位置、性能密切相关，间接火力打击的战术组织方法需要根据战场实践情况确定。但从技术角度看，主要有三种基本方法。一是为精确制导武器提供全程制导服务。如空中平台发射导弹后，即由临近空间作战力量提供全程制导，空中平台可以立即撤出战场，不再参与制导。二是为精确制导武器提供接力式制导服务。如反导拦截弹由地（海）面或空中平台发射并控制其飞行一段时间后，临近空间作战力量接替原先的制导方式对其继续实施远程制导控制，扩展其作战距离，实现在弹道导弹上升段和中段的拦截。三是为精确制导武器提供即时介入式制导服务。如临近空间作战力量对其他制导方式控制的导弹实施即时航向修正，提高精确制导武器的命中精度或改变其打击目标。

2. **直接火力打击**

直接火力打击是指，利用临近空间平台载武器弹药或临近空间高超声速武器对敌地基、空基、临基、天基等目标实施的火力打击。直接火力打击按火力打击实施速度可分为高超声速打击武器打击和其他打击武器火力打击。按战术用途和组织方法，可分为以下几种形式。

（1）交战区域火力打击。

未来联合作战中，对交战区域目标的火力打击通常就是其他作战力量的作战任务，临近空间作战只在联合作战的关键时节配合其他作战力量对交战区域的重要地（海）面目标实施支援性火力打击。由于临近空间飞艇、气球负载能力强，可以携带更多的弹药，交战区域火力打击通常由临近空间火力打击飞艇或气球实施。目前，无人机因为承载能力有限，还不适于执行大规模的火力打击作战。但随着技术的发展，无人机的负载能力可能会大幅提升，紧急情况下亦可使用携带火力打击武器的超声速或亚声速临近空间无人机实施对地（海）或对空火力打击。

（2）中远程火力打击。

中远程火力打击是临近空间火力打击作战的主要任务和主要形式，以打击敌纵深区域的高价值目标为主，可以按三种方式组织实施。一是临近空间火力打击飞艇预先部署或机动到打击目标上空附近区域的有利作战位置，按计划或伺机实施火力打击。由于行动实施后容易暴露，行动后应马上转移。二是使用从本土发射（起飞）的临近空间高超声速巡航导弹和滑翔弹头实施快速到达和快速打击，由于高超声速巡航导弹和滑翔弹头成本可能不低，这种方式应主要用于小规模精确打击。三是使用临近空间轰炸机实施中远程快速打击，通常在需要较大的火力打击强度时使用。

（3）对天基系统的火力打击。

对天基系统的火力打击是指临近空间作战力量对敌卫星实施的火力打击或捕获行动。对天基系统的火力打击可以分两种方法组织实施，一是直接对敌天基系统实施火力摧毁，即运用携带反卫星载荷的临近空间飞行器（飞艇、无人机或空天飞机）发射反卫星导弹直接摧毁敌卫星，减小从地面或空中平台发射反卫星导弹被敌发现拦截的概率。二是运用空天飞行器捕获敌卫星，对其改造后重新部署，为我所用，或捕获后返回地面用于数据截获与研究。

（三）后勤运输

后勤运输作战是指运用临近空间作战力量实施的后勤运输行动。按作战目的和输送手段可分为远程兵力投送和空天运输补给。

1. 远程兵力投送

远程兵力投送是指运用大型临近空间运输飞艇或高动态临近空间飞行器将作战人员、装备、物资远程、快速地输送到作战地域以实现全球快速到达。远程兵力投送时效性、隐蔽性较强，是地面、海上和空中兵力投送的有效补充形式，还可按运输工具类型分为临近空间飞艇兵力投送和高动态飞行器兵力投送。

临近空间飞艇承载能力强（单艇的承载能力可能达到数百吨），飞艇兵力投送主要用于远程投送较大规模的作战部队和较大数量的装备、物资，运输过程中通常应编组临近空间火力打击和侦察预警无人机、小型飞艇等护航，确保兵力投送安全。高动态飞行器承载能力小、机动速度快（马赫数 10 以上），高动态飞行器兵力投送主要用于紧急情况下将重要装备（传感器、干扰设备等）投送到指定区域，或将特战小分队快速投送到任务区域执行重要作战任务，是实现 1h 内全球快速到达的有效手段。组织临近空间高动态飞行器兵力投送行动，应编组一定数量的临近空间侦察、打击力量对高动态飞行器的起飞场站或发射平台实施立体防护，因为高动态飞行器拦截困难，其起飞场站或发射平台可能成为敌重点打击目标。

2. 空天运输补给

空天运输补给是指运用临近空间飞行器将天基装备、物资输送到指定场所的作战行动。按运输对象性质分，空天运输补给还可分为小型卫星发射和空天补给输送。

小型卫星发射是指运用空天飞机将小型卫星运送到指定位置，发射入轨。小型卫星发射是战争状态下紧急、快速部署天基平台的有效方法，通常在作战所需的天基装备效能失常（损坏或被摧毁）、常规地面发射条件不具备或发射后易于被敌拦截等紧急情况下实施。筹划组织小型卫星发射行动，一方面，尽力隐藏作战企图，使用较为隐蔽的后方场站或备用场站作为空天飞行器的起飞场站，减小被敌侦察发现的概率；另一方面，编组一定数量的临近空间侦察、火力打击作战力量警戒防护，防敌拦截、破坏。

空天补给输送就是运用临近空间飞行器将临近空间和太空装备所需物资、器材运送到指定场所。一是运用临近空间运输飞艇或无人机把临近空间和太空装备所需的物资、器材运送到临近空间站;二是运用可往返大气层的临近空间飞行器(空天飞机)从地面或临近空间站把太空装备所需的物资、器材运送到空间站,即实施太空补给。筹划组织空天补给输送行动,可以把临近空间站作为一个中转环节,平时就存储一定数量的临近空间和太空装备所需物资器材,减小战时的任务压力。双方对抗激烈的时段和运送重要物资、器材时,还应编组一定数量的临近空间侦察预警、火力打击飞艇和无人机护航。

三、临近空间作战应用目的

将临近空间作战力量纳入联合作战体系,特别是空天一体作战体系,参与具体的作战行动,完成相应的作战任务,目的是发挥临近空间武器装备特点,弥补现有作战体系的不足,增效整体作战效能,具体体现在以下几个方面。

（一）弥补空天侦察不足,突出远程补盲侦察

受侦察平台部署位置、机动能力及地球曲率等因素限制,陆(海)基侦察无法实现对敌纵深区域的侦察,空基中远程侦察平时受领空主权限制无法实施,战时虽可实施,但一方面会面临敌防空火力威胁,另一方面无法实现持久侦察监视;卫星侦察存在分辨率不高、受轨道限制无法对同一区域长时间侦察监视等弊端。临近空间侦察则不仅能够在交战区域上空实施,而且可以机动到敌纵深区域甚至作战对象所属国领空之上实施。因此,临近空间侦察应重点担负地(海)面侦察、航空侦察和空间侦察无法完成的远程持久侦察(平时和战时)、热点地区应急侦察、防空火力较强的敏感区域侦察监视、防空反导早期预警等任务,以防空反导预警、远程持久侦察和远程重点目标监视为主。

（二）发挥通信组网优势,提供互联互通服务

目前,能够提供远距离通信的无线通信方式只有卫星通信,但卫星轨道及其工作方式固定,战时易受敌方攻击破坏,而且一旦受到攻击破坏或需要扩容,因卫星发射周期长,造成应急响应能力差。临近空间通信应发挥单站覆盖面积大、基本临近空间通信抗干扰能力强、通信距离远等优势,重点担负以下作战任务:一是依据战场扩展情况及时构建小型临近空间应急通信中继系统,快速填补战场通信覆盖空白区,为地面和空中作战力量提供通信支持。二是构建基本临近空间通信网,增加远程通信冗余,弥补卫星通信能力不足或卫星通信遭破坏后出现的空缺。三是根据需要及时把各类地(海)面通信网、地空(空空)通信网和卫星通信网络接入基本临近空间通信网,实现互联互通,如图 5.2 所示。四是发挥部署快捷灵活的优势,应急部署临近空间导航定位信号增强转发系统或伪卫星导航定位系统,提供导航定位服务。

（三）多种手段结合使用,有效实施电子对抗

电子对抗侦察方面,应充分发挥临近空间无源侦察系统可以预先部署到敌重要电磁目标上方最佳位置实施侦察的特点,重点担负中远程持久侦察、纵深区域重点电磁目标监视等其他侦察监视手段难以执行的任务,为电子干扰提供引导数据,为指挥决策提供依据。软杀伤方面,除了常规的交战区域电子干扰外,应充分发挥临近空间中远程电子干扰的优势,重点负责对位于敌纵深的网络节点、指挥控制中心等重要电磁目标的干扰,重要作战时节使用新概念电磁脉冲武器实施电磁遮断式软杀伤。硬杀伤方面,发挥临近空间飞艇承载能力强、可携带反辐射攻击武器、信息装备能够为其他精确打击武器进行中继制导或提供制导信息等优势,重点担负对敌纵深重要电磁目标

实施中远程硬杀伤、为其他作战力量对敌要害电磁目标实施精确打击提供引导数据或中继制导服务等任务。

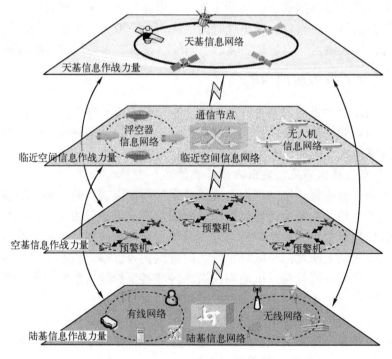

图 5.2 临近空间通信组网示意图

（四）组织快速火力打击，实现远程"点穴""斩首"

问世初期，临近空间军事应用主要以信息作战为主。但随着临近空间武器装备功能的不断扩展和武器装备体系的不断完善，临近空间军事应用将逐步演变为信息火力一体战。未来联合作战中，对于主战场上浅纵深区域的火力打击，临近空间军事应用没有特别优势，只宜在战役紧要关头给予必要支援。临近空间火力打击作战的主要任务应是对支撑敌作战体系的远程要害目标实施"斩首"和"点穴"，包括对作战对象所属国国内的战略目标、网络节点、电力枢纽、指挥中枢等高价值目标实施远程火力打击，即全球快速打击，从根本上动摇敌作战体系的基础。此外，全球快速打击力量有限，必要时使用临近空间大型飞艇向敌纵深区域投送特种作战兵力实施"点穴"或"斩首"行动，也是临近空间军事应用的任务之一。

第三节　临近空间作战能力需求

临近空间作战应用，是在临近空间平台成熟发展的基础上，通过搭载各类有效载荷实现的。为此，各类载荷所需具备的战术技术能力是进行临近空间装备体系设计开发和实现临近空间作战的关键，也是作战需求分析的核心所在。

一、侦察情报需求

信息资源无论在战时还是平时都是各国争夺的焦点,现代空中作战行动面临的一个关键问题就是如何提高对打击目标的感知能力。而现有的天基和空基侦察装备尚不具备全空域、全频谱、全天候和全天时的侦察监视能力。如果能够部署临近空间侦察平台,可以利用其覆盖区域广,地面分辨率高,图像清晰等优势,增强对全战区的防空、反导武器等态势的感知能力和指控能力。与天基、空基力量整合后,将构成"系统之系统",实现整体大于各部分之和的综合效能。在平时将能够对 1000km 范围内实施长时间、不间断持续侦察,掌握敌各型电子系统工作参数及运用信息资源的工作体制,为实施科学决策、快速反应提供及时、可靠的情报资源。在战时则可对战场上敌态势信息进行实时侦测、定位,为战场指挥官实时掌握战场全局、优化兵力结构、实施一体化精确打击及效果评估提供足够的信息资源。

在临近空间设置侦察情报系统,可与侦察卫星、侦察飞机等手段结合使用,构成一体化的侦察情报体系。临近空间飞行器装载光电成像、红外成像、信号情报侦察、合成孔径雷达、遥感遥测等侦察设备,悬停驻留于重要目标上空达几天甚至数月之久,可实现对某一特定地区长期不间断地战术侦察,及时获取战区情报,并且可以进行打击效果评估。在临近空间设置侦察平台,比侦察卫星更接近侦察目标,地面分辨率更高,图像更清晰,而且它可以增强对全战区的防空、反导武器指控的态势感知,提供用于战斗识别的单一、共享、综合态势图,利于统一指挥海、陆、空、天等诸兵种协同作战。

(一)成像侦察

成像侦察(也称照相侦察)主要用来搜集战略情报、识别目标和监视军备控制条约的执行情况。临近空间成像侦察是指通过光学、雷达成像等侦察手段,对空、地、海上的静止、慢动和 TCT 进行侦察。

主要需求指标包括以下内容。

1. 侦察目标和内容

成像侦察所使用的侦察设备主要有扫描仪、可见光成像相机、红外扫描相机、红外凝视相机、合成孔径雷达以及附属配套设施。可见光成像相机负责对目标拍照,红外扫描相机用来发现动态目标,红外凝视相机跟踪动态目标,合成孔径雷达主要完成夜间侦察监视目标的任务。根据侦察监视任务的不同,多波段、多频谱、高分辨率的电光传感器、红外传感器、合成孔径雷达等任意组合,从而对目标区域的指挥机构、武器装备阵地、兵工厂、重工业基地、通信电力设施、交通枢纽等目标实施全天候的侦察监视。侦察内容包括目标的数量、地理位置、性质、部署结构、要害部位等。

2. 覆盖范围

未来作战对侦察、监视、预警支援都有覆盖范围的要求。下面,通过计算得出不同高度临近空间平台的最大覆盖范围和探测距离。R_E 为地球半径,h 为临近空间平台驻空高度,h_1 为球冠高度,d 为最大侦察距离,θ 为覆盖角的一半,C_1 和 C_2 为电磁波直线传播与与地球表面的切点,r 为侦察覆盖面(球冠)两切点间大圆半径,S 为覆盖面积,如图 5.3 所示。

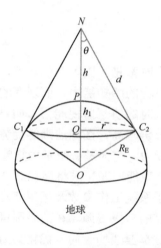

图 5.3 临近空间侦察覆盖范围示意图

即有：

$$\begin{cases} h_1 = R_E - R_E \sin\theta \\ \sin\theta = \dfrac{R_E}{R_E + h} \\ S = 2\pi R_E h_1 \end{cases} \quad (5-1)$$

从而可得出侦察覆盖面积 S 和最大侦察距离 d 为

$$\begin{cases} S = 2\pi R_E \dfrac{R_E h}{R_E + h} \\ d = \sqrt{h^2 + 2R_E h} \\ r = \dfrac{R_E \sqrt{h^2 + 2R_E h}}{R_E + h} \end{cases} \quad (5-2)$$

下面，列出高度为 20～100km 的临近空间平台侦察、监视、预警最大覆盖范围和最大距离，如表 5.1 所列。

表 5.1 不同高度临近空间最大覆盖范围、探测距离对照表

临近空间高度/km	最大覆盖范围/km²	最大探测距离/km	大圆半径/km
20	0.7990×10⁶	505.4	503.9
30	1.1966×10⁶	619.3	616.4
40	1.5930×10⁶	715.4	711.0
50	1.9881×10⁶	800.2	794.0
60	2.3820×10⁶	876.9	868.7
70	2.7747×10⁶	947.5	937.2
80	3.1662×10⁶	1013.4	1000.8
90	3.5565×10⁶	1075.2	1060.3
100	3.9456×10⁶	1133.8	1116.3

实际作战中，侦察、监视、预警探测覆盖范围的确定，应根据作战目的和任务的不

同进行调整,满足指挥员通过战区侦察图像发现、识别、分析各目标和评估作战效果的基本需要即可。

3. 侦察适应性

要求临近空间平台长时间悬停于目标上空,能够对重要目标能实施全天候、全天时侦察,具有反伪装和抗干扰能力,可提供重点地区的多谱段信息。光学成像无法逾越恶劣气候这一自然障碍,就需要高分辨率合成孔径雷达配合使用,实现多遥感器同平台搭载、各取所长、综合利用,以应付当前复杂多变的成像侦察需求。

4. 分辨率

分辨率是指在影像中将两个物体分开的最小间距,而不是能看到的物体的最小尺寸。例如分辨率 1m,就是说两个人相距 1m 以上时,在影像中就可以看到分开的两点;当两个人距离小于 1m 时,他们的影像将合为一体,在影像中只能看到 1 个点。要弄清侦察目标的基本情况及其发展变化,从中提取实用价值的各种情报,一个重要的先决条件是:侦察影像必须达到提取相应情报应该具备的分辨率。

对地面侦察分辨率共分为四级。第一级是"发现",从影像上仅仅能判断目标的有无,如海面上有无舰船,地面上有无可疑物体。第二级是"识别",能够粗略辨识目标种类,如是人还是车,是大炮还是飞机。第三级是"确认",从同一类目标中指出其所属类型,如车辆是卡车还是公共汽车,海上舰船是油轮还是航空母舰。第四级是"描述",能识别目标上的特征和细节。未来作战大量使用精确制导武器,对高分辨率成像侦察(0.5~1m)有着迫切的需求。

目前,世界上最先进的影像卫星是 KH-12(高级锁眼),据传其分辨率已达到 0.05m,有"极限轨道平台"之称。临近空间平台较天基平台有高度优势,搭载先进的侦察载荷将会获得更高的分辨率优势。

(二)电子侦察

电子侦察主要用于监视电子信号,是利用搭载的电子接收装置搜集与监测无线电设备与雷达辐射的电磁信号以及通信、测控等信号,通过分析获得关于敌方预警、防空雷达的配置与性能参数、战略导弹试验的遥控数据,以及军用电台等电子装备的配置情况等。

电子侦察用于获取无线电通信设备的工作频率、调制方式、信号特征,雷达的频率、脉冲宽度、脉冲重复频率、天线扫描方式、波束形状,信网台的分布、工作频率、调制方式、出现频度、属性、呼号、威胁等级等,通过对技术参数的分析,可以确定电子设备的用途、类型、位置、数量、工作规律和变动、编成、部署,以及行动企图、作战能力等重要军事情报。

临近空间战场监视是指临近空间平台通过搭载的光学成像、雷达成像、电视摄像机等有效载荷对战场 TCT 进行较长时间观察和跟踪,以获得战场动态信息。

主要需求指标包括以下内容。

1. 战略监视

由携带可见光、红外和电子侦察载荷的临近空间平台,在 30km 以上作战高度,对该区域重要政治、军事、经济目标及力量部署、军事行动、武器试验、通信联络等进行持续、有效的侦察,以弥补高空战略侦察机的空白和侦察卫星在时效性等方面的缺陷。

2. 战区监控

临近空间电子侦察应具备在某一独立战区及主要作战方向上，对兵力态势和作战行动进行实时监控的能力。由携带常规侦察载荷的中高空临近空间平台，在 18～22km 之间的作战高度，满足在较小战场范围内，为单个火力单元和装备平台提供实时战场侦察信息。

二、预警探测需求

临近空间预警探测是指临近空间平台通过搭载的红外、雷达探测器等预警设备对隐身飞机、战术弹道导弹（TBM）、巡航导弹等各种来袭目标的预警探测，提供预先警戒信息，如图 5.4 所示。

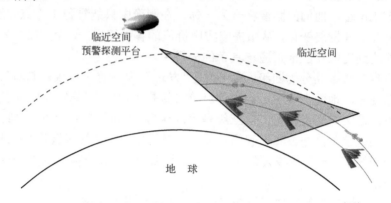

图 5.4　临近空间平台探测来袭航空器示意图

海湾战争中，"飞毛腿"导弹的飞行时间约 7min，当"飞毛腿"导弹发射升空以后，美国导弹预警卫星 DSP 在伊拉克"飞毛腿"导弹发射后的 90～120s 的时间内做出反应，测量出发射点、射向和落点，为"爱国者"导弹提供了 1min 左右的预警时间，战争后期，已能提供 4min 左右的预警时间。因此，可以说地空导弹能够成功拦截来袭导弹，预警系统的早期预警是关键，如图 5.5 为临近空间预警支援下防空反导作战过程。

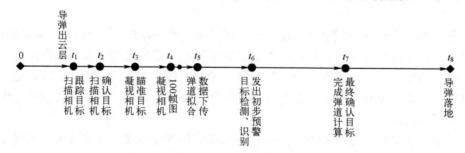

图 5.5　临近空间预警支援下防空反导作战示意图

由于来袭航空器飞行时间基本确定，且不同防空武器系统反应时间为常数值，为赢得更长预警时间，关键在于临近空间预警系统的发现目标、预测弹道和落点的所需时间。导弹来袭数量、方位、距离、高度、速度、发射距离，目标再入点位置、再入角度数、落点等参数信息是由地基雷达预警系统来提供，未来防空反导作战要求此任务由临近空间预警探测系统来完成。提供来袭导弹的方位信息主要是保证反导火力单元能够以较高概率在较短的时间内发现跟踪目标。

临近空间预警探测应当兼顾战略预警探测和战术预警探测两种需求。临近空间预警探测系统的探测对象包括地面、空中、空间、临近空间的各种目标,按照探测区域的不同,分为下视预警探测和对空间/临近空间探测两种方式。此外,临近空间预警探测系统还可为自身平台的火力打击武器提供目标探测手段,同时还作为地面/空中指挥平台和其他平台打击火力的延伸传感器。

在临近空间设置预警系统,可作为预警卫星、预警飞机和无人机的重要补充和增强手段。临近空间飞行器若配置微波合成孔径雷达后,可实现对地面、海面、低空飞行目标全天候不间断地跟踪、监视和定位,在数据链的支持下,可尽早发现敌方攻击武器(弹道导弹、巡航导弹、隐身飞机等),提供预打击目标的准确数据,并引导我方攻击和拦截武器,对敌实施精确打击和拦截。由于临近空间平台位置高、视距远,相对于地面雷达站能大大降低地球曲率对雷达性能的影响。据相关资料报道,一艘高空飞艇平台相当于三架预警飞机的作战效能。

预警信息是实施空天防御作战的基本保证,及时的预警信息对于提升空天防御作战的效果具有十分重要的意义。预警探测的主要目标是弹道导弹、巡航导弹和隐身飞机。

弹道导弹具有速度快、精度高、突防能力强、预警拦截时间短的特点,典型战术弹道导弹的飞行时间如表 5.2 所列。

表 5.2　典型战术弹道导弹的飞行时间

射程/km	2500	1800	1000	500	120
飞行时间/min	14.8	11.8	8.4	6.1	2.7

从表 5.2 可看出,战术弹道导弹的飞行时间很短,典型的反导装备的反应时间在 7~22s(视目标指示情况)范围内,若要达到对战术弹道导弹的有效拦截,预警是关键环节。我们通过典型反导作战的仿真研究获知,有效的预警可将反导装备的作战效能提高 5 倍。

现代巡航导弹具有隐蔽性好,突防能力强,命中精度高,杀伤威力大,通用性好,综合效益高的特点。正是因为现代巡航导弹的以上优点,加之近年来几次局部战争中的成功实践,战绩斐然,使得世界上许多国家对发展本国的巡航导弹更为重视,纷纷增加了巡航导弹的研制计划,预计在今后的 10 年内,巡航导弹将大量装备和使用,因此,对抗巡航导弹已成为当务之急。

目前,大多数国家仍主要依靠常规地面雷达探测空中来袭目标。巡航导弹正是利用雷达电磁波直线传播的特性,采用超低空突防。而且,导弹飞得越低,背景的杂乱回波就越强,从而越过对方的雷达防线。通常,巡航导弹在不同地形的巡航高度为:在海面上飞行高度为 5~10m,平原地区为 15m,丘陵地区为 50m,山区为 100m 左右。可按预定程序绕过固定的防空阵地,从侧面或背面打击目标。当巡航导弹到达目标附近时,即使被发现,但时间短促,防空武器已经很难有所作为了。

另外,隐身巡航导弹的出现,为地面雷达预警增加了新的难度。巡航导弹通过采用低 RCS 外形技术、吸波材料技术等措施躲避地面雷达的追踪,实现隐身。隐身巡航导弹虽然隐身,但其隐身效果主要作用于前方、下方的防空雷达。因此,在空中设置多种防空传感器，隐身巡航导弹的散射能量就会在多种传感器上体现出来。这些传感器获取的信号经过处理就会得到较完整的目标信息，为拦截提供一定的时间。

隐身技术改变了传统战略空袭的作战方法，隐身平台特别是隐身飞机与精确制导武器相结合，大大提高了作战效能，改变了攻防的战略平衡。在1991年的海湾战争中，美军派出了42架F-117A隐身战斗机，出动1300余架次，投弹约2000t，在仅占2%架次的战斗中去攻击了40%的重要战略目标，而自身没有受到任何损失。可见，隐身飞机的普遍使用，给现代反空袭作战提出了一个十分严峻的课题。随着隐身技术的不断发展，隐身飞机的隐身能力越来越强，隐身飞机的发展将对未来作战和军队建设产生革命性的影响。首先，极大地提高了现代作战飞机的突防能力；其次，提高了作战飞机的战场生存能力；最后，隐身飞机的发展对超视距空战提出了挑战。

据英国《简氏防务周刊》报道，美国空军和空军特种作战司令部透露，美国空军将在未来15年里，实施庞大的飞机隐身计划，不仅要使战斗机具备隐身功能，而且运输机、加油机、直升机等飞机也要具备先进的隐身功能。隐身飞机是未来空中作战的主要进攻平台，美军的B-2、F-22均具有较好的隐身效果，隐身飞机的应用大幅降低了未来防空作战的效果，反隐身飞机已成为重要而紧迫的作战需求。从资料和技术原理上获知，隐身飞机鼻锥方向的隐身效果最好，其他方向的隐身效果较差，尤其是顶部的隐身效果最差。从上向下对隐身目标进行探测，发现隐身目标的概率较大。因此，应充分利用临近空间平台的高度优势，在临近空间平台上装备探测隐身飞机的传感器，提高抗击隐身目标的作战能力。

然而，天基探测器由于离地面太远，地表又经常被云层覆盖，不能有效地探测到低空飞行或超低空飞行巡航导弹的特征信号。加之天基探测器难以保障实时性，因此对于快速飞行的低空、隐身目标很难进行有效的预警探测。目前广泛采用的机载雷达探测虽然能有效地探测到巡航导弹目标，但由于其不能长时间工作，探测位置不固定，不能对巡航导弹进行持续有效的预警。

主要需求指标包括以下内容。

1. 反导预警

临近空间预警探测应具备对中近程地地、潜地弹道导弹在进入大气层前的探测、识别、跟踪能力。可由三个以上携带红外感应载荷和雷达的飞艇，在25km以上作战高度，通过红外热敏寻的装置识别弹道导弹发射时产生的炙热尾焰，判断导弹的发射，从而进一步利用雷达探测导弹初始弹道，以判明导弹可能的落点区域。

2. 防空预警

临近空间预警探测应具备实时探测全方位来袭的飞机、巡航导弹、远程地地火箭炮系统的能力。两个以上携带雷达载荷的临近空间浮空器，在18～20km的作战高度组网，能够全天候实时对战场空域进行预警，探测各类空中目标，并准确提供威胁目标信息，满足对目标的拦截需求。

3. 地表预警

临近空间预警探测应具备对有限战场区域内的地面、海上威胁及来袭目标进行探测的能力。临近空间浮空器携带具有"远程目标捕获能力"的合成孔径相控阵雷达，在20km以上作战高度，能够全天候、全时域在大面积战场区域探测、定位、分类和跟踪各类地表固定和移动目标,并具有测速功能。

三、通信中继需求

临近空间通信中继是指临近空间平台通过搭载的通信载荷实现话音、数据、图像、视频等的传输。在临近空间通信系统中,通信不单单指话音通信,而是泛指信息的传输与分发。将现有的陆基、海基、空基和天基通信装备转载至临近空间浮空器,使其具备地对地远距通信、地空通信联络、空空短波和超短波无线电通信,以及天地通信中继等能力。美国相关试验已经证实,部署于30km高空的浮空器覆盖范围为$4.5 \times 10^6 m^2$,比普通地面无线电通信系统大一个数量级。此外,临近空间平台作用于电离层之下,可有效降低电离层对通信的影响。

临近空间飞行器搭载通信设备后,可为地面、海面、低空对象提供宽带高速抗干扰及超视距通信能力,扩大有效作战空间。它不仅能作为军事信息网络系统各节点间的信息中继站,也可对高山两侧或海上机动部队间的通信提供中继,对保障战场上各战斗小组间的联系起到重要作用。与卫星相比,其传输距离近,传输损耗比卫星低65dB,可以实现小天线、低功率传输。国际电联(ITU)已经规定47.9~48.2GHz为平流层平台工作频率,更高的频率更利于实现大容量信息传输。

主要需求指标包括以下内容。

1. 覆盖范围

从理论上讲,临近空间通信平台可实现其覆盖范围内任意两点的中继通信,所以,覆盖范围是临近空间通信系统的主要指标。针对未来战场作战,对临近空间通信系统的覆盖范围可以作如下分析:

不考虑大气折射等非线性因素,视距通信的覆盖范围为

$$R = R_E \left[\frac{\pi}{2} - a - \arcsin\left(\frac{R_E}{R_E + h} \cos a \right) \right] \quad (5-3)$$

式中:R_E为地球半径;h为平台高度;a为地面与平台之间的仰角。

如果考虑大气折射的影响,实际的地球半径可以进行修正,修正的半径表示为R_E',$R_E' = \xi \cdot R_E$,通常ξ取值为1.2~1.4。

由式(5-3),a分别取0°、10°、30°值时,可以得到图5.6所示的平台高度与视距通信范围关系图。

从图5.6可知,若多平台组网,则以宽度为$0.27R = 148$km的重叠覆盖计算,在23km高空放置3~4个临近空间平台,即可实现对大约2.9×10^6 km²的覆盖。

2. 传输速率

在信息化战场上,作战的信息传输量大,特别是侦察监视信息、作战指挥信息和导航、精确制导信息的传输对时效性要求很高,要求能够实时或近实时地传输,这就需要临近空间通信系统能够提供高速率(>19.2kb/s)的信息传输。

3. 传输带宽

未来作战朝着数字化的方向发展,数据传输业务将取代话音业务,临近空间通信系统应支持包括话音、各种数据、传真、图像和视频等综合业务传输,为作战信息提供宽

频带的传输通道，以满足大数据量、高质量的作战信息传输。

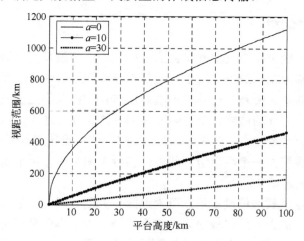

图 5.6　视距通信覆盖范围

4. 传输可靠性

在满足高速率和宽频带要求外，可靠性也是重要方面。在充满对抗的战场上通信很可能在严重的自然干扰和强烈的人为干扰环境下工作，特别是人为的通信干扰更是必须时刻面对的问题，要求通信系统扩大频率范围，向更高的频段扩展，以期能实现宽频谱通信，具备较强的抗干扰能力（跳频、扩频、扩/跳频）以及抗电磁脉冲辐射和雷电冲击等强电磁干扰的能力，在强干扰条件下仍能保持最低限度的通信。此外，在交战中双方都会通过技术侦察手段进行通信信号的侦收、截获，为此要满足保密性方面的要求，具备良好的抗截获能力。

四、导航定位需求

临近空间导航定位是指临近空间平台通过搭载的有效载荷，为作战行动提供所需的导航定位信息。利用临近空间飞行器可以构建空基伪卫星或伪卫星星座，可以优化导航星座的几何构型或独立提供区域导航定位系统功能，提高卫星导航系统的可用性、连续性、精度和可靠性，或提供战时应急导航定位手段。战时可以快速发射、快速部署，受损时可以得到快速补充。临近空间伪卫星宜选用悬停能力强的高空气球或飞艇，宜布设在风切变最小的空域，从有关资料显示，20～25km 是伪卫星布设的"黄金空段"。

在临近空间平台上装载导航设备，可为作战力量提供方位、距离、位置信息，标示指定地点和指示航向。临近空间导航设备如果部署在 30km 高空，定位精度小于 50m，地面指向精度将小于 0.1。由临近空间平台搭载无线电信标机和导航信标系统，可在战时卫星导航系统被切断或失效的情况下，快速搭建战区导航定位网络，满足导航需求。

主要需求指标包括以下内容。

1. 作用范围

其中 h 为平台高度，θ 为地面通信地点对平台的仰角，地球的等效半径 R_E，空基平

台能够提供的导航定位服务区域的范围半径 D 与平台离地高度 h 的关系为

$$D = R_E \left[\frac{\pi}{2} - \theta - \sin^{-1}\left(\frac{R_E}{R_E + h}\cos\theta\right) \right] \tag{5-4}$$

当 h = 30km、仰角 θ = 15°，则覆盖区半径为 108km，覆盖面积 36644km^2。如果高度为 20km，则覆盖区半径为 72.86km，覆盖面积 16677km^2。例如，伊拉克战争期间，美军曾每天两次从 3 个地点发射自由浮空器来补充侦察卫星星座，实现对伊拉克全境进行覆盖。

2. 定位能力

要求能提供三维位置、三维速度和时间共七维高精度信息，三维定位精度可达十几米，测速精度达 0.1m/s，授时精度为 1～100ms，并实现全球范围连续、近实时的定位、测速与授时。

3. 抗干扰性

要求系统采用干扰信号比为 90dB 以上的接收机，能够具有伪随机码频谱扩展、频率捷变、单脉冲等多种复合式自适应抗干扰功能，抗干扰强度达到 2 以上。

五、电子对抗需求

电子对抗是指为削弱、破坏敌方电子设备（系统）的使用效能，保护己方电子设备（系统）正常发挥效能而采取的各种措施和行动的统称。临近空间系统的电子对抗能力在作战中体现为电子进攻和电子防御，搭载各类电子对抗设备的临近空间平台，主要通过电子情报侦控、欺骗、压制等手段实施电子对抗作战，在确保我方电磁安全的同时，对敌电磁环境进行干涉和摧毁，甚至能在必要时在固定区域实施全向电磁阻断。临近空间电子对抗能力在原理和作战使用上与现有常规电子对抗手段相似，只是在作战空间上由地面、空中向上的自然延伸。

主要需求包括以下内容。

1. 临近空间飞行器作为直接干扰机

临近空间电子对抗平台应具备无线电干扰，特别是实施对卫星、空中飞行器、地面（海面）电子目标的干扰能力。需要临近空间平台上装载不同频段的干扰机，对敌方进行无线电干扰；加装激光发射装置，将地面发射的激光束反射到各种目标上。需要临近空间干扰系统干扰敌方地面和海上的警戒、搜索引导、目标指示雷达，减少敌雷达发现目标和预警的时间，为作战飞机、导弹等提供长时间的电子支援干扰，从而提高这些作战武器在作战过程中的突防能力、作战效能和生存概率。临近空间干扰系统还需要能够发射高强度的卫星导航干扰信号，从而降低了敌方的作战效能；同时，临近空间飞行器也可以发射增强的卫星导航信号，压制对卫星导航信号的干扰。

2. 临近空间飞行器作为长航时/隐身电子干扰平台

临近空间长航时电子干扰平台应具备支援各种攻击机、轰炸机、有人/无人作战飞机等作战的能力。它具有长时间定点或在空中慢速巡航的特点，可以在各种不同的地理环境下，根据情况选择最佳的位置施放近距离干扰，从而一方面可以降低所需的干扰功率，同时还可以避免对敌干扰时，可能会对己方的电子设备造成的干扰。

六、火力打击需求

随着高新技术的迅速发展,动能武器、定向能武器等一些新概念武器引起了世界各国的关注,空间武器逐渐走向台前,空间军事化趋势不可阻挡。可以预见,随着临近空间平台研发的深入,临近空间武器系统不久将面世,临近空间军事化的局面也将出现。

火力打击是实现作战目的最终和最有效的手段,作为武器发射平台,临近空间飞行器载重可达数吨,可以装备精确制导武器、小型智能武器、常规导弹、高能激光武器以及联合直接打击弹药等,利用独特的位置优势,可直接打击军事目标,向上攻击作战距离短,向下攻击居高临下,因此,临近空间飞行器上的武器系统上可攻击卫星,下可攻击中低空飞行器甚至地、海面目标等。

主要需求包括以下内容。

1. 低动态临近空间飞行器

低动态临近空间火力打击平台应具备长时间在战区上空巡航的能力,一旦需要,可以从空中迅速对敌地面战略目标实施打击,这种居高临下的突然性攻击可极大地压缩预警反应时间,提高突防能力,具有很强的战略威慑作用。一旦威胁解除,还可以回收再部署。

2. 高动态临近空间飞行器

高动态临近空间火力打击平台应具备机动速度快、覆盖范围大、高空作战不受气候条件限制等能力,可以使用常规弹药、高能微波武器、高能激光武器等对敌方高价值目标进行快速、精确打击,还可以远程拦截敌方现役和未来可能部署的多种空天进攻平台。

七、气象保障需求

天气情况是影响作战实施的重要自然因素,尤其是现代高技术信息武器装备对天气更为敏感。临近空间气象保障是指临近空间平台通过搭载的多通道高分辨率扫描辐射计、高分辨率红外分光计、微波辐射计等各种气象遥感器,为部队作战行动提供所需的气象信息。临近空间气象系统可将传统观测设备和气象卫星设备整合于战区上空,提供全面、持续的气象信息。

主要需求包括:要求临近空间平台能在战场区域上空驻留,对战场区域复杂的气象状况进行全面、精确的测量,获取战区内温度、湿度、风速等气象资料,日出时刻、日落时刻、太阳黑子活动等天文资料,实时进行大范围、高分辨率强对流、暴雨、台风、水体、沙尘、大雾等天气监视、预测、预报,并提供及时、准确地评估灾害影响程度。

八、测绘保障需求

测绘保障是作战指挥保障的重要内容。临近空间测绘保障是指临近空间平台通过搭载三线阵 CCD 立体测绘相机、SAR 成像雷达等有效载荷、航测设备等装载于临近空间高空浮空器上,可大大提高观测范围,且相对于测绘卫星具有更高的精度,可满足持续和大范围战略测绘的需求。

主要需求包括以下内容。

要求临近空间平台对地球重力分部、地磁场分部、地球形状以及地球表面的地理信息实施测绘，结合卫星测绘系统，绘制精确的军事地球，构建基于空间数据框架的数字地球，为部队提供战区各目标的精确的坐标、高程、距离、面积、方向、坡度、地貌等信息，对指挥员研究战场地理情况和制定作战计划，以及提高远程精确打击武器的命中率都有重要意义。

第六章 临近空间装备体系建设

作战需求是武器装备发展的原动力。临近空间装备体系建设是军队作战能力提升对临近空间的建设需求，是在军队发展战略指导下，根据未来军队担负的使命任务和作战能力的总体需求，针对临近空间环境和平台技术特点等进行的军事开发利用。临近空间装备体系建设，要从临近空间作战的战略需求出发，在国家空天战略的指导下，立足科学技术和装备发展水平，重点解决装备总体结构、规模结构、作战效能、建设重点等问题，为临近空间装备发展和作战能力生成提供支撑。

第一节 临近空间武器装备体系

装备的技术战术特征，决定了它在作战中的应用。临近空间装备既能够成为独立的作战力量，在未来军事斗争中单独使用；又能够弥合空天一体的空白，在未来军事斗争中增强体系作战能力，必然成为新型军事力量重要的组成部分。

一、装备体系

装备体系这一概念的产生与发展，既有系统科学深入发展的理论背景，也有现代军事斗争在高技术推动下向体系对抗发展的现实背景。要研究临近空间装备体系，有必要对装备体系的内涵和构成特点做一探析。

（一）装备体系的内涵

根据 2011 版《军语》对"装备体系"的解释为："由功能上相互关联的各种类各系列装备构成的整体。"装备体系是装备的集合，而其对装备的解释是："武器装备的简称。用于作战和保障作战及其他军事行动的武器、武器系统、电子信息系统和技术设备、器材等的统称。"所以，装备体系是武器装备体系的简称，是在一定的战略指导、作战指挥和保障条件下，为完成一定的作战任务，发挥最佳的整体作战效能，而由功能上相互联系、性能上相互补充的各种武器、武器系统、电子信息系统，按一定结构综合集成的更高层次的系统。

《中国军事百科全书》也中提到，现代武器装备体系是武器装备从机械化迈向信息化过程中所出现的新形态，是武器装备在高度机械化的基础上，通过数字化、系统集成及网络化等高新技术的改造，整体结构与功能实现一体化的结果。它由众多武器装备组成，是由功能上相互关联的各类武器装备系统构成的有机整体。

装备体系是在体系概念的基础上发展起来的，是针对现代信息化条件下体系对抗的战争特点提出的概念。美国国防部提出"体系"这一概念，是用于描述如何将大量武器平台、武器系统和通信系统有机地结合起来，以实现某个特别的联合作战目标的武器装备集合。之所以采用"体系"而非"系统"，是为了强调其一个组分系统的损耗或丧失只是意味着整体能力或性能大幅降低的体系特征。在美军已公布的各类装备建设任务中，具有代表性的武器装备体系建设项目包括未来作战系统、弹道导弹防御体系、海军未来远征作战体系等。

不同学者也从不同的角度定义了装备体系，主要从两个角度和视角进行界定。一是从组成成分与装备发展的角度：主要从装备体系的组成单元、层次结构、体系规模、生命周期等方面开展研究。二是从完成使命任务及体系对抗效果的角度：主要从要完成预设、既定的使命任务，遂行有效的体系对抗，并达到预期的作战效果的角度，定义和研究装备体系的相关特性。

（二）装备体系的特点

武器装备体系属于开放的复杂巨系统，具有复杂性、层次性、涌现性等鲜明特征。复杂性与涌现性体现了研究武器装备体系的重要意义，而层次性则给出了研究武器装备体系的一个可行途径。武器装备体系具有明显的层次性，可用组织结构的形式表示，主要包括功能层、结构层和系列层。功能层是指为完成作战任务需要的功能装备；结构层是指功能层装备的基本类别；系列层是对结构层的细化，是指用途相同但规格和性能不同的具体武器装备。

许国志先生曾对复杂系统层次性有过具体的描述：复杂系统不可能一次完成从元素性质到系统整体性质的涌现，需要通过一系列中间等级的整合而逐步涌现出来，每个涌现等级代表一个层次，每经过一次涌现形成一个新的层次，从元素层次开始，由低层次到高层次逐步整合、发展，最终形成系统的整体层次。层次是系统由元素整合为整体过程中的涌现等级，不同性质的涌现形成不同的层次，不同层次表现不同质的涌现性。

伊拉克战争后，新军事革命使各国军队对武器装备结构和功能有了全新的认识，装备体系化已成为世界各国应对新军事变革的自觉行动，各国军队都力图通过网络将原本分散配置的各种武器装备系统连成了一个有机整体，以力量的组合实现作战能力的倍增。特别是在传感器系统、通信网络和精确制导武器等方面进行一体化建设后，不仅在某一局部有可能实现装备的体系化，甚至在整个武装力量的范围内，都可以通过信息系统的完善，实现装备的体系化。

装备体系的复杂性、层次性、涌现性等特征，也随着现代战争体系对抗特点的日益凸显，并向临近空间、网络空间、心理空间拓展，无形空间与有形空间不断交融渗透，战场的多维一体，也使得各军种自成一体的装备体系向更大范围融合拓展，实现结构与功能在更高层次的一体化。整体结构的优化，也会更大程度的利用资源、发挥单个装备系统的效能，从而实现"1+1>2"的效能提升。

（三）装备体系的构成

装备体系一般从装备体系的构成和装备体系的结构两个方面进行描述。体系的构成是指体系的覆盖范围和组成部分；体系的结构是指武器装备体系各个组成部分之间的相互关系和内在联系。

传统武器装备体系的构成要素，按照其在战争中的作用，大致可以分为主战装备/平台系统、综合电子信息系统、综合保障系统三大部分。按照其完成作战任务的功能，可以划分为：预警、侦察、情报和战场监视系统；作战指挥、通信和战场管理系统；电子战/信息战系统；火力打击平台或主战武器系统；作战支援和技术/后勤综合保障系统。按照装备的基本属性，也可以分为：火力打击系统；综合电子信息系统；作战支援和保障系统；综合技术/后勤保障系统；核/常规威慑系统。

随着信息技术的发展和武器装备信息化程度的提高，主战装备/平台系统、综合电子信息系统、综合保障系统构成的装备体系主要具备以下几种主要能力：信息支援能力、精确打击能力、防空防天能力、信息对抗能力、兵力投送能力和综合保障能力。因此，有学者提出将信息化装备体系的划分为：信息支援武器系统、精确打击武器系统、防空防天武器系统、信息对抗武器系统、兵力投送武器系统和综合保障武器系统。这些武器系统相互渗透、相互交织、相互联系、相互补充，构成了庞大而复杂的一体化装备体系。

为了适应未来作战的需要和迎接新军事变革的挑战，又有一些军事家提出了改变和完善现有武器装备体系的思想。其中最有代表性的是美国参联会前副主席欧文斯将军，他在《主宰战场知识》一书的序言中提出了"多系统的大系统"这个概念。他认为，从20世纪90年代的军事巨变中可以看出，需要发展的新兴的"多系统的大系统"有三类，即情报、指挥控制和精确力量，它们是战场感知、先进的指挥控制和精确力量三种概念的集合。欧文斯将军认为，有了通过情报、监视和侦察系统获取的实时的战场信息，靠先进的 C^3I 系统实现的战场理解就可以实现主宰战场信息；拥有主宰空间知识的能力，就能够向恰当的部队指派恰当的任务，将精确力量送到最能获得成功的战术与战役作战行动中。加之，由于在远距离使用军事力量越来越快、精、准，它们与战场感知技术进步的交互作用，就能够建立高质量的作战评估，能够及早地、高度准确地了解作战行动的效果。

另外，装备体系按照其作战功能还可以分为三个层次，包括：战略和战区/战役武器装备体系或子体系；单一作战功能的武器装备体系，如防空装备体系、压制火力装备体系、战场突击装备体系；各类装备的型号、系列等。

二、临近空间装备体系

临近空间装备体系是关于临近空间装备整体的顶层设计，不但要解决装备与装备、装备系统与装备系统之间的协调配套问题，还要满足单件装备形成作战能力所需要的相关配套需求，以及装备系统、装备子体系乃至装备体系作战效能实现最大化所需要的集成需求，这为装备的型号发展提供了背景牵引，为装备体系编制的确定提供了方案依据，为装备发展的宏观谋划提供了基础性、理论性的借鉴。

（一）临近空间装备体系的概念

临近空间装备体系是"由功能上相互关联的各类临近空间武器装备系统构成的有机整体"，而临近空间装备就是用于实施和保障临近空间作战行动的武器、武器系统以及与其配套的军事技术装备与器材的统称。

目前，武器装备体系的概念主要有两个侧重：一是注重从任务能力上规划武器装备的构成；二是强调武器装备体系的总体组成。因此，武器装备体系可分为两个层次：一是所有武器装备构成的体系，是长期存在的，其结构在较长时间内是相对稳定的；二是为执行特定作战任务而从拥有的武器装备中抽出的一部分武器装备构成的作战武器装备体系，仅在执行作战任务过程内存在，其组成结构伴随作战任务变化而变化。

从装备体系固有的属性看，临近空间装备体系需要完成使命任务，并具有体系对抗的作战效果；同时，临近空间装备体系是由具有一定规模和层次结构的各类临近空间装备构成；再者，临近空间装备体系应该是一个具有复杂性、不确定性、涌现性等体系特性的有机整体。

从装备体系的发展定位看，临近空间装备体系是军事装备体系的重要组成部分，是为适应军事斗争向临近空间发展的需要，用于完成临近空间作战任务的装备体系，由功能上相互联系、性能上相互补充、火力和信息力密不可分、软硬一体的各种装备和装备系统，按一定结构综合集成的具有明确作战功能的有机整体。其作战使用功能需要通过装备结构（系统、类别、系列和型号）、装备规模数量和装备技术质量水平等得以实现。

（二）临近空间装备类型

从目前临近空间平台发展的现状和趋势看，临近空间平台具有两种不同的模式：一是具有长期驻留能力的浮空器模式；二是具备高速巡航能力的空天飞行器模式。在这两种平台模式特色技术优势的支撑下，根据作战用途和装备本身的技战术特征，临近空间武器装备大概会涵盖以下几种：

（1）火力打击装备，是指主要运行于临近空间或利用临近空间平台作为搭载平台，能对空间、临近空间、空中、地面、海上及海下目标实施火力摧毁的装备。

（2）预警探测装备，是指主要运行于临近空间或利用临近空间平台作为搭载平台，能实时监控、跟踪、识别来自空天各种威胁，并及时报警，引导我方武器对威胁目标进行有效拦截的装备。该装备子体系作用的对象包括飞机、巡航导弹、弹道导弹和其他来自空间的各种威胁目标。

（3）侦察监视装备，是指主要运行于临近空间或利用临近空间平台作为搭载平台，能对敌军事部署、军事行动、装备试验、有线无线通话及广播电视信息等进行全天候、全天时的侦察监视的装备。

（4）通信导航装备，是指搭载于临近空间平台，用于达成和地面、空中、太空等各类作战单元信息传输，为飞机、武器弹药、空间飞行器等作战单元提供实时导航和定位信息的装备。

（5）气象测绘装备，是指搭载于临近空间平台，为空天作战行动及空、天飞行器活动提供飞行所需要的气象信息和三维地理坐标及地形地貌信息的装备。

（6）电子对抗装备，是指主要运行于临近空间或利用临近空间平台作为搭载平台，用于用于实施空天电子攻击和空天电子信息防护的武器、设备和器材。

此外，还有用于保持临近空间装备战术技术性能的保障装备和对其进行指挥控制的装备和系统。

对于具体的搭载平台，在具备完成基本使命能力的同时，还应具备向其他领域适当延伸发展的能力。例如，火力打击平台，在具备远程打击的同时，还可具备一定的侦察功能、电子对抗功能等。这种在基本功能基础上的延伸能力：一是完善本身功能的需要，如助推-滑翔导弹具备侦察功能，可以提升其对战场环境的感知及应对能力，以便更好完成对目标的识别；二是具备电子对抗功能，可以提升其战场生存能力和抗电磁干扰的精确打击能力；三是延伸拓展的辅助功能与基本功能相互补充，可以更好地完成协同数据链支撑下的作战云动态任务分配和协同打击，更好地发挥体系作战能力，提升整体作战能力。

不同平台的功能延伸，可以通过自身技术设备功能改进来提高，也可通过对平台进行技术改装或加载新功能设备来实现。进行装备顶层设计时，平台之间的协同关系与功能延伸拓展和小体系作战的可实现性是需要重点关注和解决的问题。换言之，装备设计之初，就要把平台的战技功能和具体的作战应用场景，以及可能的作战力量体系考虑进去，使之成为加强整体装备体系作战能力、灵活应对不同任务需求和战场环境、能应对各类威胁和突发事件的增强性力量。

（三）临近空间装备的特点

目前，航天装备虽然发展迅速，但是已经暴露出许多不足，特别是其在局部战争中的表现不足，更是让各个军事强国都在临近空间寻求解决方案，而临近空间装备自身的优势，也是各国积极发展的主要原因。从临近空间装备的运行环境分析可以看出，临近空间装备具有生存能力强、效费比高、运行持久稳定、利于目标观测等特点。

1. 运行环境和设计特殊，受到常规威胁的可能性低

从临近空间装备运行的空间环境看，是目前绝大多数航空飞行器和地空导弹还无法达到的高度，因此临近空间飞行器受到常规打击威胁的可能性较低。从临近空间平台本身的结构原理看，浮空器形式的低速临近空间平台一般由许多氦气气囊填充的独立小气袋组成，且填充压力较小。即便受到火力攻击，泄漏速度也较慢，飞行器有充裕的时间返回地面基地。有些浮空器采用无金属骨架的软体结构，外层用防电磁波探测的复合材料和玻璃纤维制造，雷达和热横截面非常小，雷达横截面仅有几百分之一平方米。相对于传统的空中目标而言，浮空器移动非常缓慢，因而难以被多普勒雷达探测到。临近空间飞行器的光学目标也非常小，只有在背景比其更暗的时候（如黎明或黄昏时），临近空间飞行器才会显露出来。因此对临近空间平台的捕获和跟踪较为困难。高速临近空间平台由于其超过 $5Ma$ 的超高飞行速度和超过 $20km$ 的飞行高度，极难捕获和攻击。

2. 使用和维护简便，研制与运行费用相对较低

低速临近空间平台具有简易性、可恢复性和不需要空间加固防护以及地面支持设备需求小等特点，以上特点构成了临近空间装备明显的成本优势。

一个 $40m$ 长的小型软式飞艇的造价约为 200 万美元，相对复杂的机动临近空间飞行器的价格为 100 万美元左右。而美国空军"捕食者"无人机单价为 450 万美元，"全球鹰"无人机单价为 4800 万美元。与卫星相比，用于通信的飞艇成本在 2000 万～3000 万美元之间，而一颗通信卫星包括发射费用在内总成本约为 2.5 亿美元。

浮空器形式的临近空间平台仅仅需要氦气作为上升动力，而不需要复杂昂贵的地面发射设施将其送入轨道。当临近空间平台携带的载荷出现故障时，载荷可以回收至地面进行维修，易于实现载荷的替换或者升级，这对于卫星平台显然难以办到。

在运行方面，临近空间飞行器可依靠自身提供的升力到达预定区域上空，即便借助推进器升空，与飞机相比也可降低约 30%的能耗和飞行费用。另外，临近空间飞行器具有长航时的特点，只需少量的维护工作就可连续使用，维修费用远低于飞机和卫星。

3. 持续工作时间长，能持久稳定运行于目标区域上空

悬浮气球或者飞艇形式的临近空间飞行器巡航速度低，可以在某个站驻留几个月乃至 1 年，工作时间一般只受天气、故障和例行维修的限制。由于受轨道力学的限制，任何轨道上的单颗卫星在凝视型监视上的时间持续性只能以分或小时计算；空载平台由于燃料限制以及受气候条件影响，最长持续时间也仅为几天。

4. 飞行高度适中，地面覆盖优势明显

覆盖区域是指平台能够有效提供通信、侦察和监视等空间效能的区域。一般情况下，平台高度越高，覆盖区域越大，表 6.1 为不同类型平台的覆盖区域。

表 6.1　不同类型平台的覆盖区域

平台类型	平台高度/km	覆盖区域直径/km			
		0°仰角	5°仰角	10°仰角	45°仰角
"捕食者"	4.5	240	48	24	5
临近空间	36.6	680	320	190	40
低轨道卫星	200	1580	1130	800	190

虽然卫星的轨道高度远高于临近空间飞行器，具有更大范围的覆盖区域，但卫星一般为周期性重访目标区域，观测周期相对较长，探测误差相对较大。低轨道卫星只有进入任务区域可视范围内才能执行通信、侦察或监视等任务，而处于任务区域外时无法承担任务；对于中高轨道通信卫星，卫星覆盖面积比服务区域大得多，在整个卫星天线覆盖中只有很少一部分波束投射到覆盖区域以内，其他波束则都在覆盖区域之外。

与飞机相比，临近空间飞行器飞行高度高，覆盖范围比飞机广。与卫星相比，临近空间飞行器能长期悬停在目标区域上空，可实现"直接覆盖"，便于连续观测。此外，临近空间飞行器飞行高度比卫星低，飞行速度比飞机慢，因此更易探测到小型目标，探测精度更高（雷达等传感器在临近空间的灵敏度比在空间时高数十倍）。如采用编队飞行技术，临近空间飞行器在覆盖范围等方面的优势将更加突出。试验演示，超视距无线电设备搭乘气球飞往高空，能使它们的覆盖范围从 16km 扩大到约 644km，这为改善近距空中支援作战、持久侦察、监视和情报收集提供了巨大潜力。

5. 分辨率和灵敏度高，可对目标实现精确探测

一般来说，探测源到目标的距离决定了其分辨率和灵敏度的高低。将临近空间飞行器和典型的 400km 高的低地球轨道卫星进行比较，前者高度仅为后者的 0.1～0.05，这就意味在临近空间飞行器上，同样尺寸光学器件的分辨率要高于低地球轨道卫星 10～20 倍；临近空间飞行器上无源式天线的灵敏度可以提升 10～13dB；临近空间飞行器装载的雷达和激光雷达等有源探测系统载荷的信号强度能够提升 40～52dB。

电离层的快速、随机变化引起信号快速随机起伏的现象称为电离层闪烁，而它引起的效应之一就是导致信号幅度的衰减，使得信道的信噪比下降，误码率上升，严重时可使卫星通信链路中断。最严重的电离层闪烁发生在 L 频段（包括目前低轨道个人卫星移动通信所在的下行频率和 GPS 卫星使用的频率）。电离层的闪烁效应、折射效应的不可预知性影响了卫星通信和导航能力，而临近空间飞行器工作在电离层以下，其电磁信号不穿过电离层，因此可以避免这种影响。

6. 反应时间较短，可实现快速响应

临近空间飞行器架设大多不需动力发射架，可携带有效载荷随时应急升空，实现快速机动部署；同时临近空间飞行器可按需移动位置，完成任务后可安全回收。一般浮空器类临近空间平台的升高速度为 300m/min，所以只需 2h 就能到达 36km 的工作高度。低速临近空间飞行器的巡航速度低于大多数的空载平台，一旦到达了指定位置就可以在数

小时内迅速建立起战区级通信和侦察体系，且能够长期驻留。而入轨卫星很难具有快速反应能力，卫星轨道的改变也需要一个复杂和较长的过程，而且卫星的应急发射能力在近期内也很难实现。由于临近空间飞行器运行高度比卫星轨道低，传输信息的路径相对较短，既避免了长距离传输带来的信号损失，又有效保障了信息的及时传递。

需要说明的是，虽然提到了临近空间的诸多优点和长处，但并不是将卫星全部用临近空间装备替换下来。相反，在临近空间装备替代昂贵的空间平台担负一部分战役和战术级的任务后，卫星可以更好地发挥其作为战略装备的作用。临近空间可以作为太空和天空断层中的有益补充的地位没有改变，临近空间装备与航空航天装备的结合，也必将带来更大的效能。

（四）临近空间装备体系构成

装备体系的构成是指体系的覆盖范围和组成部分。根据临近空间装备的类型和特点，临近空间的装备体系总体上应该包括运行于临近空间的各种飞行器，用于火力打击的各类攻击性武器系统，在作战中获取、传输、处理各类信息的信息装备系统，能够实现侦打一体能力的高超声速信息作战装备，以及进行技术信息支援和支持应用的各类装备。临近空间装备体系的组成，应满足作战能力需求，适应作战样式运用，具体包括火力对抗、信息支援、信息对抗、指控管理以及作战保障五类子体系，具体见图6.1。

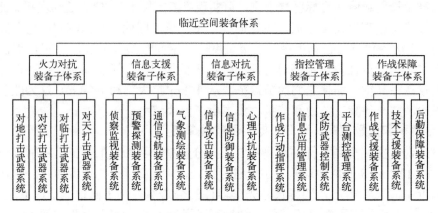

图 6.1　临近空间装备体系总体结构

1. **火力对抗装备子体系**

由全球可达、高速机动、全维打击的各种火力打击装备，按照一体化作战原则综合集成的有机整体，主要担负远程对地打击，空天目标打击，反隐身打击、防空拦截、导弹防御、防天作战等任务。应具有全维空间、全天候、全时域的一体化精确打击能力。一般应由高超声速导弹、无人作战飞机、空天作战飞机和机载武器、临近空间平台载动能、定向能武器等。

2. **信息支援装备子体系**

由在作战中获取、传输、处理各类信息的武器装备系统，按照一体化作战原则综合集成的信息网络，主要担负战场感知、导航定位和通信中继等作战任务，应具有网络化、自动化、智能化的信息感知与控制能力。一般应由侦察监视、预警探测、通信导航、气象测绘等装备系统组成，主要装备包括超高空飞艇，高空长航时无人机，超高空临空站，各类临近空间平台载传感器、雷达、通信导航设备，数据链等。

3. 信息对抗装备子体系

由各类信息攻击与防护装备组成，担负夺取信息优势和制信息权的作战任务，具备全频谱、全疆域覆盖的电子对抗和心理对抗能力。一般应由信息攻击装备系统、信息防御装备系统和心理对抗装备系统组成，主要装备包括高超声速信息作战飞机、各类反辐射打击武器、微波武器、电磁脉冲武器、网络攻击与防御系统、心理战飞行器等。

4. 指控管理装备子体系

由分布在地面、临近空间飞行器和平台载武器系统上的指挥控制系统，建立在地面的各种信息接收、处理与分发的资源应用管理系统和用于临近空间平台发射、测控、回收等的平台管理控制系统组成，担负对各作战单元的指挥控制任务和各临近空间平台的管理任务，应具备情报综合传递、装备交联控制、敌我识别和作战辅助决策等多种能力。一般由作战行动指挥控制系统、信息应用管理系统、攻防武器控制系统、平台测控管理系统 4 个装备系统组成，主要装备包括面向任务控制、满足任务协同要求的武器控制系统，集侦察监视、预警探测、通信导航等于一体的指挥信息系统，将临近空间平台及其地面接收处理系统采集、生成的数据和信息产品快速提供给用户的资源应用管理系统，发射场系统，临近空间测控系统等。

5. 作战保障装备子体系

指为支援其他空间作战和保持临近空间作战装备的战术技术性能，提高其作战效能，保障作战行动顺利遂行的各种装备的有机整体，一般应由作战支援装备系统、技术支援装备系统和后勤保障装备系统组成，主要装备包括空天运输机，大型远程运输飞艇，多飞艇构成的高空中转站，卫星和太空武器试验平台，补给、维修平台，太空武器发射平台，训练平台等。

（五）临近空间装备规模结构

装备规模结构是指构成装备体系所有装备的数量规模及比例关系，是从量的角度反映装备体系的构成情况。分析装备体系的规模结构，有利于掌握各装备系统的能力状况及相互匹配关系，是分析评估装备体系总体效能水平的基础。装备体系的数量规模是一个量的概念，反映的是装备数量的多少，充足的数量规模有利于满足军事战略发展与使命任务需求；比例关系是数量的结构，反映的是装备与装备、装备系统与装备系统的匹配关系，优化的比例关系更加有利于作战能力的形成与提高。

根据不同的需要，可从不同角度分析临近空间装备体系的规模结构，如为掌握临近空间装备体系总体规模结构情况，可按照图 6.1 所示装备结构关系，先分析装备系统的规模结构，再分析装备子体系的规模结构，最后综合分析装备体系的规模结构。目前，为了从总体上掌握临近空间装备体系的效能情况，往往需要分别分析各类装备系统的规模结构。按照临近空间装备的平台和速度，临近空间装备系统可以划分为低动态装备、高动态装备、地面支援装备、指控管理系统等，通过分析每一类装备的规模结构，就可以掌握临近空间总体的装备规模结构。例如，就分析高动态飞行器装备规模结构而言，一般需要分析空天作战飞机规模结构、支援保障飞行器规模结构、高超声速打击武器规模结构等。其中，需要具体分析的装备类型如图 6.2 所示。

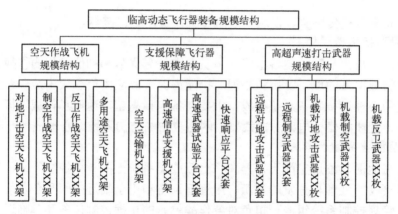

图 6.2 临近空间高动态装备规模结构

需要指出的是,临近空间装备体系规模结构的确定,与一个国家的军事战略、经济实力、技术水平都有很大的关系,在一定时期内是稳定的,但也会随着战略的转变和技术的发展发生一定程度的变化,特别是在国际形势变换、关键技术突破、武器更新换代等时节。同时,国家也会根据这些因素,对装备规模结构进行不断地调整优化,从而形成互相激励、制约、影响的闭合回路。

第二节 临近空间武器装备体系的类型

武器装备体系按照不同的划分方法,可以划分为不同类型。按照其作战规模可分为战略级装备体系、战役级装备体系、战术/作战单元装备体系;按照国家战略和体系作战能力特点,可以分为进攻型、防御型、攻防兼备型装备体系等。临近空间装备体系作为未来作战的重要装备体系,在发展和建设过程中必然受到国家政治、经济力量、军事战略、技术发展和自然环境等诸多因素的制约和影响,同时,结合各国的军事需求,临近空间装备体系可以划分为进攻、防御和攻防兼备 3 种类型。

一、进攻型临近空间装备体系

进攻型临近空间装备体系的发展建设,受国家扩张性战略和进攻性军事战略引导,以强大的国家经济基础和科技实力为后盾,重视充实完善体系结构、提升整体技术水平、发展远程机动作战和进攻作战装备系统。

(一)基本涵义

进攻型临近空间装备体系是以形成更强进攻性能力为顶层牵引的装备体系,其基本涵义是指能够满足进攻性战略和进攻性作战需要,以构建强大的高速突防、远程投送和精确打击等作战能力为顶层牵引,通过有机组合各种装备、装备系统等组成的装备体系。其突出的特征标志包括以下几方面。

1. **体系构成完善,能力要素齐全**

实施进攻性作战对装备构成及作战能力的完备性提出了更高要求,装备体系有缺陷、能力要素不齐全,就难以实施有效的进攻性作战。未来战争中,以进攻性为优长的装备体系必须具备作战疆域全覆盖的侦察监视、通信导航和指挥控制能力，必须具备复杂战场环境下的火力和电子突防能力，全疆域机动展开和远程、中远程等全疆域精确打击能力，以及满足需要的综合保障能力等。

2. 比例结构以攻为主，远程进攻作战与高机动作战能力突出

具备进攻作战能力的飞行器和武器弹药数量较大，一般应达到飞行器和弹药总数50%以上，与进攻性装备相配套信息支援平台、指控管理系统和作战支援保障平台也占有较高的比例。主战装备的机动性强，突防能力强，航程能够覆盖全球，整个作战系统对于目标的反应速度快，对于时间敏感目标反应灵敏，能够迅速在全疆域内实施进攻作战。

3. 技术基础雄厚，各项技术性能和一体化设计均有较高水平

进攻性作战对装备战技性能要求很高，要有最先进、最完备的侦察、预警、电子干扰、指挥通信等信息支援保障系统，要有最先进的雷达、数据链、电子干扰和导航等信息化程度较高的机载设备，要有精确制导、信息感知及控制等先进技术的应用，确保进攻性作战有效遂行。同时，要在更小的空间集成更多的任务载荷，并使装备具备更强的突防能力，要求更高的一体化设计能力。

（二）主要构成

进攻型临近空间装备体系构成的突出特点是更加偏重配备与进攻作战相关的装备和装备系统。从现阶段的发展情况看，主要包括空天作战飞机、高超声速导弹、高速察打一体无人机、与进攻作战相适应的侦察监视、预警探测、导航定位、指挥控制等装备，以及相应的综合保障装备。在主战平台方面，应具有明显的性能优势，甚至是跨代优势；具有超远程作战能力，能够实现全球快速到达，覆盖空天地全维作战空间；具备强势的突防能力，能够有效穿透敌防御体系；具有快速机动的战斗水平，能够在接到作战命令后，迅速出击，并以猛烈突然的袭击达到作战目的。在武器方面，具有地基、海基发射的高超声速导弹，能够实施全球的快速打击；具有临近空间平台发射的能够攻击地面、海面、空中、太空各类目标的动能和非动能精确制导武器，如临基巡航导弹、弹道导弹、临-空导弹、临基反卫动能武器、激光武器等各类满足不同需要的先进武器。在信息支援装备方面，主要包括超高空无人侦察机、侦察监视飞艇、高超声速察打一体机、临近空间指挥控制平台等各型各类信息装备。在作战保障装备方面，主要包括空天运输机、超远程加油机、临近空间补给维修平台等能够满足战略、战术需要的支援装备。此外，还应拥有各类配套的技术保障、气象保障、测绘保障、救生装备等。

（三）举例分析

根据目前各国临近空间研究开发的情况，最可能拥有进攻型临近空间装备体系的国家是美国。美国是目前世界上唯一实行"全球进攻"战略的国家，对临近空间装备的研究由来已久。早在1948年，钱学森在美国就提出临近空间助推滑翔飞行方案，参考借鉴德国学者在1933年提出的名为"银鸟"（Silbervogel）的高超声速概念飞行器，美国就启动了有关临近空间高超声速飞行器的Bomi、Hy-wards、BrassBell等一系列研究计划。1957年10月，美国空军研究发展司令部批准了高超声速滑翔火箭武器系统（Hypersonic Glide Rocket Weapon System），即Dyna-Soar（X-20）研究计划，取代了前述几项计划。X-20的射程及航速已经可以满足全球快速到达的要求。但由于美国这一时期临近空间高超声

速飞行器的研究方向倾向于载人飞行器，与同时期的航天飞机计划有重复，1963 年 10 月，Dyna-Soar 计划被取消。在 Dyna-Soar 计划进行的同时，作为美军 WS-199 武器计划的一部分，McDonnell 公司进行了名为 AlphaDraco 的助推-滑翔导弹研制计划。该型导弹采用两级固体助推器助推至 30km 高度，并以大于 $5Ma$ 的速度滑翔约 390km。1957 年，Alpha Draco 进行了两次成功的飞行试验。虽然性能指标较为保守，但这是临近空间高超声速飞行器最早在实际飞行中取得成功的案例，验证了这类飞行器在原理上的正确性，具有里程碑意义。

之后，以跨大气层空天飞行器技术、助推滑翔飞行器技术、高超声速飞行器技术为代表的一系列技术探索项目广泛展开，获得了大量的技术成果，为美军临近空间装备的发展奠定了雄厚的技术基础，但大部分项目也因经费和技术难度的问题而无法继续。直到 20 世纪 90 年代中后期，在美军"全球快速打击"计划的牵引和无人飞行器等技术探索的推动下，临近空间装备得到了进一步发展。其中，美国空军的动作尤为突出，2003 年，美国空军航天司令部开始进行"快速响应空间"（Operationally Responsive Space）的"选择分析"计划，首次将临近空间飞行器与战术卫星、及时响应运载器统一纳入军事航天大系统，2005 年的"施里弗-3"太空战模拟军事演习中，首次引进临近空间飞行器，2006 年，将临近空间纳入"联合作战空间"（JWS），同年公布的"快速响应空间体系发展路线图"对临近空间飞行器的发展做出了较为详细的规划，2011 年 5 月，发布《吸气式高速飞行器技术发展路线图》更是将 2025 年前后具备以 $6Ma$ 快速打击远程地面目标和以 $4Ma$ 以上速度实施战区机动侦察的能力，聚焦在临近空间高速飞行器上。同时，自 2007 年 8 月，美国国会推出"常规快速全球打击"计划以来，临近空间快速打击武器就一直在起其中占据重要地位，2011 年和 2013 年的两次重大调整，都未将其删除，足见美军对临近空间攻击性武器的重视。

美军的临近空间攻击型装备虽然大部分都在研制试验阶段，但从其推进情况可以做出一些判断。在主战打击装备方面，将主要包括以 X-37B 为代表的空天飞机，以 HTV-2、AHW 为代表的助推-滑翔式导弹，以"全球鹰"RQ-4B 为代表的超高空战略侦察机，以 B-3 为代表的战略轰炸机，以 X-51A 为代表的高超声速巡航导弹，以 MANTA 为代表的高超声速察打一体信息作战平台，以 Sentinel 为代表的空天往返飞行器等。在信息支援装备方面，将主要包括以"秃鹰计划"为代表的侦察监视平台，以 HAA 为代表的预警探测平台，以"黑暗空间站"（Dark Sky Station）为代表的通信中继平台，以"临近空间综合操作平台"为代表的综合信息处理转发平台，以"海象"为代表的指控平台等。在作战保障装备方面，以"轨道攀登者"（Orbital Ascender）为代表的空天快速运输平台，以"海象"重型飞艇为代表的远程运输和补给、维修平台等。

二、防御型临近空间装备体系

防御型临近空间装备体系着眼于维护国家或地区的领土、领空安全与海洋权益，主战装备以防御型装备为主，进攻型装备相对较少而且主要用于反制作战，装备体系的打击范围局限于本土及周边，外线作战能力有限。

（一）基本涵义

防御型临近空间装备体系是以形成更完善的国土防御体系为基本使命的装备体系，

其基本涵义是指与国家防御性军事战略相适应、以增强国土或地区防御能力为目的构建起来的临近空间装备体系。其突出的特征标志：一是体系结构不完善，仅具有部分能力要素。能够应对主要对手的空中进攻，是装备建设的重点，不强调发展远程进攻性装备，远程打击装备以及与之配套的指挥控制系统、通信导航系统有空白或数量、质量有限。二是比例结构偏向严重，防御型装备占有较大比例，进攻性装备比例较低，而且这些进攻性装备多用于"以攻助守"的防御目的。三是技术水平相对较低，战术技术性能一般。

（二）主要构成

防御型临近空间装备体系的特点是缺乏远程进攻性作战装备，所以体系构成以本土防御型装备和信息支援装备为主，包括防御型空天作战飞机、地基高超声速导弹等主要作战装备，由临近空间侦察平台、预警平台、通信平台等组成的预警网络，以及指挥控制系统、信息作战系统和各类作战保障装备等。在防御型临近空间装备体系中，空天飞机以防空型为主，这些飞机主要用来拦截入侵的各种轰炸机、战斗机、空天飞机、无人机、巡航导弹等，或与敌争夺战场制空权，因此，这类飞机虽以防御为目的，但却要求具有较高的性能。高超声速导弹等攻击性装备也在防御型临近空间装备体系中占有一定的地位，但这些数量较少，通常航程较短，作战能力有限，主要是与防空导弹等配合，作为抵御外敌空中入侵的主要手段。信息支援装备主要是为了更好地支持防空作战，针对地面雷达、预警机等的不足，以临近空间飞行器为平台，搭载各类传感器载荷，用于发现敌来袭情况，同时利用临近空间的高度优势，对敌隐身飞机等隐身武器实施有效发现和定位，为准确拦截提供信息支持。另外，针对未来战争信息对抗的特点，基于临近空间平台电子对抗、网络对抗装备也是不可缺少的。作战支援保障装备还应包含运输飞艇、气象测绘装备、救生装备等，这些装备配合完成各种防御性作战任务。

（三）举例分析

根据技术基础和各国军事力量储备的情况看，未来大多数发展中国家和部分军事力量较弱的发达国家，其临近空间装备体系都应属于防御型。这些发展中国家受国家军事战略和经济、科学技术发展水平的限制，不可能投入大量的资源研制和购买种类齐全、规模庞大的临近空间装备，最有可能的策略是通过购买部分临基装备用于健全现有装备体系，担负国土防空的作战任务。部分较发达国家由于受国际环境影响，奉行防御型国家军事战略，也只会建设防御型临近空间装备体系。未来受国家发展战略和国际形势的影响，一些有能力的国家会购买一定数量的空天飞机、超高空无人机、临近空间预警平台、通信飞艇等临近空间装备，但从总体能力和体系构成上看，应是以国土防御能力为主，且不能构成完备的体系能力。

三、攻防兼备型临近空间装备体系

攻防兼备型临近空间装备体系以满足国家多种利益需要为目的，进攻作战能力与防御作战能力协调发展，多用途临近空间平台占较高比例，多数空天飞机既有较强的进攻作战能力，又能很好地遂行防御作战任务。

（一）基本涵义

攻防兼备型临近空间装备体系的基本涵义是指与国家和平发展的需求相适应，平衡进攻性装备与防御性装备的比例，以能够完成多种作战任务为目的构建的装备体系。其突出的特征标志：

1. **体系相对完备，配套要素齐全**

未来作战是体系与体系的对抗，无论是攻还是防，都是体系各要素相互配合的结果，在装备构成上强调结构合理、体系配套，是适应未来高技术条件下体系作战的需要。围绕装备体系对抗能力的提高，按照进攻、防御、支援配套，信息一体化的要求，不断优化结构、完善体系，是攻防兼备型临近空间装备体系的必然选择。特别是为保持与强敌的对抗，弥补技术上的不足，注重发挥装备系统集成上的优势，强调体系的完备、结构的优化、系统的配套和功能的整合等，已成为攻防兼备型临近空间装备体系建设的重要准则。

2. **比例结构均衡，能力建设上以攻为主、攻防兼备**

现代战争实践表明，进攻是达成战略、战役目的最重要的手段，能进行远程的精确火力打击是重要战略威慑和无形的防御手段；突出攻击能力建设，发展多用途空天飞机，均衡进攻性装备和防御性装备的比例，谋求以攻促防、攻防力量协调发展，是攻防兼备型装备体系的重要特征。以攻为主、攻防兼备，已成为攻防兼备型装备体系能力建设的一个突出标志。

3. **在技术发展上强调信息主导、高新技术融合**

攻防兼备的装备体系除了对进攻性作战装备的战备技术性能要求外，更强调攻防能力的融合和相互支撑，信息作为未来作战的粘合剂，对攻防火力的支撑作用也更加突出。攻防兼备型的临近空间装备体系必然以信息化为基础，向信息与火力、信息与机动、信息与保障相结合的方向发展，呈现出武器平台多能化、武器弹药精确化、信息传输网络化和指挥控制智能化等发展趋势。

（二）主要构成

攻防兼备型临近空间装备体系在构成上相对均衡，体系结构比较完备。突出表现是以空天飞机、高超声速察打一体机、远程战略轰炸机、高超声速导弹等为主战装备，以超高空无人侦察机、信息支援飞艇、临近空间工作站、临基指控平台提供综合信息保障装备，以远程运输机、维修补给平台、临基发射平台等各种支援保障装备为配套，以一体化信息网络为链接，以临基动能、非动能武器为补充所形成的远、中、近程精确打击体系；同时具备以反隐身、反卫、反高速导弹、反网电攻击为突出能力的防御体系。在主战装备方面，主要包括了多用途空天作战飞机、助推-滑翔式导弹、高超声速巡航导弹、高超声速飞行器以及其挂载的各种射程的武器，例如，远程巡航导弹、反辐射导弹、战术弹道导弹、弹道导弹拦截弹、激光制导炸弹，甚至是无动力垂直打击弹药，这些装备互为补充，密切配合，能够很好地实施进攻和防御作战。在综合信息保障装备方面，主要包括各类临近空间平台，平台搭载的各类传感器、指挥控制装备系统、电子对抗装备、通信导航装备系统等，为临近空间的攻击和防御行动提供侦察、预警、通信、导航、测绘等信息支援，对战场行动和武器系统实施指挥控制，对战场环境实施有效管理，同时实施网络电磁空间的对抗和心理对抗。在作战保障装备方面，主要包括远程高速运输机、临基维修补给平台、临基发射平台、临基工作站等提供支撑主战装备的持续作战能力的平台和系统。此外，具有战役、战术能力的通用无人平台，各类隐身武器、高超声速武器、新概念武器也正在逐步成为攻防兼备型临近空间装备体系的重要组成部分。

（三）举例分析

攻防兼备型临近空间装备体系将是一些经济实力雄厚，有一定军事实力和技术积累的发达国家的选择，如俄罗斯、英国、法国、德国、日本等传统军事强国。

俄罗斯在这一领域处于领先地位，自 20 世纪 90 年代以来，就先后实施过"冷"计划、"鹰"计划、"彩虹"-D2 计划等多项高超声速技术研究计划，取得了多项技术突破。作为对美国计划发展导弹防御系统并试图在太空对远程弹道导弹进行拦截的回应，俄罗斯在 2001 年试验了一种新型远程导弹，导弹最后阶段为高速巡航，高度约为 33km。俄罗斯中央航空发动机研究院也一直在进行 6～14Ma 的高超声速飞行器的研究制造，并已于 2009 年成功研制高超声速战术导弹，率先实现了高超声速兵器的实用化。除了高超声速导弹外，俄罗斯还计划研发高超声速轰炸机和用于发射卫星的高超声速飞行器。目前，正在研制一种多用途空天战机，该战机能把重达 18t 的有效载荷和燃料箱送入轨道，比美国的 X-37B 能力更强。2012 年，俄罗斯闪电科学生产联合体公开了一种名为"铁锤"的高超声速飞行器，这种飞行器能携带 800kg 的卫星进入 200～500km 高的轨道，并返回空军基地。俄罗斯还和印度于 1998 年 2 月签订"布拉莫斯"高超声速反舰导弹开发合同，设计代号为 PJ-10。经过 5 年努力，"布拉莫斯"导弹于 2003 年定型，计划在 2015 年前完成。据称，"布拉莫斯"-2 将有陆射、空射、水面和水下四种发射方式，新型导弹的飞行速度将达到 6Ma 以上或者 6000km/h 左右，飞行距离将仍然是以前的 290km。印度国防部也宣称已经设计出一种名为"艾瓦塔"（AVATAR）的小型可重复使用空天飞机。单级入轨就能进入 100km 的轨道，能发射 1000kg 的卫星，飞行速度达 8Ma，印度海军希望到 2016 年为其隐身导弹驱逐舰装备高超声速巡航导弹。

近年来，欧洲高超声速技术研究稳步发展，关键技术攻关与地面试验验证卓有成效，一些典型项目已开始进入飞行演示验证阶段。2014 年，欧洲航天局计划开展过渡性实验飞行器（IXV）的首飞试验，将验证升力体结构飞行器的高超声速、无动力再入机动飞行，为未来欧洲重复使用运载器的发展奠定基础。英、法、德作为欧洲军事实力的代表，在临近空间装备发展上各有优势。德国作为世界上第一个实现飞行器以 6Ma 飞行的国家，在高超声速领域不可小觑，近年来集中力量进行高超声速导弹的开发。影响较大的项目有 HFK-L1、HFK-L2、HFK-E0、HFK-E1 系列导弹。2003 年 10 月 23 日，HFK-E1 在德国武装部队靶场试验成功，飞行速度大于 7Ma。德国还开展了锐边飞行试验（SHEFEX）计划，该计划以高超声速运载器和再入飞行器为应用背景。2005 年 10 月，SHEFEX-1 成功进行飞行试验，飞行持续时间为 20s，飞行速度达 6Ma，获得了一套完整、有价值的空气动力数据。2012 年 6 月，SHEFEX-2 成功试飞，飞行器由火箭发射至大约 180km 高度后，再高速重返大气层，并成功着陆，整个飞行耗时 10min，最大飞行速度达 11Ma。"锐边"2 飞行器成功试飞并安全返回，标志德国在高超声速和再入返回技术领域取得突破。英国从用于军用运输的临近空间飞艇"天猫"-1000 到水平起降、单级入轨的可重复使用空天往返飞行器"云霄塔"（SKYLON），全面试验和推动临近空间装备发展和建设，2012 年 11 月"佩刀"发动机预冷器通过试验验证，标志着其用于"云霄塔"又向实战化迈进了一步。据称，"云霄塔"空天飞机有望在 2016 年开始亚轨道飞行，2018 年实现轨道试飞，到 2020 年实现商业运营。法国自 20 世纪 60 年代以来，从未间断过高超声速技术研究。他们把航程大于 1000km、高升阻比外形、巡航飞行速度在 6～6.5Ma、使用双模态冲压发动机的高超声速导弹作为首选的应用目标。1992—1996 年实施的 PREPHA 计划，旨在试验 8Ma 的超燃冲压发动机，并积极探索高超声速巡航导弹、高超声速飞机和空天飞机方案。在 Japhar 项目、Promethee 项目、宽范围冲压发动机（WRR）项目、先进复合燃烧室计划（A3CP）等多个项目的支持下，法国对超燃冲压发动机开展了深入的试验研究。2003 年 1 月，法国启动的 LEA 飞行试验计划，被称为"法国版"的 Hyper-X 计划，其核心是超燃冲压发动机技术和机体/推进一体化飞行器技术。初步设计阶段已于 2006 年完成，目前正处于关键设计和飞行试验阶段。

日本在高超声速领域的研究工作起步早、投资大。过去一系列超前、先进的研究为今后的发展奠定了基础，航天器/航天飞机的制导控制、系统构造、复合材料以及热防护等技术都通过试验得到了验证，特别是超燃冲压发动机的研究取得了很大的进展。2006 年，日本制定了高超声速吸气式飞行器技术成熟化发展路线图，提出发展速度大于 5Ma 的高超声速巡航飞行器和空间进入二级入轨（TSTO）技术的双用途计划。期望在 2020—2030 年研制出高超声速运输机和空天飞机。同时，日本在 1998 年 4 月就通过了"高空信息平台研究开发"的国家立项，成立了由众多研究机构和大型企业组成的高空信息平台开发协会，计划发射 20 个以太阳能/燃料电池为动力的高空飞艇平台，驻空高度 20km，覆盖整个日本群岛。

从这些国家技术的发展情况可以看出，以高超声速巡航导弹、高超声速飞机、空天飞行器等装备系统为应用背景的高超声速技术的相关计划，是近期临近空间装备体系发展的热点，而随着高超声速武器的出现，未来战争将向"实时化、全球化、精确化、空天一体化"方向发展，攻击方巨大的速度优势，使得防御方几乎没有时间组织有效的防御，防空防天作战所面临的前所未有的挑战，使得攻防兼备型临近空间装备体系进一步向进攻倾斜，只有有效的进攻性武器的存在，才能有效震慑敌方，使得敌方不敢轻易进攻。

第三节　临近空间装备体系构建

构建未来发展需要的临近空间武器装备体系，可有效指导临近空间武器装备发展规划、确定临近空间装备配套建设、解决临近空间装备发展标准化等问题，进而完善空天一体武器装备体系。本节主要从功能结构的角度，构想临近空间装备体系。

一、装备体系的论证设计

临近空间武器装备体系是未来武器装备体系的重要组成部分，是获取空天优势的重要力量，是发挥空天一体作战效能的重要增效器。因此，在构建体系时要综合考虑作战能力的增效需求和临近空间武器装备的特点，按照军事用途和功能，结合我国国情，做好体系论证和设计。

（一）体系论证

体系论证是指从顶层设计角度出发，依据未来作战需求，基于形成体系战斗力，对所配备或将要配备的各种武器装备的总体结构形式在体系对抗的条件下进行综合分析和研究，深入认识整个武器装备体系的层次结构、相互关系、存在的缺陷等问题，在体系构成优化的基础上，提出武器装备重点发展和配套完善的决策建议，为武器装备发展和改进提供决策支持。

装备体系论证的主要任务是根据未来的作战任务和作战能力需求提出武器装备的总体组织形式。重点解决：装备总体结构需求，即"需要什么样的装备"；配套与衔接需求，即"怎么组成作战体系效能最佳"；各类比例关系需求，即各类、各种装备的列装规模和比例关系；编配和更新替代需求，即"配给谁"和"替代谁"；策略优化，即执行什么样的策略可较好地达到建设目标等问题。

装备体系的论证，既要依据国家军事战略方针、作战需求、军队规模和兵力结构等要素，也要结合国防科学技术、装备体系现状和装备发展水平等实际，同时还要考虑到环境资源、技术与生产力、外军武器装备体制等制约和借鉴因素。

（二）体系设计

装备体系设计是在装备能力需求的基础上，研究实现装备体系未来发展目标的内容和实施步骤的工作及相关过程。装备体系设计旨在从体系层面解决装备发展的各种问题，为具体装备型号的设计划定方向、提要求。装备的功能结构、规模、编制数量等都是装备设计的研究内容。

通常为了设计出合理、可用、可信、可操作的装备体系，要解决体系设计的几个基本问题，包括装备体系完整度、装备体系有效性、装备体系发展优先性等。

1. 装备体系完整度

装备体系通常都是由一系列功能不同的装备系统构成，每个装备或系统都是装备体系的重要组成部分。为了达成作战任务需求，实现能力的释放和聚集，各个装备系统需要高效的发挥性能、完成各自的任务且高效协同。缺乏某一种类的装备系统，就可能造成整个装备体系功能的缺失，从而对完成任务产生不确定性影响。某一类型装备系统性能不能满足作战任务需求，也制约整体装备体系作战能力的发挥。设计和构建功能齐备的装备体系是装备体系完备性的要求，也是评估装备体系能力和确定装备发展优先顺序的基础。受经济实力、科技发展等因素的影响，装备体系的建设和发展，必然存在先后快慢以及不可避免的缺陷，因此，正确认识和评估装备体系的完整度，是评估装备体系能力的基础性工作。

2. 装备体系有效性

武器装备的发展受到政治、经济、科技、地理等诸多未来战略环境因素的制约，即使装备体系设计完备，发展建设也基本完整，仍然存在因为威胁环境、国家战略、战术技术发展等影响因素变化带来的不确定性。因此，装备体系能否满足作战任务的需求，能否在作战中发挥设计时的预期效能，需要放在特定的时间和空间中加以分析研究，是必须经常性开展的研究。特别是在装备体系建设发展的过程中，要随时根据国际形势的变化、科学技术的发展等，评估装备体系的有效性，及时调整和完善装备体系建设的方向和步骤。需要指出的是，装备体系的有效性研究是装备体系发展规划的基础，既要注重威胁因素的变化，也应兼顾长期指导能力，从相对较长的一段时间，全面客观地评价各类变化对装备体系有效性的影响。

3. 装备体系发展优先性

装备体系涉及到的每一型具体的装备系统发展，都需要投入大量的经济、技术、人员、管理等资源,"一步到位"的思想对体系建设是行不通的。因此,运用系统分析方法对装备体系进行定性、定量相结合的分析,确定装备体系建设重点和先后次序,是科学建设临近空间武器装备体系的重要环节,是合理配置资源,最终实现装备体系健全和优化的必须步骤。装备体系发展优先性的研究,一方面受到武器装备发展战略目标、方针的影响,另一方面也依赖有效可信的未来战略环境分析,是未来一定时期内国家战略方针和作战能力需求重点在其装备实现途径上的对应,需要考虑到各类装备系统的价值和对装备体系总体的贡献度。可以通过分解体系完成未来某种使命任务的总目标,构建目标价值树等方法实施。

二、装备体系的层次化结构

临近空间武器装备体系结构的研究就是围绕体系各组成系统的状况、相互间的联系、层次构成而进行的结构化描述。对临近空间武器装备体系来说,其内部的层次性是客观存在的,且具有一定相对性,即高层次系统的结构、属性和功能是从低层次系统经层次突变而涌现出来的,因而出现了新的特殊的结构、属性和功能;作为高层次系统组成要素的低层次系统则受高层次系统制约、影响和支配。临近空间武器装备体系具有明确的层次结构。这个层次结构将武器装备体系目标进行逐层分解,通过"自顶向下"的方式将武器装备体系按照不同特点划分,直至分解到能够完成各种具体的作战任务的装备系统层次,如图6.3所示。

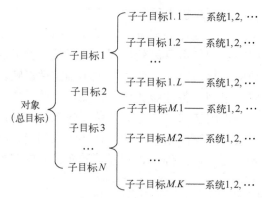

图6.3 体系层次结构示意图

三、临近空间装备体系构想

临近空间装备的建设还处在起步阶段,根据临近空间可能担负的作战任务和能力需求,可以首先从完备性和有效性的角度出发,构建适合未来空天作战需要的临近空间装备体系,指导临近空间装备发展规划制定,确定临近空间装备配套建设、解决临近空间装备发展标准化等问题,进而完善空天一体的武器装备体系。按照任务需求和功能定位,可构建由3大类装备11个系统构成的装备体系,如图6.4所示。

(一)行动对抗类装备

行动对抗类装备,指具体执行末段任务的临近空间武器平台,具备精确打击、电子干扰等软硬打击手段,还可进行远程兵力支援行动的装备。主要包括电子对抗系统、火力打击系统和兵力投送系统，如图 6.5 所示。

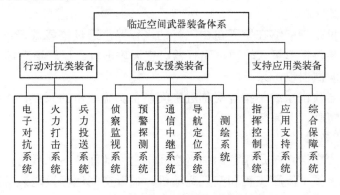

图 6.4 临近空间武器装备体系总体结构图

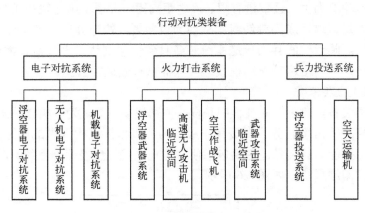

图 6.5 行动对抗类装备结构图

1. 电子对抗系统

临近空间电子对抗系统是指临近空间平台搭载电子对抗系统进行电子支援侦察、电子干扰和反辐射攻击的系统，主要包括浮空器电子对抗系统、无人机电子对抗系统、机载电子对抗系统。临近空间的软、硬攻击将带来明显的"升空"增益效果，既具有对地基、海基、空基信息系统的干扰、阻塞、压制、欺骗和攻击，同时具有对天基系统的干扰和攻击，将提高对天攻击效果和避免太空作战带来的高消耗和高政治危险。

2. 火力打击系统

临近空间火力打击系统是指临近空间平台搭载武器攻击系统进行实体攻击的系统，主要包括浮空器武器攻击系统、临近空间高速无人攻击机、空天作战飞机和临近空间武器攻击系统。

（1）浮空器武器系统。

浮空器武器系统是指利用临近空间浮空器平台搭载精确攻击弹药，微波武器、激光武器等对敌实施精确弹药打击或使敌方装备失效失能。主要包括平流层激光/微波飞艇、高空激光/微波气球和临空攻击飞艇等。

（2）临近空间高速无人攻击机。

临近空间高速无人攻击机是指部属于临近空间的无人机搭载对空、对地、对海等武

165

器弹药执行打击任务的系统。主要包括亚声速、超声速、高超声速攻击无人机。

（3）空天作战飞机。

空天作战飞机是指能够在空天自由飞行的飞行器，通过搭载武器攻击系统实施空天作战的系统。主要包括单级入轨攻击飞行器、空天攻击机、亚轨道攻击飞行器等。

（4）临近空间武器攻击系统。

临近空间武器攻击系统是指针对临近空间装备实施攻击的系统，主要包括各种攻击临近空间装备的精确打击弹药。

3. 兵力投送系统

临近空间兵力投送系统是指利用临近空间平台将地面装备和兵力快速运输到指定战场的系统，主要包括平流层飞艇和空天运输机。临近空间远程投送装备部署高度高，不易被发现、跟踪，适合空军通过临近空间走廊进行远程力量投送；目前我空中投送力量主要以中小型运输机为主，且数量有限、投送距离短，大型军用运输机正处于研制当中，空中运力严重不足，这已成为制约我军战前力量部署，快速介入利益争议区和突发事件区域瓶颈和短板。临近空间兵力投送系统装备具备快速到达、大载荷、大容量、安全性和低成本等优势，可为迅速补充远程投送力量提供有效途径选择。

（二）信息支援类装备

信息支援类装备，指在作战过程中获取、传输战场信息，为各类作战平台提供预警、导航、定位、授时等信息服务，支援其作战，为各级指挥机构提供战场态势、情报，延伸战场感知和指挥能力的装备。主要包括侦察监视系统、预警探测系统、通信中继系统、导航定位系统和测绘系统，如图6.6所示。

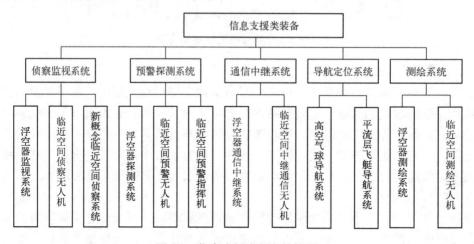

图 6.6 信息支援类装备结构图

1. 侦察监视系统

侦察监视系统是指在临近空间平台上利用各种遥感器、通信转发器和天线接收机等载荷设备，收集地面、海洋、空中目标的辐射、反射或发射的电磁波信息，用于获取军事情报。按临近空间平台特点划分主要包括浮空器侦察系统、无人机侦察系统、新概念临近空间侦察系统。

(1) 浮空器监视系统。

浮空器监视系统采用的平台是一种"轻于空气"的临近空间飞行平台,通过搭载多种类型的侦察监视传感器,可在特定作战区域上空长时间驻留,进行"凝视"侦察,且覆盖区域较大、侦察分辨率高、顽存性好,主要包括平流层侦察飞艇和高空侦察气球,主要用于监视空中、地面、海上等各种目标,平时承担搜集周边军事情报和战时为战场指挥员提供实时、准确的战场态势。同时,浮空器监视系统按其载荷系统还可划分为成像型、电子型和多功能型,其中多功能型是在临近空间飞行器上综合集成各种光电、雷达技术设备,具有多种功能的适应复杂作战环境的多传感器型侦察监视系统,是未来临近空间侦察监视系统发展的趋势。

(2) 临近空间侦察无人机。

临近空间侦察无人机是指部属于临近空间,搭载侦察载荷设备,用于获取战场军事情报信息的无人机系统。按照速度不同可以划分为低速和高速两类,主要承担对需要关注的区域进行长时间的、实时的侦察与监视,获取战略战术军事情报,尤其是执行高危险区任务。其中低速无人侦察机特别适合于遂行远距离和大范围的军事侦察行动以及和平时期的战略侦察任务;高速无人侦察机,具有快速突防、纵深侦察等特点,能快速准确把握战场态势,对实施远程精确打击非常重要。

(3) 新概念临近空间侦察系统。

新概念临近空间侦察系统是指在采用新原理、新材料、新能源、新技术上设计的临近空间飞行器,搭载侦察载荷执行侦察任务的装备。根据新概念动力临近空间飞行器的速度可划分为新概念动力低速临近空间飞行器和新概念动力高速临近空间飞行器。

2. **预警探测系统**

临近空间预警探测系统是指在临近空间飞行器上装载的各种制式的预警监视雷达和红外探测设备等,用于探测目标位置、速度、轨迹等有关参数的装备。按临近空间平台特点划分为浮空器探测系统、临近空间预警无人机和临近空间预警指挥机的机载预警装备。

3. **通信中继系统**

临近空间通信中继系统是指在临近空间平台上载有信道转发器,用于转发通信信号的系统。临近空间通信中继系统主要包括浮空器通信中继系统以及中继通信无人机。临近空间通信平台与地面的距离大约只是同步卫星高度的 1/1500,信号的衰减和时延都大大减小,并且通信距离、覆盖区域都比无线传输手段大得多;临近空间通信系统一方面可以增大链路传输距离,另一方面机动灵活,便于与其他通信系统进行军事通信组网,有效扩大通信覆盖范围。

4. **导航定位系统**

临近空间导航定位系统是指在临近空间平台上搭载导航设备,发射类似 GPS 卫星的信号,用于导航定位的系统。有关资料显示,20~25km 是布设的"黄金空段",因此临近空间导航系统适宜选用悬停能力强的高空气球或平流层飞艇。临近空间导航定位系统快速响应能力强,发射简便、能快速部署到战场上空进行工作,并且与用户距离近,信号强度和抗干扰能力强,是未来区域性弥补卫星导航系统不足的有效应急补充手段。

5. 测绘系统

临近空间测绘系统是利用临近空间信息获取系统实现测绘信息获取、处理、综合，为各种作战应用提供电子地理信息支援的信息系统。从平台选择来看，与临近空间侦察监视系统基本一致；从其功能来看，主要包括地理空间数据支援、测绘保障应用支援和战场环境仿真保障支援。

（三）支持应用类装备

支持应用类装备，指用于对临近空间各种武器平台进行指挥控制、遥感遥测、发射部署和综合保障，并识别、加工处理、分发来自临近空间装备系统的各类信息的装备。主要包括指挥控制系统、应用支持系统和综合保障系统，如图 6.7 所示。

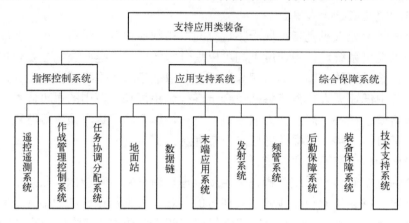

图 6.7　支持应用类装备结构图

1. 指挥控制系统

指挥控制系统是整个临近空间作战系统的指挥控制中心。根据临近空间装备特点，指挥控制系统主要包括遥控遥测系统、作战管理控制系统和任务协调分配系统等。主要完成对临近空间平台的位置、姿态进行遥测遥控，监测和控制载荷工作状态，协调临近空间系统与其他系统之间的作战、保障协作关系。按载体形态划分，可分为地面式、空中机载式和临近空间式等指挥控制系统。

2. 应用支持系统

应用支持系统主要是完成临、空、地之间的通信及信息传输、处理和分发等信息保障任务，最终目标是把获得的信息变为有效情报，为科学决策提供有力支持。应用支持系统主要包括地面站、数据链、末端应用系统、发射系统和频管系统。

3. 综合保障系统

综合保障系统是支持临近空间平台作战时用的重要保障。综合保障系统主要考虑地面装备，分为后勤保障系统、装备保障系统、技术支持系统。

第四节　临近空间武器装备体系作战效能分析

武器装备体系研究的根本目标是生成作战能力、实现作战效能。武器装备体系作战效能评估的研究目的是对武器装备体系在对抗环境中的动态效能进行评估，分析武器装备体系中各组成要素之间的交互作用所生的对整个作战结果的涌现性行为，从而优化体系结构，提出科学的作战体系构建方案。

一、武器装备体系作战效能建模仿真流程

作战效能是指在规定的作战环境条件下，运用武器装备系统及其相应的兵力执行规定的作战任务时，所能达到的预期目标的程度，是衡量武器装备系统的最终效能和根本质量保障。武器装备体系效能的概念也大致可分为两个层次，即作战武器装备体系作战效能评估和整个武器装备体系作战效能。作战武器装备体系作战效能可按照规定条件下以完成一定作战任务的有效程度进行量度；整个武器装备体系作战效能评估则须满足当前和未来所有可能的作战任务要求，并对完成作战任务程度进行量度，而当前和未来的体系运行环境的不确定性和作战任务效能度量的多维性，使得评估更加困难和复杂。由此可知，整个武器装备体系作战效能评估应以作战武器装备体系作战效能评估为基础。武器装备体系作战效能是在动态的、对抗的条件下针对武器装备作战体系潜在能力的量度。武器装备体系作战效能评估中，建模仿真是武器装备体系作战效能研究的重要手段。

临近空间武器装备体系作战效能是一种复杂的，有时、空、量、序的，具有耗散结构的系统。在进行效能评估时，要重点考察系统各要素的相互作用，分析其对系统变化程度和方向的影响。这其中涉及到很多错综复杂的因素，包括定性的、定量的、直接的、间接的因素等。因此，运用建模仿真先进技术手段，实现定性定量相结合、战术技术相结合的综合集成，将有助于系统分析和效能评估工作的全面把握。其建模仿真流程如图 6.8 所示。

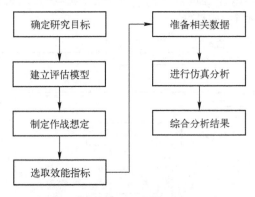

图 6.8　效能评估建模仿真流程图

二、临近空间武器装备体系效能建模分析

（一）评估模型建立

1. 作战体系结构

随着信息革命在军事领域的不断深入，现代高技术战争表现出的一个重要特点就是"体系对抗"，对抗中强调对信息的充分利用，强调指挥与控制，强调系统间有效地互联互通，强调战场资源的充分共享。可以预见，未来信息化战争的发展趋势是基于网络信息体系的联合体系对抗。网络信息体系是以 C^4ISR 为核心，通过战场各作战单元的网络

化，加速信息的快速流动和使用，使各分散配置的部队共享战场信息，从而取得战场信息优势，进而获得决策优势和行动优势，最大限度地发挥武器装备体系作战效能。然而过去传统的基于性能指标聚合的体系效能评估，仅仅强调体系组成系统的能力和数量，忽略了信息和决策的重要性，不能真正地反映以 C^4ISR 为核心的武器装备体系的作战效能。为了准确描述基于网络信息体系的联合体系对抗模式下的武器装备体系作战效能，需要从装备性能质量、作战流程、作战体系结构出发，全面把握体系组成力量、指挥控制结构、通信网络结构对作战效能的影响，从而有效地为武器装备体系优化提供定量化依据和可信性结论。因此，在描述武器装备体系作战结构中，可以用 4 个参数集合的形式来表示，即

$$C = \{C_1, C_2, C_3, C_4\} \tag{6-1}$$

式中：C_1 表示参与作战任务的武器装备系统组成；C_2 表示作战中武器装备系统的部署与配置；C_3 表示作战体系中的指挥控制结构；C_4 表示武器装备系统连接的通信网络结构。

2. 建立评估模型

武器装备体系作为作战过程中的功能整体，是实施整个过程的载体，即首先通过战场感知装备全方位、全天候、全频谱的获取敌、我、友及战场环境信息，然后由通信装备近实时或实时地传递到指挥控制系统，使指挥员能够全面掌握战场态势，形成决策方案，再将指挥控制信息进行分发，最后由对抗打击装备在统一指挥下进行火力攻击或电磁压制，此过程周而复始，直到达到预期目标，如图 6.9 所示。据此，对武器装备体系作战效能评估模型按照作战流程进行建模，即分别从战场感知装备、指挥控制装备、对抗打击装备和通信装备 4 个方面描述。

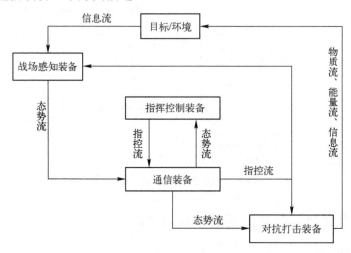

图 6.9 武器装备体系作战流程图

在作战流程中，传感器装备、通信装备、指挥控制装备和对抗打击装备应相互联通，耦合成一个无缝链接的巨系统，从而使体系效能发挥达到最大化。由此可知耦合连接形式应采用串联关系（乘）进行建模，模型如下：

$$E = E_{ISR} E_C E_{C^2} E_A \tag{6-2}$$

式中：E 表示体系作战效能；E_{ISR} 表示战场感知装备效能；E_{C} 表示通信装备效能；E_{C^2} 表示指挥控制装备效能；E_{A} 表示对抗打击装备效能。

（1）战场感知装备效能模型。

$$E_{\mathrm{ISR}} = E_{\mathrm{ISR}}(C_{\mathrm{ISR}}, D_{\mathrm{ISR}}, S_{\mathrm{ISR}}, N_{\mathrm{ISR}}) \tag{6-3}$$

式中：C_{ISR}（Constitute）表示传感器装备的组成，直接影响各传感器装备获取信息能力的高低；D_{ISR}（Deploy）表示战场感知装备的部署和编配情况，影响能够获取战场态势信息的范围；S_{ISR}（Structure）表示作战指挥控制中的战场感知装备与指挥控制装备间的指挥控制结构，影响各传感器装备的性能发挥情况；N_{ISR}（Net）表示作战通信网中的战场感知装备及与其他装备间的通信网络结构，影响各传感器装备获取信息后的融合和对其他装备的信息支持。

（2）通信装备效能模型。

$$E_{\mathrm{C}} = E_{\mathrm{C}}(C_{\mathrm{C}}, D_{\mathrm{C}}, S_{\mathrm{C}}, N_{\mathrm{C}}) \tag{6-4}$$

式中：C_{C} 表示通信类装备的组成，影响各通信装备的能力；D_{C} 表示通信类装备的编配与部署，影响通信的范围；S_{C} 表示作战指挥控制结构中的通信装备与指挥控制装备间的指挥控制结构，影响通信类装备的运作过程与性能发挥；N_{C} 表示通信装备及与体系其他组成元素间的通信网络结构，影响各种信息流的过程和通信效率。

（3）指挥控制装备效能模型。

$$E_{\mathrm{C}^2} = E_{\mathrm{C}^2}(C_{\mathrm{C}^2}, D_{\mathrm{C}^2}, S_{\mathrm{C}^2}, N_{\mathrm{C}^2}) \tag{6-5}$$

式中：C_{C^2} 表示指挥控制装备的组成，影响整个作战指挥能力的发挥；D_{C^2} 表示指挥控制装备的编配与部署，影响指挥控制装备的协调过程与延迟等；S_{C^2} 表示指挥控制类装备及与体系其他组成元素间的指挥控制结构，影响指挥控制的层次和指控流的过程；N_{C^2} 表示指挥控制装备及与体系其他组成元素间的通信网络结构，影响指挥控制的效率。

（4）对抗打击装备效能模型。

对抗打击装备效能，主要指作为作战任务链的执行终端，完成任务的预期目标程度：

$$E_{\mathrm{A}} = E_{\mathrm{A}}(C_{\mathrm{A}}, D_{\mathrm{A}}, S_{\mathrm{A}}, N_{\mathrm{A}}) \tag{6-6}$$

式中：C_{A} 表示对抗打击武器装备的组成，直接影响各对抗打击武器装备的能力；D_{A} 表示行动武器装备的编配与部署，影响对抗打击武器装备间的配合与性能发挥；S_{A} 表示作战指挥控制结构中的对抗打击装备与指挥控制装备间的结构，影响对抗打击装备的运作及性能发挥；N_{A} 表示对抗打击武器装备及与体系其他组成元素间的通信网络结构，影响作战行动效率。

（二）作战想定

1. 基本想定

未来某一时间内，红蓝双方对峙地区形势紧张，蓝方为获取先发制人优势，设想通过攻击红方某重要目标威慑和迟滞红方行动力量。假定蓝方派遣 F-35 战斗机携带"雄风"型巡航导弹前往攻击位置，对红方重要目标实施导弹攻击；部署于某区域上空执行侦察监视任务的红方侦察装备发现此情况，对其实施不间断跟踪监视，并将侦察信息通过通信中继平台传递至红方前沿作战指挥中心，作战指挥中心命令某基地的攻击型临近空间装备进行拦截。

2. 想定分析

整个作战想定中,假设红方参战的武器装备体系均由临近空间武器装备系统组成,完成任务的预期目标是对蓝方四代战斗机到达攻击位置实施导弹发射这段时间内,红方能否在有限的时间内完成攻击任务,拦截敌机并将其击毁,破坏敌战略意图的实现。在想定任务中,时间对于整个作战行动是非常关键的因素,要在目标完成打击任务前对其实施先发攻击,可称之为时敏目标 TCT 任务。

(1) 双方武器装备体系组成(表 6.2)。

表 6.2 双方武器装备体系组成

	装备类型	装备名称	任务功能
红方	战场感知装备	平流层侦察飞艇	对覆盖范围内目标进行侦察、监视跟踪,获取敌目标信息
	通信装备	平流层通信中继飞艇 数据链,各系统通信设备	复杂各武器装备间的通信联络
	指挥控制装备	作战指挥中心指挥控制装备	复杂指挥控制整个作战过程,主要担负对获取信息的融合处理,作战计划制订、任务协同、辅助决策等
	对抗打击装备	高空高速无人攻击(UHAV) 空空精确制导导弹 高空长航时电子战飞机(E-HARV)	① 对敌防空系统实施电子压制; ② 实施对目标的精确打击
蓝方	来袭装备	四代战斗机 巡航导弹	实施远距离导弹精确打击

(2) 作战态势图(图 6.10)。

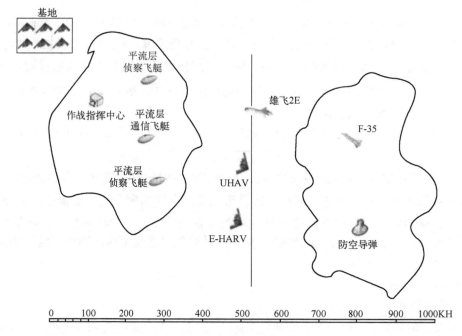

图 6.10 作战态势图

(3) 红方作战指挥控制结构和通信结构。

① 作战指挥控制结构(图 6.11)。其中,前沿作战指挥中心作为指控节点,负责整个作战行动的指挥控制;基地负责接到命令后,对 UHAV 的起飞及到达作战指挥中心控

制区域阶段的导航；平流层通信中继飞艇则主要担负作战指挥中心与平流层侦察飞艇、UHAV 的通信任务；部署的平流层侦察飞艇执行对目标的侦察预警任务，监视目标的行动过程，E-HARV 则在中线以内区域进行电子侦察，当 UHAV 飞临作战区域后，其伴随攻击机对蓝防空系统进行电子压制。

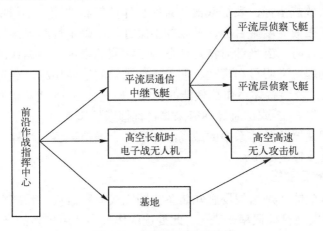

图 6.11　作战指挥控制结构

② 通信结构（图 6.12）。其中，前沿作战指挥中心与平流层侦察/预警飞艇、E-HARV、UHAV 通过平流层通信中继飞艇形成双向通信，与基地通过光纤网形成双向通信，还可与 E-HARV 形成双向通信；平流层侦察/预警飞艇通过平流层通信中继飞艇交互目标信息，UHAV 可以通过通信中继定时接受目标状态信息。

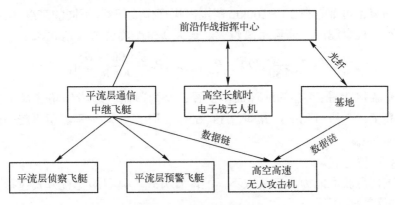

图 6.12　通信网络结构

（三）效能指标选取

按照上述评估模型构建临近空间武器装备体系作战效能如下：

$$E_{\text{TCT}} = E_{\text{NS.ISR}} E_{\text{NS.C}} E_{\text{C}^2} E_{\text{NS.A}} \tag{6-7}$$

式中：E_{TCT} 表示 TCT 任务装备体系作战效能；$E_{\text{NS.ISR}}$ 表示平流层侦察飞艇作为战场感知装备的效能；$E_{\text{NS.C}}$ 表示平流层中继通信飞艇及数据链作为通信装备的效能；E_{C^2} 表示作战指挥中心指挥控制装备的效能；$E_{\text{NS.A}}$ 表示高空高速无人攻击机及携带空空导弹作为对抗打击装备的效能。

效能指标是衡量一个系统在特定的一组条件下完成规定任务程度的量度。不同作战任务下的效能指标也不同，即使同样的效能指标也会应任务要求不同而不同。对于具体的作战想定情况，要达到任务规定的作战效能，需要完成许多子任务（功能），具体的子任务由相应的武器装备去完成。

武器装备体系效能指标，表征武器装备的总体性能和功能，不像单一武器装备效能指标那样直接，存在效能度量目标、准则的多维性、不确定性和局限性等问题。因此，在选择体系效能指标时，应当针对特定任务进行相应的表征，根据作战行动目的选取对决策变量敏感，物理意义明显和直观、便于模型求解的性能指标。通过对想定任务的分析，评估临近空间武器装备体系作战效能的指标，应是在 F-35 战斗机发射巡航导弹攻击我重要目标之前，将 F-35 或巡航导弹等来袭目标摧毁的概率。

对于临近空间武器装备体系中的战场感知装备、通信装备、指控装备和对抗打击装备的效能指标，具体描述如下：

1. 战场感知装备效能

战场感知装备效能，是指战场感知装备协同完成侦察监视、预警探测、效果评估等任务的能力，可用发现目标概率来表征。此处选取作战中使用较多的光学侦察装备为例。

（1）发现目标概率。

设光学侦察装备的最大侦察距离为 R_a，且发现距离服从正态分布，均值 $u = R_a / 2$，均方差 $\sigma = R_a / 6$，则距离为 R 的目标的发现概率为

$$P_D = 1 - \frac{1}{\sqrt{2\pi}\sigma} \int_0^R e^{-\frac{(r-u)^2}{2\sigma^2}} dr \tag{6-8}$$

临近空间装备可部署在 20~100km 范围内执行作战任务，不同的高度其视野也不同，部署高度越高，视野越广，侦察距离越大。最大侦察距离公式表达式如下：

$$d = R_E \frac{\pi}{180°}\{90° - \theta - \arcsin[R_E \frac{\sin(90° + \theta)}{h + R_E}]\} \tag{6-9}$$

式中：d 为覆盖区半径；R_E 为地球曲率半径；θ 为覆盖区边缘仰角（最小观测角）；h 为平台离地高度。一般情况下，R_E 取 6384km，θ 取 5°，对于平流层飞艇来说，其部署高度为 20~50km。

（2）装备配置方式。

为了提高信息获取能力，可采取不同的配置方式，典型的配置方式包括独立配置、目标指示配置和混合配置。

① 独立配置，即每个侦察装备独立地对作战区域进行侦察探测，然后将探测结果送到作战指挥中心。这种配置方式类似于可靠性理论中的并联系统，增加了发现概率。如有 n 个侦察装备部署到作战区域，且每个装备发现目标概率分别为 $P_{D1}, P_{D2}, \cdots, P_{Dn}$，则发现目标概率公式如下：

$$P = 1 - \prod_{i=1}^{n}(1 - P_{Di}) \tag{6-10}$$

② 目标指示配置，即某一装备侦察发现目标后，向另一个装备发送目标信息，且当此装备搜索并发现指示目标后，才将目标信息传送到作战指挥中心，这样减小了目标发

现概率，但增加了目标信息的可信度。其公式如下：

$$P = P_{D1}P_{D2} \tag{6-11}$$

③ 混合配置，即上两种配置方式综合而成的配置方式，其目标发现概率取决于配置结构。

根据上述作战想定中的 TCT 来说，信息的可信性对于红方是否实施打击行动非常重要，因此可采用目标指示独立配置，即由平流层侦察飞艇、平流层预警飞艇组成的侦察系统，须由两个侦察装备均发现目标后，才将目标信息发送至作战指挥中心。

2. 通信装备效能

通信装备效能，是指由各通信装备组成的通信网完成作战信息传输任务的能力。其效能主要表现为时效性。网络的时效性依赖于信息在网络中的传输速率，而信息传输速率取决于网络的带宽和拓扑结构的复杂度。对于时效性来说，可用作战网络中的节点之间完成通信任务的平均传输时延来衡量。对于本书中的通信网结构，延迟时间主要为侦察装备发现目标——传输目标信息至作战指挥中心——命令下达基地的延迟时间 L_{ISR-C^2-JD} 和侦察装备将目标信息发送至无人攻击机的间隔时间 L_{ISR-A} 之和，即整个通信时延 $L_C = L_{ISR-C^2-JD} + L_{ISR-A}$。有研究对部署于 30km 的临近空间通信系统（短波和超短波）进行了仿真分析，其延迟时间均小于 0.5s，而作战指挥中心至基地是由光纤传输，基本上不存在延迟时间。由此可知，L_C 小于 1s，在此作战想定中通信时延我们忽略考虑，认为其是实时传输的。

3. 指挥控制装备效能

指挥控制装备效能，指由各类指挥信息系统完成信息处理、作战计划制定、任务协同和辅助决策等的综合能力，主要衡量指标是整个决策时间。而决策时间依赖于对整个指挥控制系统获取的知识，获得的知识越多，所用的决策时间越短，反之决策时间越长。

（1）指挥控制时延。

网络中心战下，对于由指挥与控制节点构成的关键时间行动。这些节点中的每一个节点都要完成相应的信息处理任务，如果节点 i 完成其任务的平均时间为 $1/\lambda_i$，假设完成任务的时间服从指数分布。那么，节点 i 在时间 t 完成其任务的概率为

$$f_i(t) = \lambda_i e^{-\lambda_i t} \tag{6-12}$$

一般情况下，在整个作战网络中支持此次行动的并行和串行的节点总数为 τ，其中有 ρ（ρ 是 τ 的一个子集）个节点可构成一条关键路径。如果关键路径上的节点是串行关系，则关键路径总的期望执行时间是路径上各节点执行时间之和，且再加上末端武器攻击系统运动到攻击区域所需的时间 T_{JD-AO}：

$$T = \sum_{i=1}^{\rho} \frac{1}{\lambda_i} + T_{JD-AO} \tag{6-13}$$

如果关键路径中有 m 个并行节点，$\rho-m$ 个串行节点，则

$$T = \max\left(\frac{1}{\lambda_1}, \frac{1}{\lambda_2}, \cdots, \frac{1}{\lambda_m}\right) + \sum_{j=m+1}^{\rho} \frac{1}{\lambda_j} + T_{JD-AO} \tag{6-14}$$

（2）信息熵和知识。

信息论可用来评估指挥控制系统中有用知识的"总量"。信息论中的重要概念信息熵

是平均信息总量概率分布的一种度量标准，定义为

$$H(x) = -\int_{-\infty}^{+\infty} \ln[f(x)]f(x)\mathrm{d}x \tag{6-15}$$

信息熵是一个期望值，反映一种概率密度的平均信息。对于作战指挥网络中的节点来说，各节点 i 的知识量是节点处理时间 $f_i(t)$ 分布中的不确定性的函数。由香农定义可知：

$$H_i(t) = -\int_0^{\infty} \ln(\lambda_i \mathrm{e}^{-\lambda_i t}) \lambda_i \mathrm{e}^{-\lambda_i t} \mathrm{d}t \tag{6-16}$$

$$H_i(t) = \ln\left(\frac{\mathrm{e}}{\lambda_i}\right) \tag{6-17}$$

如果假设节点 i 完成任务的最大期望时间为 $1/\lambda_i^{\min}$，则节点 i 的知识度量可以描述为

$$K_j(t) = \ln\left(\frac{\mathrm{e}}{\lambda_i^{\min}}\right) - \ln\left(\frac{\mathrm{e}}{\lambda_i}\right) = \ln\left(\frac{\lambda_i}{\lambda_i^{\min}}\right) \tag{6-18}$$

由此可知，知识 K 与任务完成时间分布相关，即

$$K_i(t) = \begin{cases} 0, & \lambda_i < \lambda_i^{\min} \\ \ln\left(\frac{\lambda_i}{\lambda_i^{\min}}\right), & \lambda_i^{\min} \leqslant \lambda_i \leqslant \mathrm{e}\lambda_i^{\min} \\ 1, & \lambda_i > \mathrm{e}\lambda_i^{\min} \end{cases} \tag{6-19}$$

（3）知识的效用。

如果对于作战网络中的节点 i 处于关键路径上，节点 j 与之相连接，设 c_{ij} 表示两节点间的协调质量。如果 c_{ij} 越高，协调质量越好，那么 $K_j(t)$ 就越接近于 1，则相应的节点 j 有效完成任务时间减少的系数就可表示为 $(1-K_j(t))^{w_j}$。它表明了节点 j 能为关键路径上的执行节点 i 提供优质的信息，即 $K_j(t)$ 越大，$1-K_j(t)$ 将越小，当它乘以完成任务期望时间 $1/\lambda_i$ 时，将产生一个比实际时间要小的有效时间。如果 j 也在关键路径上，那么系数 $w_j = 1$，如果是参与了作战行动，但不在关键路径上则 $w_j = 0.5$，反映了协调水平较低。

如果设 d_i 为节点 i 的入度，那么对节点 i 作战行动的协作质量的贡献可表示为

$$C_i(t) = \prod_{j=1}^{d_i} c_{ij} = \prod_{j=1}^{d_i} (1-K_j(t))^{w_j} \tag{6-20}$$

因此，在不考虑网络复杂性带来的信息过载的负面影响时，整个关键路径总的有效任务执行时间就可表示为

$$T = \sum_{i=1}^{\rho} \frac{c_i}{\lambda_i} + T_{\mathrm{JD-AO}} = \sum_{i=1}^{\rho} \frac{1}{\lambda_i} \prod_{j=1}^{d_i} (1-K_j(t))^{w_j} + T_{\mathrm{JD-AO}} \tag{6-21}$$

4. 对抗打击装备

对抗打击装备，指对抗打击装备在完成对目标火力打击、电磁压制等任务的能力，主要由摧毁概率、电子压制区域和强度等指标表示。对于想定任务来说，UHAV 的作战效能是指到达作战区域后，能够侦测、捕获、实施攻击并摧毁目标的概率：

$$P_{\text{CAV-K}} = P_{\text{D-F35}} P_{\text{PL-K}} \tag{6-22}$$

式中：$P_{\text{D-F35}}$ 为 UHAV 侦测、捕获 F-35 的概率；$P_{\text{PL-K}}$ 为空空导弹摧毁目标概率。

假定空空导弹有效，发现即摧毁目标（$P_{\text{PL-K}}=0.8$）那么其作战效能便取决于对目标的侦测概率，而侦测概率又取决于来袭目标所在的不确定区域范围、目标速度、红方战场感知装备与 UHAV 探测、跟踪能力。对于 UHAV，其侦测概率就是携带侦察设备本身侦察探测目标的能力；而在平流层侦察/预警飞艇侦察信息支援基础上的侦测概率如下：

$$P_{\text{d}}(T) = 1 - e^{-\frac{svk^2}{[1-K(T)]\pi(w_it_u)^2}} \tag{6-23}$$

式中：$P_{\text{d}}(T)$ 为在搜索时间内探测到目标的概率；T 为有效搜索时间；s 为侦察装备上的传感器扫视宽度；v 为的 UHAV 的飞行速度；k（$k \geqslant 1$）为信息对搜索的影响系数，可用半定量形式表示（1~9 标度），主要体现在减小搜索区域，更精确地定位目标上；$K(T)$ 为在有效搜索时间内的有效信息量；t_u 为目标信息更新时间差；w_i 为目标的机动速度。

（1）搜索区域。我们假定来袭目标不确定区域 A，在缺乏有效信息支持情况下 UHAV 自身的侦察设备对目标的侦察范围一个圆形区域 $A=\pi r^2=\pi(w_it_u)^2$；如果其他侦察装备可以提供有效目标区域信息，那么 UHAV 的侦察设备就不需要扫描 360° 范围，而搜索区域 A 可表示为

$$A = \pi\left(\frac{w_it_u}{k}\right)^2 \tag{6-24}$$

（2）UHAV 侦测捕获目标。设 S 为从发现目标到目标抵达发射阵位之间的时间，那么有效搜索时间 $T^* = S - T$。如果 $T^* \leqslant 0$，UHAV 就无法攻击目标；如果 $T^* > 0$，探测和捕获目标的累积概率取决于对搜索区域的所需时间。假设探测的瞬间发现概率取决于侦察传感器的扫视宽度 s 和搜索速度 v，则在时间区间 $[T+\mathrm{d}T]$ 发现目标的概率为 $sv\mathrm{d}T/A$，没有发现目标的概率为 $1-sv\mathrm{d}T/A$。设 q 为没有发现目标的概率，则有

$$q(T^*) = e^{-\frac{sv}{A}} \tag{6-25}$$

经推导可得目标侦测概率为

$$P_{\text{d}}(T) = 1 - e^{-\frac{sv}{A}T^*} \tag{6-26}$$

（3）$K(T)$ 的影响。运用式（6-19）进行计算，且设 $\gamma = sv/A$。

$$K(T^*) = \begin{cases} 0, & \gamma < \gamma_{\min} \\ \ln(\gamma/\gamma_{\min}), & \gamma_{\min} \leqslant \gamma \leqslant e\gamma_{\min} \\ 1, & \gamma_{\min} \geqslant e\gamma_{\min} \end{cases} \tag{6-27}$$

在有效信息支援下，搜索区域将进一步减少，有效搜索区域为

$$A_{\text{E}} = [1 - K(T^*)]\pi\left(\frac{sw_i}{k}\right)^2 \tag{6-28}$$

进而可得 $P_{\text{d}}(T)$ 的表达式。

三、仿真分析

一般情况下，可以将支持作战任务的指挥控制和通信网络描述成抽象的有向图。图

$G(X,E)$ 由节点集 $X=\{x_1,x_2,\cdots,x_n\}$、边集 $E=\{e_1,e_2,\cdots,e_m\}$ 两部分组成。网络中的连接意味节点之间能够直接通信,连接指向则意味着信息的流向。如果 $G(X,E)$ 中至少有一个连接具有方向性,称为有向网络;如果所有连接都没有方向,则称为无向网络。根据上述作战想定任务,参与 TCT 任务的作战行动的关键路径如图 6.13 所示,其中节点 1 和节点 2 是并行的。

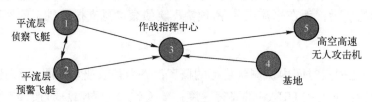

图 6.13　TCT 关键路径图

（一）临近空间战场感知装备侦察效能仿真分析

Matlab 软件具有很强的数值计算、数据图视能力,同时具有交互式图形用户界面,适合完成各种数学表述、分析和计算。以下所涉及到的仿真结果图均在 Matlab7.1 软件下编译调试。

由式（6-8）和式（6-9）,可知临近空间战场感知装备的发现目标概率随最大侦察距离的变化而变化,而最大侦察距离又与部署高度及最小观测角有关,在这里分别选取部署高度 h（20～100km）,最小观测角为 σ（$0°,5°,10°,15°$）与侦察直径 D（如图 6.14 和图 6.15）。

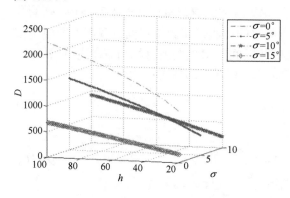

图 6.14　侦察距离仿真图

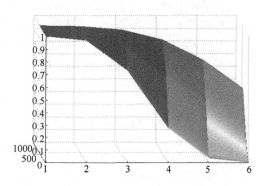

图 6.15　侦察概率仿真图

如果红方部署平流层侦察飞艇高度为 30km,选最小观测角 5°,为由以上仿真图可知,侦察距离（直径）约为 1000km,由此可知部署在红方境内的平流层侦察飞艇,可以对蓝方境内纵深 900km 以上区域实施密切侦察监视。假设蓝方 F-35 战斗机部署于蓝方境内距中线 100km 以内基地,那么由仿真图可看出侦察概率约为 1。利用目标指示配置方式,则侦察概率也约为 1。

（二）想定应用

本文将作战想定任务需要的数据元素分为 3 类:输入变量、设计变量和效能（表 6.3）。

表 6.3 TCT 任务想定的数据元素表

输入变量	输入值	设计变量	效能
F-35 战斗机起飞、机动至发射阵位时间	15min	作战指挥中心平均处理时间 0~20min	目标时间
发射巡航导弹准备时间	1min		
作战指挥中心接受临近空间信息时延	0.5min、0.7min		
UHAV 搜索并到达攻击阵位时延	5min		
发射空空导弹时间	0.5min		
更新目标数据	1min	信息质量 $k=3$	摧毁概率
扫描宽度	0.25km		
空空导弹速度	$3Ma$		
F-35 战斗机机动速度	$2.5Ma$		
巡航导弹速度	$2Ma$		

根据上述表中数据，对平流层侦察飞艇将信息和平流层预警飞艇从获取目标信息到传输至作战指挥中心的时延输入分别为 0.5min 和 0.7min，基地处理时延输入为 3min，设计变量作战指挥中心指挥控制装备平均处理时延为 0~20min，更新目标数据为 1min，平流层侦察系统提供的信息质量 $k=3$，按照式（6-19）~式（6-28），其仿真结果如图 6.16~图 6.19 所示。

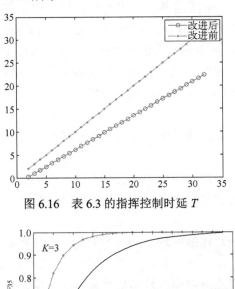

图 6.16 表 6.3 的指挥控制时延 T

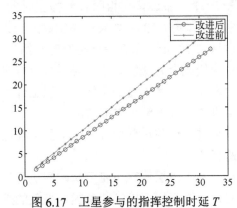

图 6.17 卫星参与的指挥控制时延 T

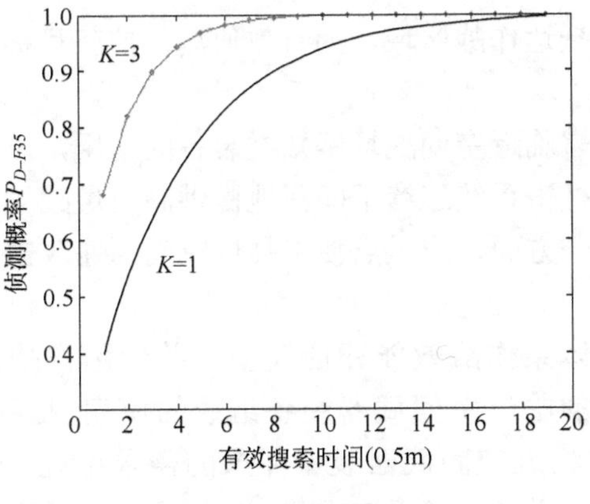

图 6.18 侦测概率图

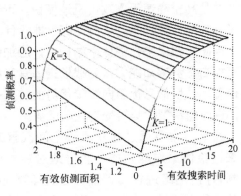

图 6.19 侦测概率三维图

由图 6.16 可知，运用临近空间武器装备在执行 TCT 作战任务中，在网络中心战模式下指挥控制时延有明显的减小，这为攻击机完成攻击任务提供了有效的时间保证。由表中蓝方作战数据可知，其完成任务时间为 16min，红方平流层侦察飞艇可以实时探测，假定红方指挥控制装备处理目标信息，形成作战决策，制订作战计划，向基地发送作战指令所需的平均处理时间约为 10min，UHAV 从接受命令至飞抵作战区域约为 5min（飞行速度 6～8Ma），发射空空导弹时间 0.5min，由此可知红方指挥控制时延约为 15min，对照图 6.16 可知，在网络中心战模式支持下，信息被高度共享，指挥控制时延约为 10min，可大概为 UHAV 进行搜索攻击提供约 5min 时间，由图 6.18 可知，在有效搜索时间内，侦测概率约为 1，由式（6-22）可得摧毁目标概率为 0.8。因此，参与作战的临近空间武器装备体系作战效能值 $E = E_{NS.ISR} E_{NS.A} = 1 \times 0.8 = 0.8$。可见，在给出的数据下，能够较好地完成 TCT 任务。

如果拿卫星信息支援来比较的话，假设战场感知类装备由高轨侦察卫星和低轨侦察卫星组成，LEO 在战场上空执行侦察任务，并且其侦察概率也设为 1，从获取目标信息到传输至作战指挥中心的时延输入分别为 3min 和 1min，基地处理时延和指挥控制装备平均处理时延不变，更新目标数据为 2min。由此可得图 6.17，与图 6.16 相比，可以看出由临近空间侦察装备组成的作战结构，其指挥控制时延缩短的优越性。同时，由于卫星支援信息的时效性、准确性等较临近空间支援信息的差距，可以考虑给出卫星信息质量因子 $k = 1$，那么其在相同有效搜索时间内较临近空间信息支援下的侦测概率也低很多（图 6.18 和图 6.19）；如果将高空高速无人攻击机换为第四代战斗机（3Ma），其起飞至作战区域约 10min，那么指挥控制时延约为 16min，基本无法提供有效搜索时间，故打击效能值很低或者无法发射空空导弹执行打击任务。由此可知，临近空间装备体系在执行这类时敏任务有着独特的优势。但以上评估中给出的数据还有待进一步验证，所以并不能完全真实地反映整个作战效能。

通过以上仿真分析可知，主要由临近空间装备组成的作战体系能够较好地完成 TCT 作战任务。

一是平流层侦察飞艇可长时间执行侦察任务，在覆盖区域内提供及时、准确的侦察信息，能够为指挥控制装备提供高效的来袭目标信息，缩短了指挥决策时间，为打击装备提供了足够的时间准备。

二是高空高速无人攻击机速度快，可快速抵达作战区域，为有效侦测、捕获目标提供了有效的搜索时间，从而提高了摧毁目标概率。

因此，在未来作战体系结构中，应加强部署临近空间战场感知类装备的运用，一方面可提高态势感知能力，为战场指挥官和武器打击系统连续不间断地提供高质量战场动态信息，加快信息优势向决策优势的转变；另一方面，应重点使用临近空间高速攻击装备，进而由决策优势转变为行动优势。

综上，本节通过建立临近空间武器装备体系作战效能评估模型，并运用作战想定来检验体系作战效能，较好地对参与作战的临近空间武器装备组成的侦察-指挥-控制-打击网络进行了评估，可以有效地促进临近空间武器装备体系的需求论证、作战体系优化及未来作战应用。诚然，整个评估并不能全面有效反映临近空间武器装备体系作战效能，但可以为临近空间武器装备体系作战效能评估提供一个可借鉴的思路和方法。

第五节 临近空间装备体系建设重点

武器装备体系建设重点分析是为实现武器装备重点需求目标而确定的主攻方向，对武器装备体系发展具有重要影响。临近空间武器装备体系建设重点是在未来一定时期内军事作战能力需求重点在其装备实现途径上的对应。因此，运用系统分析方法对临近空间武器装备体系进行定性定量相结合分析，是科学建设临近空间武器装备体系的重要环节。本节运用价值中心法（Value-Focused Thinking，VFT），从装备对体系的贡献度角度，分析临近空间武器装备体系建设重点。

一、价值中心法简述

价值中心法（VFT）是一种用定性和定量相结合的手段进行系统分析的综合集成方法。VFT突出了体系在未来环境中的功能和作用，且结构模型简单便于操作。具体流程如图6.20所示。

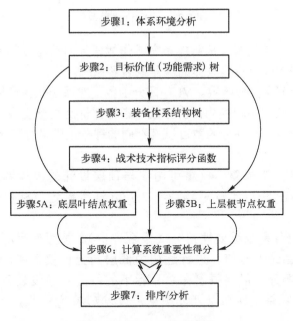

图 6.20 VFT 方法流程图

步骤 1：分析体系环境及影响。武器装备的发展受到政治、经济、科技、地理等诸多未来战略环境因素的制约，这种制约性要求把武器装备放在特定的时间和空间中加以分析研究。未来战略环境是指影响制定武器装备发展战略目标、方针的外部条件，其内容比较宏观，内涵也比较丰富。有效可信的未来战略环境分析直接决定着武器装备发展决策的合理性和针对性。

步骤 2：构建目标（功能需求）价值树。对体系完成未来某种使命任务这个总目标进行分解，总目标可以分解为不同功能，各功能继续分解为具体完成的子任务，最后到完成各子任务的具体量化战术技术指标，如图 6.21 所示。在构建目标价值树时要注意几个方面：一是完备性，即一个父节点的全体子节点能够反映出父节点的全部内容；二是独立性，同一个父节点的子节点内容不可重复，子节点间无相关性；三是可测性，即目标分解树的最底层叶节点是可量化的指标。

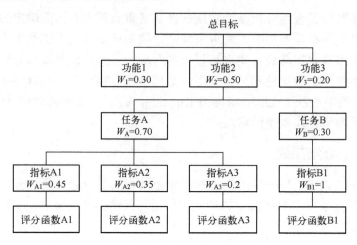

图 6.21　目标价值模型

步骤 3：构建体系结构树。按照体系完成作战任务的功能对其组成要素进行划分，得到体系结构树，树的叶节点是具体的武器或装备系统。

步骤 4：确定叶节点评分函数。VFT 评分函数是对系统任务指标进行量化，即对量化指标通过一定的函数关系转换为评价分数，指标评价函数量度决策者对不同能力指标值的相对重要性评价。一个评分函数可以有不同的评分范围进行表示，典型的有[0，1]、[0，10]、[0，100]。

步骤 5：确定各层次权重。权重可由参与顶层设计的决策者进行宏观判断给出权值，也可采用 AHP 法、比较矩阵法、Delphi 法等确定目标价值评价模型各层次的权重。

步骤 6：底层装备系统重要性得分（聚合评价）。按照对目标分解树赋予的权重值和底层叶节点的系统评分值，进行逐层由低层向上加权求和，得到叶节点武器系统完成相应任务的得分，最终得出在总目标下的得分。假设装备体系目标价值模型如图 6.21 所示，某装备系统通过评分函数得分分别是 S_{A1}、S_{A2}、S_{A3}、S_{B1}，则该系统总得分为

$$F(2) = S_{A1}W_{A1}W_AW_2 + S_{A2}W_{A2}W_AW_2 + S_{A3}W_{A3}W_AW_2 + S_{B1}W_{B1}W_BW_2$$

例如：$S_{A1} = 37; S_{A2} = 62; S_{A3} = 18; S_{B1} = 83$。

$$F(2) = 37 \times 0.45 \times 0.7 \times 0.5 + 62 \times 0.35 \times 0.7 \times 0.5 + 18 \times 0.2 \times 0.7 \times 0.5 + 83 \times 1 \times 0.3 \times 0.5 = 27.12$$

步骤 7：系统重要性排序。按照系统在总目标中的分值大小进行排序，求出各系统的相对重要性。

二、影响因素分析

临近空间武器装备体系作为未来作战的重要装备体系,在发展和建设过程中必然受到国家政治、经济力量、军事战略、技术发展和自然环境等诸多因素的制约和影响。本节将临近空间武器装备体系在未来作战运用的主要影响因素设定为国家影响力、空天作战需求和技术支持能力。

国家影响力,是指国家在国际社会上的发挥作用的能力,包括政治、经济、军事、技术、文化等影响力,是一个国家综合实力的象征,见表 6.4。

表 6.4 国家影响力等级度量描述

国家影响力	标度	含义
弱	1	国家的经济实力较差,军事实力不够强大,政治影响力有限,国际活动范围小,在国际社会上发挥的影响力小
较弱	3	国家的经济实力有一定提高,政治影响力和军事实力有一定增强,对其他少数几个国家有一定的影响力
中等	5	国家的综合实力增强,成为国际上一个不可忽视的力量,能对国际经济、政治格局产生一定的影响,在地区性事务上发挥着重要的影响力
较强	7	国家的经济、政治、军事、文化实力大幅度提高,国家的影响力超出本地区范围,在世界事务的处理上有一定的影响力
强	9	国家的综合实力有极大的提高,成为世界强国,在国际舞台上的扮演着重要角色,对大部分的国际事务有着决定性影响

空天作战需求,是指与国家发展战略相适应的空天作战能力要求,按照各国国家战略定位大致可以分为维护主权范围的防空型和攻防兼备型、应对周边威胁的地区型和全球参与的全球型作战需求,见表 6.5。

表 6.5 空天作战需求度量描述

作战需求	标度	含义
主权防空型	3	主要是在国家主权范围内实施防空作战,保卫国家不受侵害
主权攻防兼备型	5	保护国家主权、领土完整,并能够对敌实施进攻,打击敌重要战略力量
地区型	7	维护地区范围内的和平稳定,是地区的重要力量,能够在地区内实现全面掌握
全球型	9	"全球参与、全球到达、全球力量"

科技经济工业等基础支持能力,是由所有影响国家技术创新的国家内部技术能力、国家经济实力,以及以航空航天制造业为主的国家工业基础等因素构成,包括人员素质、科研水平、国家可用于装备建设投入的经济实力、制造业基础、科技转化机制及管理体系等所有影响国家装备研发生产的内部因素,见表 6.6。

表 6.6 基础支持能力度量描述

基础支撑能力	标度	含义
弱	1	国家基础支撑能力很弱,科研人员少,技术创新能力差,管理体制落后,经济实力和工业制造力与发达国家的技术差距至少在 50 年以上
较弱	3	国家基础支撑能力较弱,有一定的科研能力,技术创新能力不足,管理体制有改善,经济实力和工业制造力与发达国家的技术差距约在 30~50 年

续表

基础支撑能力	标度	含义
中等	5	国家基础支撑能力一般，有一定的技术创新能力，缺乏有效的科技成果转化机制，管理体制，经济实力和工业制造力与发达国家的技术差距约在20~30年
较强	7	国家基础支撑能力较强，技术创新能力较强，科技成果转化机制、管理体制成熟，经济实力和工业制造力与发达国家的差距约在10~20年，在某些技术领域达到了世界先进水平
强	9	国家基础支撑能力很强，与发达国家同属一个层次，技术研发和转化能力强，实力雄厚，是许多高新技术研发的"源地"

以中等发达国家基于空天作战需求的情况为例，不同等级间的组合可构成一个未来局势，每一个局势就是可能出现的一个体系运行环境。因此，我们可以大致得到如下几种局势：$S(5,3,3)$、$S(5,5,5)$、$S(7,7,7)$，S 表示体系运行局势下相应的国家影响力、作战需求和基础支撑能力的标度。其中，$S(5,3,3)$ 这种局势下对临近空间装备系统的需求主要考虑信息支援能力，通过增强侦察探测能力提高防御性空天作战效能。$S(5,5,5)$ 这种局势下对临近空间装备系统的需求强调在信息支援基础上提高一定的实力威慑能力。$S(7,7,7)$ 这种局势下对临近空间装备系统需求重点是进攻性作战能力，即较强的机动到达能力和综合进攻作战能力。

三、体系目标价值树

体系目标价值树是通过对国家未来一定时期内的安全环境进行全面分析，并结合国家发展战略和军事作战理论发展，将临近空间装备体系未来要完成的使命对应的作战能力进行区分、分配和分解，目的就是要建立作战任务能力体系。

临近空间武器装备体系作为空天优势的增效器，其组成装备系统具有快速反应、迅速到达、持久 ISR、广域通信等特色优势，在机动到达、信息支援和实力威慑功能上有显著增效，进而再将功能分解到具体任务能力要素上，最后把任务能力进一步细化为具体的可量化的战技术指标，如图 6.22 所示。

机动到达：通过机动灵活的平台部署能力和持久安全的生存能力，保持军事能力影响快速、持续存在。

信息支援：通过增强信息获取、信息传递和信息应用效能，为战场指挥员和精确打击系统提供及时、准确的全方位立体的信息支持，以便形成先敌获取、先敌决策和信息火力打击一体化能力。

实力威慑：通过机动灵活的平台部署能力，高速、隐身的突防及防区外精确攻击能力对敌形成高强度、长时间的威慑效应，以达到"不战而屈人之兵"或者高效达成指挥员直接的军事目的。

四、临近空间武器装备体系结构树

临近空间武器装备体系是为完成未来作战使命，由临近空间武器装备系统构成的集合，如前所述的临近空间武器装备体系结构，包括信息支援类装备、行动对抗类装备和支持应用类装备三大类，由于应用支持类装备诸多属于信息化建设的共性装备。因此，这里仅列出临近空间型武器装备，见表 6.7。

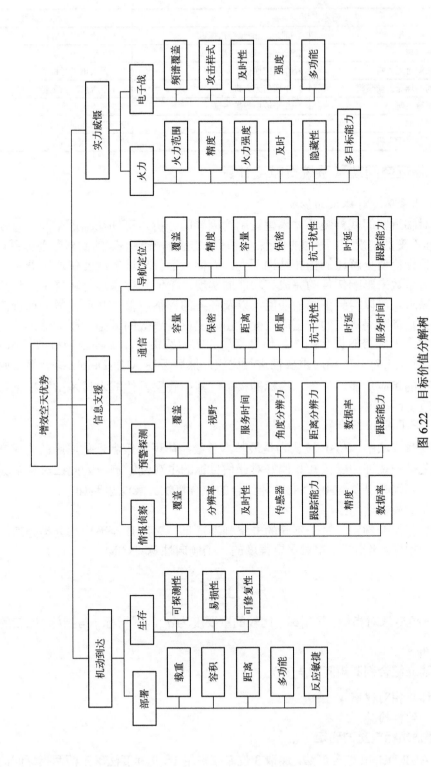

图 6.22 目标价值分解树

表 6.7 临近空间武器装备体系的部分底层装备列表

1 信息支援类装备		2 行动对抗类装备
1.1 平流层侦察飞艇	1.8 临近空间预警指挥机	2.1 平流层电子对抗飞艇
1.2 高空侦察气球	1.9 平流层通信中继飞艇	2.2 高空电子对抗气球
1.3 高高空长航时无人机	1.10 高空通信中继气球	2.3 无人电子对抗机
1.4 临近空间高速无人侦察机	1.11 通信无人机	2.4 平流层激光飞艇
1.5 平流层预警飞艇	1.12 平流层导航飞艇	2.5 高速无人攻击机
1.6 高空预警气球		2.6 空天作战飞机
1.7 临近空间预警无人机		2.7 兵力投送飞艇

五、临近空间装备系统贡献度计算

（一）体系环境对体系的影响

通过对临近空间武器装备体系建设制约因素的分析，可知在临近空间"增效空天优势"总目标不变的情况下，不同的体系运行环境相应地需要不同的武器装备体系。在 VFT 中，假定目标价值分解树的拓扑结构不变，而体系运行环境的改变仅通过调整目标结构树中的权重系数来影响任务的完成和功能的实现。不同的体系运行环境由局势点的不同特征及其需求，可以得到不同的功能，以及任务的评估权值，从而使得目标价值树每一级的加权分数都随局势点的改变而改变，由此随权重系数的调整而影响体系。通过对临近空间增效空天优势的机动到达、信息支援和实力威慑在以上体系局势中（$S(5,3,3)$、$S(5,5,5)$、$S(7,7,7)$）的相对重要性进行比较，然后运用 AHP-Delphi 综合算法确定不同体系局势下的相应功能、任务、指标的权重，其中底层具体战术技术指标权重系数不随体系环境改变而改变。

1. AHP-Delphi 综合算法

在主观赋权法中，AHP 被认为是最基本且最能体现决策者评估原则的构权方法，但是为了避免某一位评估者认知和偏好对评估目标的主观性影响，为此在对各指标的相对重要性进行判别时引入 AHP-Delphi 相结合的综合算法。算法思路如下：

（1）建立层次结构模型。

（2）进行两两判别。对于不同的专家判别意见，采用几何平均法分类处理，可反映专家们认为指标 i 比指标 j 相对重要程度的一个倾向性意见，即

$$c_{ij} = \left(\prod_{r=1}^{m} a_{ij}^r\right)^{1/m} \quad (6-29)$$

式中：第 r 位专家对指标 i 与指标 j 比较的重要度为 a_{ij}^r，则指标 j 与指标 i 比较的重要度为 $a_{ji}^r = 1/a_{ij}^r$。

（3）建立综合判断矩阵 $\boldsymbol{C} = (c_{ij})_{m \times n}$。

（4）计算相对权重 W。

（5）一致性检验。

2. 评估指标权重的确定

按照 AHP-Delphi 综合算法，邀请 3 位专家采用 1~9 标度法确定两两指标间的相对重要程度，进而对目标价值树所涉及到的指标进行权重系数计算，如图 6.23~图 6.25 所示。

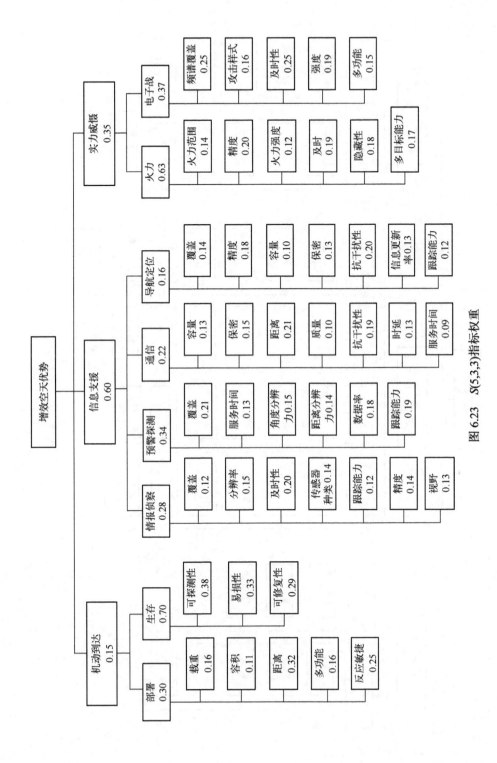

图 6.23 $S(5,3,3)$ 指标权重

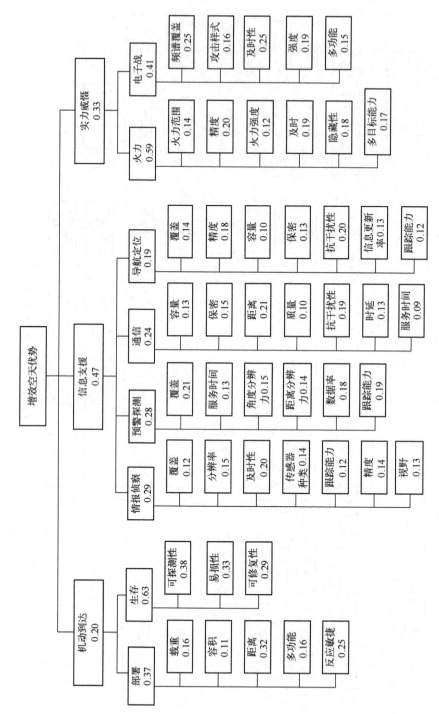

图 6.24 S(5,5,5)指标权重

188

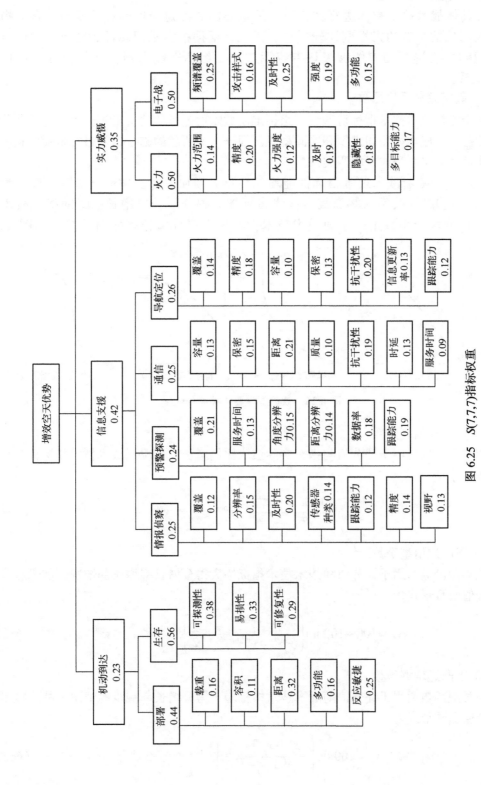

图 6.25 $S(7,7,7)$ 指标权重

（二）指标评分函数

对具体战术技术指标进行评价时，最重要的是确定合适的评价函数。有的指标是比较明确的，有的指标则比较模糊。因此，根据指标不同属性、特点，通过专家的认识和感觉选择相应能够表达专家期望的一组标准能力指标评价函数与评价指标相联系。

1. 确定定量评价函数

对于定量战术技术指标可通过一组标准函数映射为具体的价值评分值。定量化指标包括效益型、成本型、固定型和区间型等。根据本书所建的临近空间目标价值结构树，主要涉及到效益型和成本型两类。

（1）对于随着战术技术指标性能增加而得分增加的效益性评分函数一般分为以下 4 种。①线性关系；②随战术技术指标增大得分增长率增长；③随战术技术指标增大得分增长率减少；④随战术技术指标增大得分增长率先增后减，如图 6.26 所示。

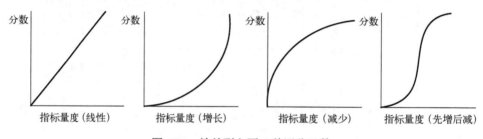

图 6.26　效益型主要 4 种评分函数

① 线形递增型函数。

该类型函数适用于评分值与指标实际值成比例增长的情况，战术技术指标评分值函数形式如下

$$y_{ij} = \frac{100(x_{ij} - x_j^{\min})}{x_j^{\max} - x_j^{\min}}, x_j^{\min} \leqslant x_{ij} \leqslant x_j^{\max} \quad (6-30)$$

② 下凸递增型函数。

该类型函数适用于评分值随战术技术指标增大得分增长率增长的情况，战术技术指标评分值函数形式为

$$y_{ij} = 100 + 100\sin\left(\frac{x_{ij} - x_j^{\min}}{x_j^{\max} - x_j^{\min}} \times \frac{\pi}{2} - \frac{\pi}{2}\right), x_j^{\min} \leqslant x_{ij} \leqslant x_j^{\max} \quad (6-31)$$

③ 上凸递增型函数。

该类型函数适用于评分值随战术技术指标增大得分增长率减少的情况，战术技术指标评分值函数形式为

$$y_{ij} = 100\sin\left(\frac{x_{ij} - x_j^{\min}}{x_j^{\max} - x_j^{\min}} \times \frac{\pi}{2}\right), x_j^{\min} \leqslant x_{ij} \leqslant x_j^{\max} \quad (6-32)$$

④ S 型递增函数。

该类型函数适用于评分值随着随战术技术指标增大得分增长率先增后减的情况，战术技术指标评分值函数形式为

$$y_{ij} = 50 \times \left[1 + \sin\left(\frac{x_{ij} - \frac{x_j^{\max} + x_j^{\min}}{2}}{x_j^{\max} - x_j^{\min}} \times \pi\right)\right], x_j^{\min} \leqslant x_{ij} \leqslant x_j^{\max} \qquad (6\text{-}33)$$

（2）对于随着战术技术指标值越小越好的成本型评分函数一般分为以下 4 种，如图 6.27 所示。

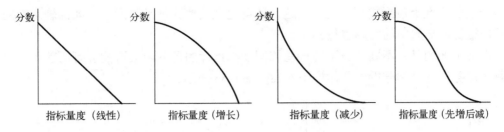

图 6.27 成本型主要 4 种评分函数

① 线形递减型函数。

该类型函数适用于评分值与指标实际值成比例减小的情况，战术技术指标评分值函数形式为

$$y_{ij} = \frac{100(x_j^{\max} - x_{ij})}{x_j^{\max} - x_j^{\min}}, x_j^{\min} \leqslant x_{ij} \leqslant x_j^{\max} \qquad (6\text{-}34)$$

② 上凸递减型函数。

该类型函数适用于评分值随着战术技术指标减小得分减少率（导数绝对值）增长的情况，战术技术指标评分值函数形式为

$$y_{ij} = 100 \sin\left(\frac{x_j^{\max} - x_{ij}}{x_j^{\max} - x_j^{\min}} \times \frac{\pi}{2}\right), x_j^{\min} \leqslant x_{ij} \leqslant x_j^{\max} \qquad (6\text{-}35)$$

③ 下凸递减型函数。

该类型函数适用于评分值随着战术技术指标减小得分减少率减小的情况，战术技术指标评分值函数形式为

$$y_{ij} = 100 + 100 \sin\left(\frac{x_j^{\max} - x_{ij}}{x_j^{\max} - x_j^{\min}} \times \frac{\pi}{2} - \frac{\pi}{2}\right), x_j^{\min} \leqslant x_{ij} \leqslant x_j^{\max} \qquad (6\text{-}36)$$

④ S 型递减函数。

该类型函数适用于评分值随着战术技术指标减小得分减少率先增长后减小的情况，战术技术指标评分值孔函数形式为

$$y_{ij} = 50 \times \left[1 + \sin\left(\frac{\frac{x_j^{\max} + x_j^{\min}}{2} - x_{ij}}{x_j^{\max} - x_j^{\min}} \times \pi\right)\right], x_j^{\min} \leqslant x_{ij} \leqslant x_j^{\max} \quad (6\text{-}37)$$

2. 确定定性评价函数

采用专家经验评分法，将指标值的所有可能取值按照从小到大的顺序划分为若干个阶段，并给每个阶段一个评分标准。

3. 其他评分函数

若这些标准函数形式都不适合表达，还可定义其他评价函数形式，如部署属性的指标反应敏捷和导航中的用户容量。

需要说明的是，不同任务下的一些相同功能指标的评分函数可能会有所差异，要根据具体任务进行具体分析。具体如图 6.28～图 6.35 所示。

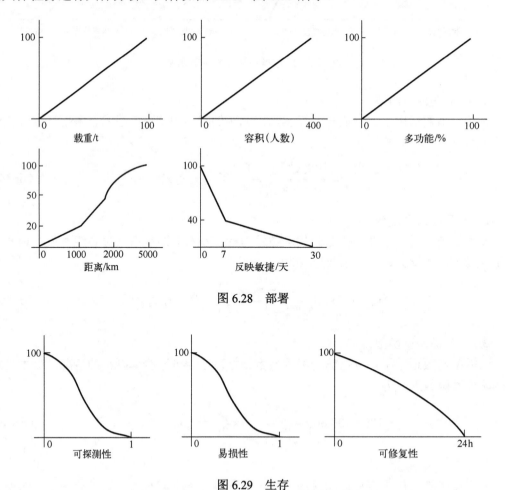

图 6.28 部署

图 6.29 生存

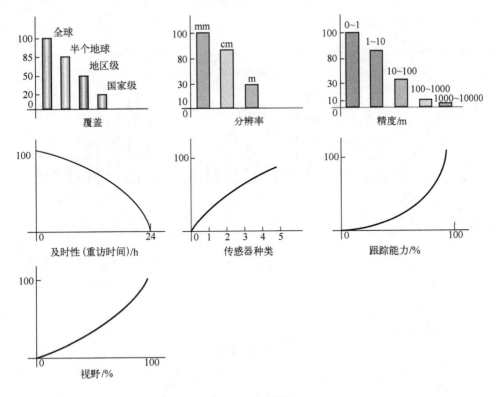

图 6.30 侦察监视

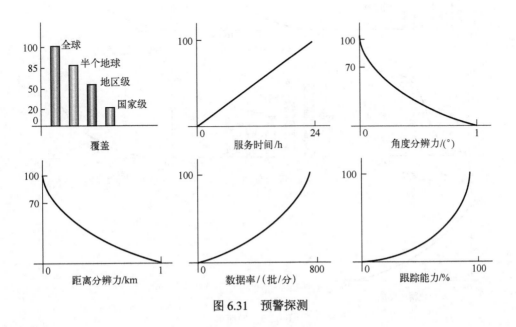

图 6.31 预警探测

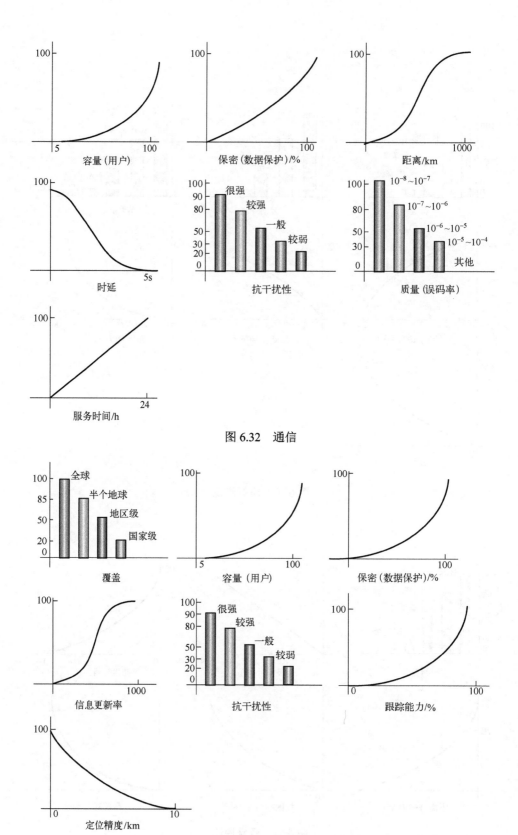

图 6.32 通信

图 6.33 导航

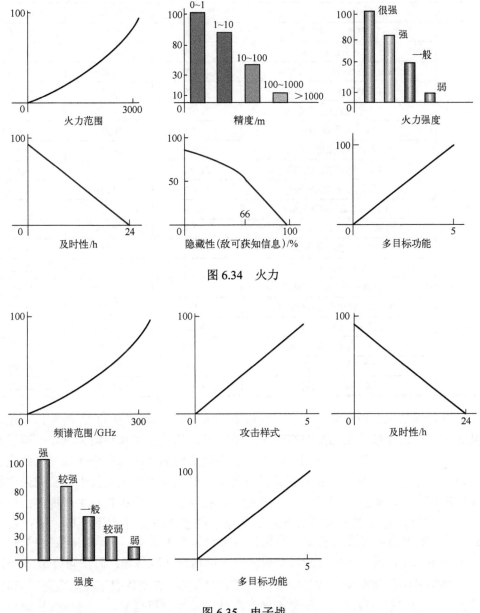

图 6.34 火力

图 6.35 电子战

(三)系统重要性排序及分析

将临近空间武器装备体系结构树中每一个具体武器系统按照目标分解树结构由底至上逐层合成计算重要性值(参考步骤 6)。首先,通过功能指标的评分函数对待评武器系统进行量化计算;其次,按照权重值由低层向上层进行加权求和,得到待评系统完成相应任务的最终得分,见表 6.8;最后,按照各武器系统的得分大小进行重要性排序,并进行相关结论分析。

表 6.8 临近空间装备系统得分表

战略局势		$S(5, 3, 3)$	$S(5, 5, 5)$	$S(7, 7, 7)$
装备名称	1.1 平流层侦察飞艇	20.601	20.925	19.920
	1.2 高空侦察气球	19.809	19.887	18.749
	1.3 高高空长航时无人侦察机	22.177	23.259	22.963
	1.4 高空高速无人侦察机	23.537	24.185	23.378
	1.5 平流层预警飞艇	22.078	19.956	19.136
	1.6 高空预警气球	21.286	18.918	17.965
	1.7 临近空间预警无人机	21.092	19.745	19.261
	1.8 临近空间预警指挥机	23.057	21.461	21.037
	1.9 平流层通信中继飞艇	17.620	18.877	19.519
	1.10 高空通信中继气球	16.329	17.415	17.953
	1.11 临近空间中继通信无人机	17.798	19.315	21.031
	1.12 平流层导航飞艇	15.279	17.349	19.793
	2.1 平流层电子对抗飞艇	18.683	21.621	25.728
	2.2 高空电子对抗气球	17.890	20.583	24.556
	2.3 临近空间电子无人对抗机	19.591	22.727	26.990
	2.5 平流层激光飞艇	27.861	28.165	27.728
	2.6 高空高速无人攻击机	30.160	31.549	31.859
	2.7 空天作战飞机	32.654	33.909	34.069
	2.8 兵力投送飞艇	14.203	17.690	19.859

通过对计算结果分析可知：为了实现增效空天优势，临近空间武器装备体系信息支援类装备最重要的系统分别为高空高速无人侦察机、临近空间预警指挥机、平流层预警飞艇、平流层通信中继飞艇；行动对抗类装备中最重要的系统为空天作战飞机和高空高速无人攻击机。由此可得，临近空间武器装备体系应重点考虑无人机平台和空天作战飞机的发展研制，这与美空军在《临近空间 C^4ISR 持久支持能力报告》中所提出的结论是一致的。同时可以看出在不同局势下发展各系统的重要性排序也不一样，如：在局势 $S(5,3,3)$ 下，对于信息支援类装备，应优先发展预警探测装备，体现出在这种局势下仍是以国土防卫为主，需重点解决的是空天防御中的信息获取问题；而在局势 $S(5,5,5)$ 下，信息支援类装备中的侦察监视装备得分则高于其他装备，表明作战已经向攻防一体转变，需要更加全面的侦察监视能力，能够有效获取敌方军事情报信息，为进攻作战提供重要的军事目标信息。通过各局势的横向比较中，可以发现作战能力的不断拓展，如行动对抗装备重要性得分逐渐增高，说明随着综合国力的不断提升，国际影响力日趋增强，战略威慑和远程作战装备的重要性愈来愈明显，应重点关注行动对抗类装备的发展建设。

第七章 临近空间作战应用设想

人类战争史表明，坦克、军舰、飞机等不同作战空间中新武器的出现，都会从起始阶段有限的保障支援使用发展成集群集中使用，从而形成一种相对稳定的作战样式。未来几十年，随着临近空间武器装备的成功研发和临近空间武器装备谱系的不断完善，必将对未来战争产生重大而深刻的影响。临近空间的作战应用，就是在拥有可用装备的基础上，通过构建满足相应运用场景的临近空间作战力量体系，根据作战和军事应用需求，单独部署或与其他力量编组联合部署，满足预警探测、通信中继、信息对抗、火力打击等多种作战需求。通过临近空间作战力量体系内各单元的有效协同，以及与作战体系中其他指挥机构、作战单元和保障单位等之间的联动，实现融入和增效现有作战体系。

第一节 临近空间作战力量体系构建

临近空间作战力量体系的构建，是为了有效发挥临近空间装备体系效能，从未来作战体系结构、作战任务和能力需求出发，在基本作战运用场景下，立足"接天连空、补天强空"的战略定位，按照体系作战、结构赋能的体系化设计原则思路，采用科学的设计方法，对临近空间作战力量体系的构成、各单元之间的相互关系以及与外部力量的关系等进行描述，探索未来作战中临近空间作战力量体系的可能结构和各组成部分面向能力实现的信息交互模式。

一、作战力量体系结构设计的原则和思路

临近空间作战力量体系是实施临近空间作战或在临近空间支援下作战的各种力量的集合，是包含多种因素的有机整体。按照系统理论"结构决定功能"的思想，临近空间作战力量构建的首要问题，是临近空间作战力量体系的结构设计。临近空间作战力量体系的结构设计是以实现临近空间作战体系能力需求为目标，以临近空间技术发展为基础，围绕临近空间部分、运载发射部分、地面支持部分等进行的活动流程、物理组成、信息交互和力量间相互关系设计，建立对力量体系的全面理解。

（一）设计原则

临近空间作战力量体系结构设计，应遵循以下基本原则：

1. 快速性原则

根据前文关于临近空间应用领域的分析，临近空间作战力量应发挥其快速反应的特点，弥补航天力量在机动性方面的不足。因此，临近空间作战力量体系结构的设计，必须首先考虑其在作战或执行任务过程中快速集成、快速发射、快速部署并将相应信息回传等应用特点。

2. 开放性原则

临近空间作战力量是一个开放的、动态的体系。其结构设计不但要考虑建设时的静态结构和相互联系，还要考虑作战应用时的动态因素。为适应作战环境的变化和作战任务的要求，临近空间作战力量体系结构需要动态调整战时编组和运作流程。因此，结构

设计应具有灵活性和可扩展性。

3. 一致性原则

临近空间作战力量体系构建是一个庞大的系统工程，包括临近空间飞行器、运载器、发射系统、测控系统、指挥控制等多个组成部分，为实现各类型作战力量和各功能系统的有效协作和互联互通，必须将其作为一个整体考虑，制定标准化的框架确保各组成部分的一致性。

4. 实用性原则

临近空间作战力量体系立足"补天强空"，因此，它的建设和发展不是一步到位，而是强调为各类作战单元和作战提供直接支持，应本着先用先建、急用急建，滚动前进、螺旋发展的思路，突出能真正支持作战的实用性和有效性原则，同时考虑操作的便捷性。

（二）设计思路

临近空间作战力量体系结构设计，是参考作战体系结构设计和系统体系结构设计而展开的研究，可为以装备体系为核心的力量建设设计提供统一的规范和标准，用于指导各类力量和各型装备，以及各系统的设计、开发、集成和应用。其设计思路可参考美国国防部的体系结构框架 DODAF 给出的指导原则和基本步骤，以面向对象的方法，依据作战过程和能力需求，逐层分解映射，从作战应用和力量构成两个方面设计临近空间作战力量体系的总体结构。设计思路如图 7.1 所示。

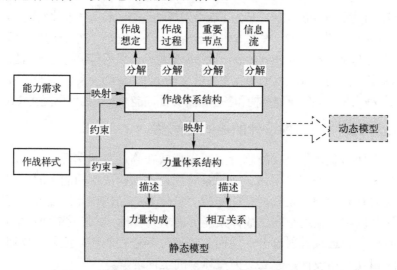

图 7.1 临近空间作战力量体系结构设计思路示意图

临近空间作战力量体系的能力需求和应用的作战样式是其结构设计的输入条件和建设目标；作战体系结构主要从作战应用的角度描述作战力量支持的任务活动、重要节点及信息流等；力量体系结构主要从系统设计的角度描述力量的构成及成员间的相互关系。

作战力量体系结构的设计可用静态结构模型进行描述，即基于临近空间力量体系的能力需求和应用的作战样式，建立作战体系结构静态描述模型，并从满足作战任务需求的角度，分解映射建立力量体系结构静态描述模型。在对作战体系结构和力量体系结构进行静态描述的基础上，还可以根据信息流转和力量之间的相互关系，建立动态结构模型，以分析验证力量结构模型的逻辑合理性。

二、作战力量体系结构设计方法

临近空间作战力量体系结构，是指临近空间作战人员、装备和作战实施诸要素之间相对稳定的结合方式和构成形式，是体系要素相互关系的综合。根据研究目的和划分方式，可以从多个角度进行设计和分类，包括框架结构、数量结构、运行结构等，其中框架结构是骨骼，数量结构是血肉，运行结构使用了 DODAF 体系结构设计框架，给出了框架结构设计比较详细的指导原则和基本步骤，但没有给出具体的方法，学术界采用的有面向对象和面向过程两种设计方法，各有优缺点，大多用于作战体系结构和系统体系结构的设计，在力量体系结构方面还鲜见应用，本书借鉴其设计理念，并应用公理设计（Axiomatic Design，AD）及设计结构矩阵等方法，对临近空间作战力量体系的结构进行总体设计。

（一）AD 设计的基本理论和方法

AD 设计是工业产品设计领域常用的方法，是麻省理工学院 Suh 教授于 20 世纪 70 年代提出的一种设计决策方法，其核心是完成需求域、功能域、物理域和过程域之间的分解映射机制和独立性公理、信息公理两条评价设计方案优劣的设计公理。

独立性公理用于判断各域之间耦合程度，并认为能独立实现功能的非耦合方案较耦合设计更为合理，便于功能的拓展、改进和升级。

信息公理用于方案的选优，通过对设计所需信息量多少的判断，实现对满足功能需求概率最高方案的选择。

（二）基于 AD 的作战力量体系映射域

根据 AD 设计的多域之间分解映射理论，作战力量体系的需求分析应从设定的作战任务开始，逐步向作战力量体系的能力需求、力量构成、作战应用分解映射，具体可用如图 7.2 的示意图表示。

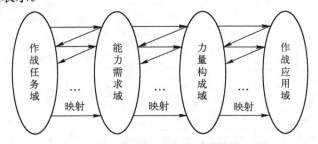

图 7.2 基于 AD 理论的体系结构设计域

其中，作战任务域是指根据未来军事使命和作战样式分析出的作战任务需求；能力需求域由作战任务需求对临近空间作战力量体系的作战能力需求组成；力量构成域中，通过设计或发展相应的武器装备和使用人员来满足能力需求；作战应用域为作战过程中的活动因素变量。

（三）基于 AD 的作战力量体系映射机制分析

基于 AD 的体系需求分析采用分层表示方法构建体系的需求，每一层每个域（作战任务域、能力需求域、力量构成域、作战应用域）都存在相应的需求目标，上一个层次的需求决策影响下一个层次需求的求解状态，下一个层次的能力又影响上一个层次的分解状态。分析过程就是在各个域中进行需求问题的分解和求解过程。

在所给的作战任务需求目标层次上，存在一系列的能力需求、力量构成，在能力需求选定后作战任务才能分解，力量构成选定后能力需求才能分解，作战过程确定后力量构成才能分解。一旦作战过程被细化为相互关联的各个环节，对相应的作战力量就会产生明确的需求，力量的合理编配能保证作战能力需求，能力需求就可以被分解为一系列的子需求；相应的作战任务需求就能够被满足，那么作战任务就能分解为一系列的子需求，并且这一过程反复进行，如图7.3所示。

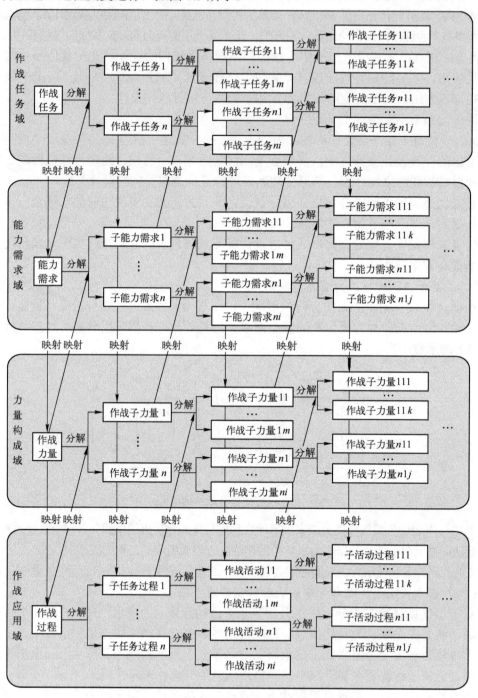

图 7.3 基于 AD 的力量体系构成映射机制

三、基于 AD 的作战力量体系设计

根据前文所述的作战力量体系设计思路和基于 AD 的作战力量体系设计方法,将支撑典型作战应用的作为建设目标,可以对临近空间作战力量体系做出如下设计。

(一)典型作战体系结构

参考美国国防部的体系结构框架 DODAF 的描述方法和未来临近空间作战典型应用场景和过程,可以对其作战的子任务、每个任务之间的承接关系、输入输出信息、支撑体系和信息流转做出如图 7.4 的描述。

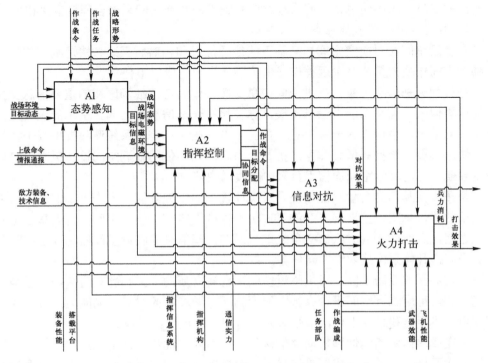

图 7.4 典型作战体系及信息交互关系

作战子任务 A1 为态势感知,是在战场感知装备体系支撑下,根据作战任务和战略形势,对特定区域敌我目标动态的获取。将向作战子任务 A2 指挥控制提供战场目标态势信息、战场电磁环境信息和战场的其他态势信息。其能力需求主要与作战任务要求和提供感知能力的装备系统性能相关。

作战子任务 A2 指挥控制,是在对战场情况进行准确判断,对比我方兵力实力的基础上,通过战役战术计算、作战方案拟制、综合模拟评估等组织筹划过程,定下作战决心、制订作战计划、进行目标分配、组织作战协同、控制作战行动、调配作战资源、评估打击效果、调整作战方案的过程。其能力需求主要与指挥信息系统的功能、指挥员的指挥能力、指挥机构的协调能力等相关。

作战子任务 A3 信息对抗,围绕信息获取、传输、处理、利用,在网络电磁空间采取的对抗措施及其行动,主要包括雷达对抗、电子对抗、网络对抗和心理对抗等。按照我空军积极防御的思想,其能力需求主要与敌方信息攻击能力和我方信息防御能力的相

对值相关，即可通过提升我信息装备体系的抗毁性和修复能力，提升信息对抗能力。

作战子任务 A4 火力打击，主要包括对敌方目标的火力摧毁和对来袭目标的拦截防御，是在指挥员和指挥机构的指挥控制之下，对敌方重要目标的硬摧毁。目的是歼灭敌有生力量，压制、摧毁其空中、地面、海上甚至空间目标，破坏其作战体系，削弱其作战能力和战争潜力，为其他作战行动创造有利条件，或直接达成作战目的。在精确制导武器为主的作战条件下，其能力需求主要与攻击武器的性能和制导能力相关。

整个作战过程需要能覆盖全域的信息传输能力作为支撑，即能使得每个作战节点和作战人员，能够从作战地域的任何地方、使用任何设备随时接入作战体系，并从中获取自己所需的信息。这种信息传输能力与通信基础设施和通信网系融合程度直接相关。

（二）临近空间力量作战任务

结合临近空间相对航空空间居高临下的地理位置和相对航天装备快速响应的特点，使得临近空间作战力量在空军远程作战中主要立足于完成以下任务：

一是替代天基信息力量，提供空间信息支援。作为特定战场区域的重要信息支援手段，提供类似天基信息系统的信息支援，弥补我军天基信息能力弱、空军尚无自主控制天基装备的不足。也可作为天基信息力量的备份，在天基信息系统遭敌打击或干扰的情况下，快速部署，维持和增强体系的抗毁能力。例如，使用临近空间设备组网来实现区域卫星导航，利用临近空间通信平台来中继战场通信。

二是拓展天基信息力量功能，提升对抗环境下的作战效能。未来天基信息力量将由现在简单的"信息支援型"向复杂的"攻防一体型"转变。临近空间作为天基信息支援的必经之路，必然成为战时兵家必争之地，面向天基信息的临近空间信息攻击和防御，是临近空间提升体系作战效能的新任务。

三是发展新的攻防手段。可用临近空间平台建立新的导弹预警与防御网，增强反导作战能力等。可用临近空间平台完善空间探测网，增加新的对天监测能力；可用临近空间高超声速飞行器和悬停平台，增强对天、对空、对地攻击手段。

四是完成通信距离延伸和机动通信保障。利用高位优势，使用视距通信就可大幅提升通信传输距离，有效地完成覆盖作战区域的指挥、协同与报知通信。作为数据链的中继节点临时布设，可保证作战飞机的前出指控，同时可为精确制导武器发送目标指示信息和修正制导指令。

（三）临近空间作战能力需求

从作战任务出发，临近空间作战力量体系需具备以下直接作战能力。

一是战场感知能力，包括在综合电子信息系统的支持下，可对敌方重点区域进行立体、全天时、全天候的监视和情报信息采集，并实现侦察装备互联互通的情报信息搜集能力；能够全天候、全时域在大面积战场区域探测、定位、分类和跟踪各类固定和移动目标，对各类导弹进行持续有效测速的预警探测能力。

二是信息对抗能力，包括信息攻击能力和信息防御能力，搭载各类信息对抗设备的临近空间平台，主要通过情报侦控、欺骗、压制等手段实施信息对抗作战，在确保我方信息安全的同时，对敌环境进行干涉和摧毁，通过取得局部制信息权，协调统一各种进攻力量，进而促进夺取和保持战斗中的主动权，夺取战斗的胜利。

三是火力打击能力，集中体现为高动态飞行器常规打击能力、高动态飞行器核打击能力和浮空器新概念武器打击能力三种能力。

四是信息传输能力，能够综合应用各种通信手段和信息基础设施，实现覆盖识别区域的网络数据传输，将区域内地理上分散的单元互联起来，进行端到端的信息交换。具备支持指挥控制系统与各类预警探测系统、情报侦察系统、打击武器系统、作战平台的无缝链接的远程大容量的信息传输能力。

四、临近空间作战力量体系构成

根据 AD 设计方法，可以对临近空间作战力量体系做出如图 7.5 的顶层设计，完成与能力需求的映射和对自身的管理保障。需要指出的是，作战的整体性和体系之间的融合互通，不应严格遵循独立性公理的非耦合设计，而 AD 理论强调的相邻两个域之间的"之"字形映射变换关系却为作战力量的构建提供了可操作性的思路，作战力量体系的构建，应是满足能力映射分解的功能独立性和应用过程映射的柔性组合关系。临近空间作战力量的每一种力量，都应能独立满足一项作战需求，提供相应的能力，但在作战使用中，应通过相互的配合完成一项任务。

图 7.5　临近空间作战力量体系

从满足作战需求的角度，应包括信息支援力量、信息对抗力量、精确打击力量、作战管理力量以及作战保障力量。从作战使用过程的角度，作战力量之间具有交叉性，应具体分析。

（一）信息支援力量

1. 信息支援力量构成

临近空间信息支援力量，应立足建立一支集能与天基信息支援系统、空中通信中继、预警指挥飞机互联互通，具备预警探测、侦察监测、通信联络、频谱监测、导航校验等多种能力，可快速反应、机动部署、大区域保障的战区级信息支援力量，为空中武器平台远程作战、空天一体作战体系构建提供有效支撑。可组建临近空间信息支援部队，下辖预警探测、侦察监测、空天中继、导航校验、频谱监测特种大队，以及地面运维管控站和装备技术支援站等，如图 7.6 所示。

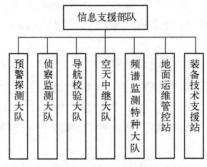

图 7.6　临近空间信息支援力量构成

2. 信息支援装备体系

各大队均由相应的平台、任务载荷设备、操作人员构成，地面运维管控站主要由临近空间平台测控中心、任务系统管控中心、调度系统等组成，装备技术支援站主要用于对临近空间飞行器的检测、发射、维修，对任务载荷设备装载、测试、维修等。临近空间信息支援部队的装备体系如图7.7所示。

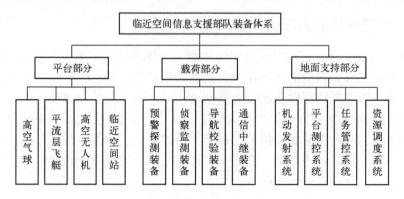

图7.7 临近空间信息支援部队装备体系构成

3. 信息支援力量编配与使用

信息支援力量的构成要素主要包括临近空间平台，有效信息支援任务载荷、地面支持中心和各类人员。根据作战任务，可进行模块化的编配，平时可根据作战任务牵引，进行分专业训练和联合训练，战时可通过抽调人员和装备组成任务部队，配合其他空天作战力量，遂行作战任务，基本作战单元应为营一级分队。

（1）预警探测分队。

预警探测分队，是指在未来空天作战中能对来袭弹道导弹提供预警信息的专业力量。通过在临近空间飞艇、无人机等平台上，装载无线电、红外等传感器设备，形成能够探测、发现、识别、跟踪地面、空中、太空各类来袭目标，并及时提供预警信息的作战力量，使用时应注意与地面雷达探测网的组网。

（2）侦察监测分队。

侦察监测分队，是指在未来空天作战中能实现对地、对空、对海的广域、连续、高精度侦察和监视的临近空间专业力量。根据光电遥感器、雷达或无线电接收机等侦察设备的技术性能，临近空间平台可采用高空气球、平流层飞艇、超高空无人机等。临近空间侦察飞艇可用于对战区态势进行整体监视，超高空无人侦察机可用于对特定目标的抵近侦察，高空侦察气球适用于有快速响应要求的临时侦察任务。

（3）导航分队。

导航分队，是指在未来空天作战中为作战飞机、空天飞机等提供位置、速度等信息的临近空间专业力量。通过搭载在临近空间平台上的导航设备发射无线电信号，与装载于各类平台和目标的接收设备配合工作，为地面、空中、海洋和空间用户提供位置、速度和时间等导航定位信息。平台主要选择高空气球和平流层飞艇。

（4）空天中继分队。

空天中继分队，是指在未来空天作战中用于保障地面指挥中心与作战飞机、临近空间平台、天基卫星等平台，及其之间通信联络的临近空间专业力量。通过在临近空间飞艇、高空气球和无人机上搭载各类通信转发器等通信设备，实现地空通信网、空空通信网、数据链的延伸，提升通信传输距离。

（5）机动支援分队。

机动支援分队，是指在未来空天作战中用于对野战条件下网络化作战体系快速构建提供综合信息支撑的临近空间专业力量。通过在可快速发射、机动的临近空间平台上搭载预警、侦察、导航、通信等多种任务载荷，按照战略机动布设、分域支撑保障的原则，在战区作战方向上形成可与固定信息支援力量协同配合、互为补充的信息支撑保障能力。遂行国土范围内机动伴随保障、前出远海或跨国机动保障、突发事件特遣应急机动保障任务。

（二）信息对抗力量

信息对抗是电子对抗向网络电磁空间的延伸，是未来信息作战的主要作战形式。临近空间信息对抗力量是未来空天作战信息对抗的重要组成部分，是以临近空间平台为载体，以信息对抗技术为手段，遂行网络电磁空间作战任务的力量总和，是形成空军网络电磁空间控制能力的重要基础要素。

1. 信息对抗力量构成

依据临近空间空间环境、平台特点，以及信息对抗技术的发展现状及趋势分析，临近空间信息对抗力量难以按建制存在，只能按照业务领域和专业类别划分为信息侦察力量、信息攻击力量、信息防御力量、技术支援力量，从力量应用与系统运行的角度，依然需要地面提供平台装备技术支援的平台装技支援站和对海量情报数据进行分析处理的信息作战支持中心，如图7.8所示。

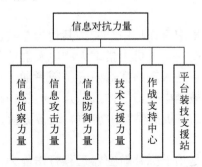

图 7.8　临近空间信息对抗力量构成

2. 信息对抗装备体系

临近空间信息对抗力量在作战中的主要任务体现为对敌有线、无线通信网络和电磁环境进行扰乱、干扰和摧毁，同时保证我方在网络电磁空间的行动自由。根据网络电磁空间的武器特点，临近空间信息对抗的装备体系应立足于获得敌方有用信息，对敌方电磁环境进行干扰，干扰敌方对空通信和卫星通信等无线电通信，在必要时在固定区域实施全向电磁阻断。同时，通过快速补盲的信息支援，确保我方作战的有效展开。在这一思想指导下，信息对抗的主要装备应是用于信息侦察和电子干扰的载荷与相应的临近空间平台和控制支援系统，如图7.9所示。

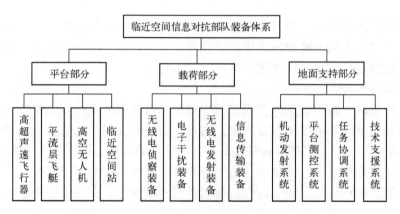

图 7.9 临近空间信息对抗部队装备体系构成

3. 信息对抗力量编配与使用

信息对抗力量的构成要素主要包括临近空间平台，有效信息支援任务载荷、地面支持中心和各类人员。根据信息对抗的作战样式和参战要素，临近空间信息对抗力量在战时应和其他信息对抗力量协同编组，配合使用，重点作为支援配属力量，完成电子侦察、信息转发、能量发射、拦截干扰等作战任务。

（1）电子对抗分队。

电子对抗分队，是指未来空天作战中支援电子对抗部队，对制定区域进行电子侦察、电子干扰、电子进攻的临近空间专业力量，主要通过在临近空间高空无人机上搭载无线电侦察设备，实施电子侦察；通过在无人机或高空飞艇上搭载大功率无线电发射装置实施压制性电子干扰；在高动态飞行器搭载定向能武器、反辐射武器等进行电子进攻。

（2）网电支援分队。

网电支援分队，是指未来空天作战中，支援其他力量实施网电作战的临近空间专业力量。主要通过在临近空间高空无人机上搭载无线电发射装备和以软件形式存在的网电武器，向实施网电作战的平台注入新的武器内容；或者通过在临近空间高空飞艇上搭载通信中继和路由设备，接替被网电攻击的作战节点，维持作战体系的互联互通；通过临近空间站，为实施网电作战的飞机提供空中加油、装备更新、数据分析等服务。

（三）精确打击力量

临近空间精确打击力量是用于弥补航空器远程打击能力不足，而发展的全球打击力量，分为地基打击力量和临基打击力量，地基打击力量由地面发射，经由临近空间分离、滑翔、飞行，对目标实施打击；临基打击力量主要是在临近空间平台装载精确制导武器、微波武器、激光武器等，完成对目标的打击。两种力量都需要的地面发射场、测控系统和装备技术支援站提供支撑，由任务规划中心实施统一调度。

1. 精确打击力量构成

根据临近空间精确打击力量在未来空天作战中可能担负的任务，可以成立临近空间火力打击部队，完成对敌方作战单元的有效摧毁。根据打击对象的不同，平时可以建立对天打击大队、对空打击大队、对地打击大队，在任务规划中心的协调控制下，在发射测控中心支持下实施作战任务，具体的装备维护保障工作由装备技术支援站完成。在作战中可以根据任务独立使用。部队具体构成如图 7.10 所示。

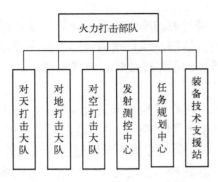

图 7.10　临近空间精确打击力量构成

2. 火力打击部队装备体系

临近空间火力打击部队主要执行临近空间火力打击任务，包括对敌方来袭飞机、导弹等实施拦截打击；对敌方本土重要军事目标实施远程精确打击；对敌方天基、临基、空基预警、侦察、通信等支援节点实施火力摧毁。直接火力打击主要使用小型运载火箭搭载高超声速再入滑翔机动弹头，发射至亚轨道，再入临近空间滑翔，实施对地面、空中目标的远程打击；还可以使用可重复使用的高超声速巡航飞行器，直接携带弹头，从跑道水平起飞；还可以在临近空间站装备或使用超高空无人机携带精确制导武器，实施全维打击。因此，临近空间火力打击部队的装备体系如图 7.11 所示。

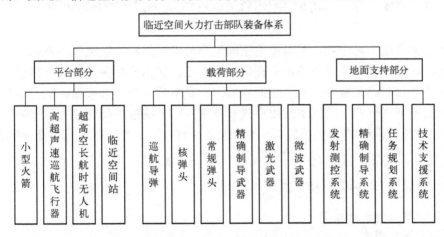

图 7.11　临近空间火力打击部队装备体系构成

3. 精确打击力量编配与使用

精确打击力量的构成要素主要包括小型火箭、高超声速巡航飞行器、超高空长航时无人机、临近空间站等临近空间平台，巡航导弹、精确制导武器等打击弹药，地面支持系统和相关装备操作人员。鉴于其毁伤能力和作用距离，在未来空天作战中应作为特遣力量编组应用，依据任务的不同，编配为对空打击特遣力量、对天打击特遣力量和对地打击特遣力量。

（1）对空打击特遣力量。

临近空间对空打击特遣力量，是指未来空天作战中对空中目标实施火力摧毁的临近空间专业力量，主要包括地基发射的临近空间导弹和临基发射的远程精确制导武器，如精确炸弹、激光武器和微波武器等。该特遣力量的主要作战任务是对消灭敌空中力量于域外，用于弥补我防空武器能力不足或战争初期威慑部署。

（2）对天打击特遣力量。

临近空间对天打击特遣力量，是指未来空天作战中，对太空目标实施火力摧毁的临近空间反卫专业力量。该特遣力量的编配，主要是针对未来作战中可能的太空军事对抗，利用临近空间的近天优势，利用临近空间站或临近空间飞艇等平台装载导弹、激光武器、微波武器或中继装置，对天基通信、预警等关键作战节点实施火力摧毁，克服现有反卫星导弹发射高度不足、定向能武器能量损耗过大、快速反应能力弱、平台滞空时间短等缺点，形成有效的战略威慑和火力打击能力。

（3）对地打击特遣力量。

临近空间对地打击特遣力量，是指未来空天作战中，对地面、海上目标实施火力摧毁的临近空间专业力量，主要对域外敌方重要机场、航空母舰、重要军事设施、重要地基作战节点等实施远程打击和战略威慑，包括携带常规弹头或核弹头的小型火箭和高超声速巡航飞行器，还包括装载精确制导武器的飞艇、无人机等。这是高动态临近空间飞行器最重要的作战应用形式，将改变未来作战的面貌。

第二节　临近空间作战平台应用与指挥控制

临近空间作战力量应用，是以临近空间平台装备性能和力量编配为基础，面向具体作战任务，在统一筹划和指挥下的多样化应用方案，包括平台应用、力量部署、力量编组等，其中平台应用是基础。临近空间作战平台是搭载各类有效载荷、能完成具体作战功能的临近空间飞行器，其基本应用模式和指挥控制是临近空间作战力量部署和与其他作战力量编组的基础，本节围绕各类平台的功能，对其可能的应用模式进行分析和设想，并对其不同于其他空间作战力量的指挥控制进行分析。

一、信息平台作战应用设想

（一）侦察监视平台应用

1. 独立平台模式

由于临近空间侦察平台的覆盖范围广，独立的一个临近空间侦察平台就可以与相应的地面设备一起组成一个进行区域监视的侦察系统。在此模式下，系统主要作为区域监视平台，完成区域内的监视任务，也可以通过同时搭载多种类型的有效载荷，完成类似于空中指挥所的综合业务，系统应根据需要留有与其他系统的接口。此种作战模式构造简单、可再造性强，适用于局部战役级应用。

2. 多平台组网模式

在多平台组网模式下的侦察监视系统主要是由按覆盖区域、任务性质等部署的多个临近空间侦察平台，还包括网络控制设备、地面控制站和各种侦察设备等组成的空中网络。系统在空中和地面可以根据需要与其他侦察设备相连。系统可兼容单平台作战模式下的任务，更主要的是作为一个可覆盖更大区域的网络体系，完成更大作战区域的侦察监视任务，增加整个战场侦察监视系统的冗余度，缩短作战反应时间。例如，将多架飞艇在轨组成星座，以星座的形式运行，提供对全球的侦察监视。

3. 与其他平台一体化模式

为了实现陆、海、空、天一体化联合作战，临近空间侦察平台可与各个高度平台的侦察系统协同使用，根据任务需求可配置出更加灵活的、综合性能更强的网络作战使用模式，并充分利用陆、海、空、天侦察系统的资源，协同完成战略、战术级侦察任务。例如，结合侦察卫星和预警飞机等，可组成新的陆、海、空、天、临近空间侦察系统，为战场全区域提供更加可靠、更加快速、更加灵活的侦察网络，真正实现战场各侦察监视单元的优势互补，提高战场态势的感知能力，增强作战打击效率。此模式必将成为侦察监视系统的发展方向。探索如何通过在临近空间平台上集成多种侦察监视设备，与各个作战单元有机联系，从而实现一体化侦察监视系统，是基于临近空间平台侦察监视应用的重点研究方向。

（二）预警探测平台应用

在预警探测方面，临近空间预警平台的独立或组网运用，及与高/中/低轨卫星、地基、空基预警探测系统相结合，构成覆盖高/中/低空、远/中/近程的多层次、立体化的区域性防空反导预警系统，大大提高反导预警时间。

1. 定点悬浮

定点悬浮是指临近空间预警探测平台在某一位置或者在其附近小范围内飘动，以完成对某一目标区域的预警探测和指挥引导任务。定点悬浮模式主要用于已经取得制空权和压制了地面火力之后，经过评估认可安全的条件下，对某一重要军事区域实施持久探测监视，随时掌握停留、进入或飞出此空域的目标信息，及时发现目标的来袭征兆，指挥引导实施有效打击。将临近空间预警探测系统部署在 20km 高度，覆盖范围可达 $8\times10^5 km^2$，可以通过覆盖一定地域，对热点区域进行连续监测，也可为地面部队提供战场图像信息和通信支持，协调各部的战斗，监控突发事件，确保地面部队能快速正确地做出反应。

2. 区域巡逻

区域巡逻是指在固定区域内按照一定的规律飞行，执行此区域的预警探测任务。区域巡逻用在战争初期，在没有取得制空权和压制地面火力的情况下，临近空间预警探测系统可以以区域巡逻的方式部署在边（海）防安全线内，由于其高度优势，地面防空系统和作战飞机都很难达到这个高度，能够确保其自身安全。临近空间预警探测系统在高空设定的路线慢速巡逻，可对重点区域进行早期预警，探测跟踪远距离的空中目标动态，提供战场实时图像信息，以便评估毁伤效果，确定后续火力分配等。

3. 应急机动

应急机动是指出现突发情况时，需要临近空间预警探测平台从原任务区域或者地面发射站迅速到达新任务区域执行预警探测任务。应急机动模式主要用于在作战中，负责对某重要敌对目标进行区域探测的陆基预警系统或预警机被破坏，急需补充预警力量时。临近空间预警探测系统可立即前往指定区域，利用其优势执行预警探测任务，有效填补前方预警能力的不足。在侦察情报方面，临近空间平台的有效侦察监视区域可得到大大拓展、侦察手段有效增强，具备对重要战略目标实施全天时、全天候的侦察监视能力，以及有效获取精确的战役、战术目标图像情报和电子态势情报的保障能力。

（三）通信平台应用

临近空间通信平台立足现有通信系统的缺陷，与现有通信体制相协调，以最小的研发成本，实现效能的最大化。临近空间平台通信的应用模式主要有三种。

1. 独立平台通信模式

由于临近空间通信平台的覆盖范围广，独立的一个临近空间通信平台就可以与相应的地面设备一起组成一个完成区域通信的通信系统，如果平台设置在距地面约 21km 的高度，天线仰角大于 30°的链路覆盖的地域范围从中心起半径可达 40km，覆盖区域为 5000km^2，天线增益至少为 3dBi，如果边缘仰角分别取 10°和 0°，则覆盖区域的半径分别为 125km 和 546km，天线的增益至少分别为 23dBi 和 36dBi。在此模式下，系统主要作为通信中继平台，完成区域内的通信任务，也可以通过同时搭载多种类型的有效载荷，完成类似于空中指挥所的综合业务，系统应根据需要留有与其他系统的接口。此种作战模式适用于局部战役级应用，也可为区域单兵作战提供指挥、通信中继服务。

2. 多平台组网通信模式

在多平台组网模式下，系统主要由按覆盖区域、任务性质等部署的多个临近空间平台组成的空中网络或伪卫星星座、网络控制中心、地面中继站和终端设备等组成。根据需要系统在空中和地面均留有与其他通信系统的接口。系统可兼容单平台作战模式下的任务，更主要的是作为一个可覆盖更大区域的通信网络体系，完成更大作战区域的作战通信保障，增加整个战场通信系统的冗余度，缩短作战反应时间。例如，将多架飞艇在轨组成星座，以星座的形式运行，提供全国的无线移动通信。仿真试验表明：800 个平台组成的星座可以对全球连续提供按需的通信或 ISR 覆盖。

3. 与其他平台一体化通信模式

为了实现陆、海、空、天一体化联合作战，临近空间平台可与各个高度平台的通信系统协同使用，根据任务需求可配置出更加灵活的、综合性能更强的通信组网作战使用模式，并充分利用空、天、地通信系统资源，协同完成战略级军事通信任务。例如，结合通信卫星和指挥通信飞机等，可组成新的空-天-地数据链，为区域战场指挥调度系统提供更加可靠、更加快速、更加灵活的通信网络；也可用于连通其他作战任务的平台，如作为预警机、侦察卫星、地面雷达网、作战飞机等的中继传输，实现更大容量，更小延时的信息通道，实时传播音频、视频、图像等信息，真正实现战场各作战单元的无缝链接，取长补短实现作战平台间的信息共享能力，提高战场态势感知能力，增强作战打击效率。

（四）导航平台应用

利用临近空间导航平台构建空基伪卫星或伪卫星星座，可以优化导航星座的几何构型或独立提供区域导航定位功能，形成区域性的精确自主导航网络，从而有效提高了远程作战能力、空投空降作战能力和制导武器的精确打击能力。根据作战需求与支撑能力的综合分析，卫星导航系统的临近空间应用设想包括临基组网、星座增强、信号增强、应急接替等方案。

1. 临基组网

设想在卫星导航系统不能覆盖的区域，利用多个临近空间导航平台替代导航卫星作为区域导航系统空间段，与地面"伪卫星"配合，在地面控制系统的协调下，共同构成区域一体化临-地导航系统，保证向覆盖区域内的用户提供正常的导航定位服务，如图7.12所示。

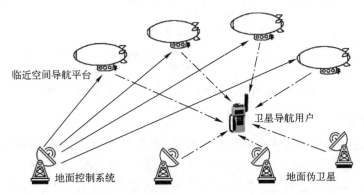

图 7.12　临近空间导航平台临基组网应用模式示意图

2. 星座增强

设想区域卫星导航系统的空间段部分不可用时，由多个临近空间导航平台作为"伪卫星"加入卫星星座，可增加用户的可用星数量，改善用户定位几何因子，提高用户定位精度。临近空间导航平台区域星座增强，可有效改善卫星导航系统局部导航卫星不可用引起用户定位几何因子变差的情况，从而提高局部用户的定位导航精度，如图7.13所示。

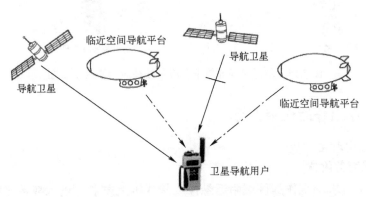

图 7.13　临近空间导航平台星座增强应用模式示意图

3. 信号增强

设想区域卫星导航系统空间段受到电磁干扰，或由于气象、电磁环境波动等影响可用性下降时，可由2~4个临近空间导航平台发射增强的导航信号，从而提高用户接收导航系统的信号强度，维持正常导航定位功能。临近空间导航平台只要能增加30dB的导航信号功率，就可以保障用户设备在更强干扰信号条件下正常工作，如图7.14所示。

211

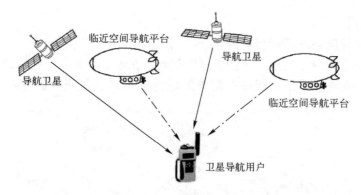

图 7.14 临近空间导航平台信号增强应用模式示意图

4. 应急接替

设想敌方利用电磁干扰或火力攻击等方式,对我区域卫星导航系统空间段进行干扰,或者对导航卫星进行打击时,可应急发射 1 个或多个临近空间导航平台,在地面控制系统协调指挥下,接替导航卫星,实现对用户的导航支持,如图 7.15 所示。

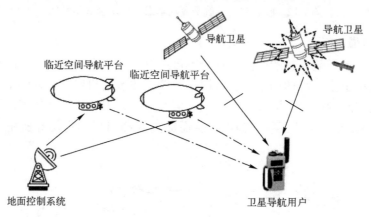

图 7.15 临近空间导航平台应急接替应用模式示意图

二、火力平台作战应用设想

(一)对地/空打击作战

1. 在作战准备阶段

临近空间平台机动至作战区域附近悬停或从载机上发射,进入战备巡航状态。利用地面、空间卫星或临近空间平台搭载的传感器系统发现目标,对目标进行跟踪、识别,目标信息实时传输至地面指控中心,地面指控中心根据实时态势确定打击目标,并将目标分配给邻近临近空间火力平台。

2. 直接火力进攻阶段

地面指控中心确定直接火力发射机后,向临近空间平台发出火力发射指令,临近空间平台发射对地攻击导弹,对预警机、航空母舰等目标实施火力打击。导弹发射后,首先利用向下飞行优势,在 30s 内加速到 $10Ma$,向目标飞去,在整个主动段,导弹按预先装订的程序飞行,进入被动段后,对于攻击地面目标,临近空间制导控制系统不进行制导控制，但如果目标位置发生变化，可在攻击中段进行一次指令修正，使导弹改变飞行路线。当导弹接近目标后，开启自主制导系统，自主攻击目标。也可以采用全程被动寻的的反辐射攻击方式。在作战之前，临近空间平台发射升空或从其他空域机动到待战空域，一般为国境线后方约 50km 位置，并进入战备状态。利用临近空间平台搭载的传感器系统，由红外、可见光和被动定位雷达等对目标区域和空域进行连续监视，对发现的可疑运动目标或根据地面指示，由 X 频段跟踪雷达进行下视跟踪，并完成目标识别。在此过程中，临近空间平台对其不同类型传感器的信息进行融合处理，将目标信息实时传输至地面指控中心，并按中心指令控制各传感器工作方式、工作状态。地面指控中心确定直接火力发射时机后，向临近空间平台发出火力发射指令，并将目标分配给临近空间指控系统，临近空间平台发射对地攻击导弹，对敌方空中目标进行打击。

临近空间平台直接火力进攻作战如图 7.16 所示。

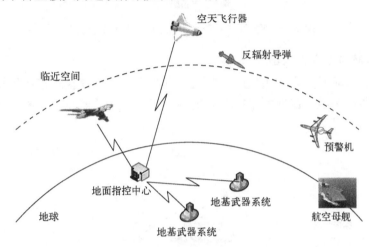

图 7.16 临近空间平台直接火力进攻作战示意图

3. 间接火力支援

在直接火力对敌方重点目标进行打击的同时，由多架在国境线内飞行的大型轰炸机组成的攻击编队开始按地面指控中心指令顺序发射远程巡航导弹、反辐射导弹，开始集群发射战术弹道导弹。远程巡航导弹首先以较高的高度飞行至交班空域，临近空间制导控制系统按任务时序截获导弹，然后向导弹发送巡航控制指令（高空巡航、低空巡航），使之按指令飞行至目标区域；远程反辐射导弹发射后，首先飞行至交班空域，临近空间制导控制系统按任务时序截获导弹，然后向导弹发送目标匹配指令，包括目标坐标、辐射特征等，导弹按匹配指令进行目标截获，截获目标后进行二次交班，导弹自主飞向目标，飞行过程中如果遇到目标机动规避、关机而丢失目标，临近空间制导控制系统可对反辐射导弹进行二次目标匹配；对战术弹道导弹的制导主要是变轨控制，战术弹道导弹集群发射后，临近空间预警探测系统通过实时监控敌方反导系统的动态，确定变轨策略，并向导弹发送，使之能够从敌方反导系统相对薄弱的方向突破，提高打击效果。

间接火力可进行多梯次打击，临近空间预警探测系统通过不间断地对目标进行监视，提供打击效果的评判依据。临近空间平台间接火力支援作战如图 7.17 所示。

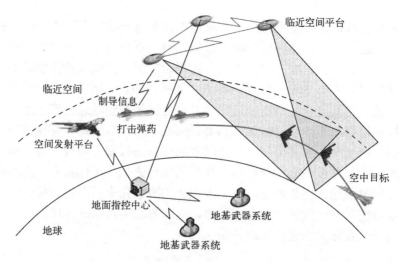

图 7.17 临近空间平台间接火力支援作战示意图

4. 高空长航时无人机攻击

在使用高空长航时无人攻击机时，临近空间平台可作为遥控通信中继平台，为地面指控中心提供通信中继，在地面指控中心的控制下，高空长航时无人机对地面目标实施攻击，如图 7.18 所示。

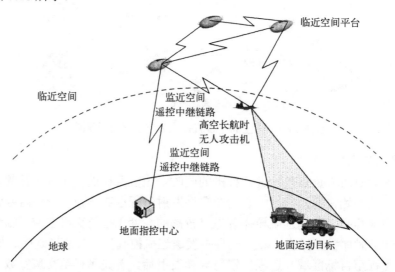

图 7.18 临近空间平台支援高空长航时无人机作战示意图

临近空间平台可与空间通信卫星协调实施通信中继，临近空间平台由于比空间卫星的高度低，在对无人机控制的时效性和数据传输的信号强度方面具有明显的优越性。远程无人机作战是未来作战的主要样式之一，是世界强国军队重点发展的作战能力之一。

（二）反导作战

反导作战中，临近空间平台可用于进行精确预警和中段拦截，处于目标顶空附近时可进行初段拦截，分为以下几个阶段。

1. 发射预警

临近空间预警探测系统通过不间断地对目标区域监视，判断敌方战术弹道导弹发射系统的动态，一旦有导弹发射，在 10s 时间之内，即可给出目标发射预警，并初步测量其弹道参数。在发射预警之后，临近空间预警探测系统通过对目标的连续跟踪，向地面指挥控制中心实时通报目标坐标。

2. 初段拦截

若临近空间平台处于目标顶空附近时，可利用直接火力进行初段拦截，或引导空中巡逻平台发射拦截弹对弹道导弹实施主动段拦截。

3. 中段拦截

目标飞行中段，临近空间预警探测系统通过直接向高层反导系统提供目标指示，引导反导系统的跟踪雷达截获目标，或直接通过信息支援引导空中巡逻平台发射拦截弹对弹道导弹实施中段拦截。

4. 末段拦截

目标飞行末段，临近空间预警探测系统通过直接向末段反导系统提供目标指示，引导反导系统的跟踪雷达截获目标并对弹道导弹实施末段拦截。临近空间平台反导作战如图 7.19 所示。

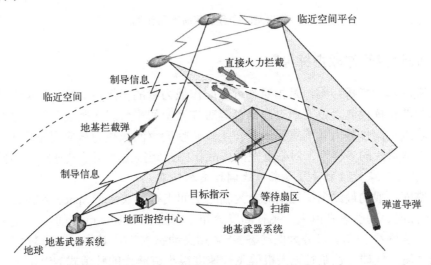

图 7.19 临近空间平台反导作战示意图

从反导作战的特点看，现有技术条件只支持末端反导作战，但末端反导作战的效果较差，拦截概率很低。相比之下，主动段和中段反导的作战效果要好得多，但由于技术条件的制约，目前还难以实现。随着技术的进步和装备的发展，若可以实现临近空间平台对反导作战的信息和火力支援，则可大幅度提高反导作战的效果。

（三）拦截航天器作战

从临近空间实施拦截航天器作战具有作战距离近的特点。拦截敌航天器可采用直接拦截和间接引导拦截两种作战样式。直接拦截采用从临近空间平台直接发射拦截弹对敌航天器实施拦截；间接拦截作战时，临近空间平台通过信息支援模式，引导空中平台和地面平台发射拦截弹对敌航天器实施拦截。临近空间平台拦截航天器作战如图 7.20 所示。

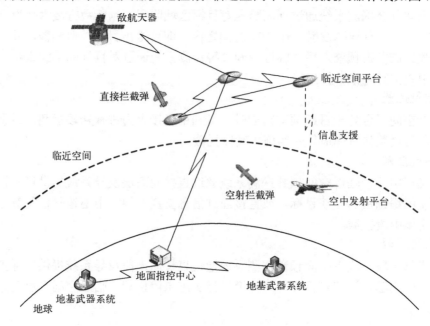

图 7.20　临近空间平台拦截航天器作战示意图

三、临近空间作战指挥控制

临近空间作战指挥控制，是指对临近空间作战力量的指挥，对临近空间各类飞行器驻空、飞行的指挥控制，以及通过数据链等对临近空间平台载各类装备系统的控制，是有效使用临近空间作战力量的重要途径和手段。临近空间作战力量应用呈现出的特点、优势及其作战形式的多样性，对临近空间作战指挥控制提出不同于其他空间的要求。

（一）指控对象特性迥异，要求作战调控更加精准

临近空间作战的最终指挥控制对象为临近空间飞行器（Near Space Vehicle，NSV），这些 NSV 性能、功能差别巨大，飞行高度分布于海拔 20～100km 之间。

从飞行速度看，NSV 可分为低动态 NSV 和高动态 NSV。其中，低动态 NSV 既包括临近空间飞艇、气球、长航时无人机等飞行速度很小或静止的驻留式 NSV，也包括亚声速临近空间无人机和运输型飞艇；高动态 NSV 包括超声速 NSV 和高超声速 NSV，高超声速 NSV 还包括无动力滑翔型和有动力巡航型。

从作战功能看，临近空间飞艇滞空时间长、负载能力强，但部署、机动较为困难，可能同时搭载信息获取、传递、攻击以及火力打击等多种载荷而形成多任务能力装备，主要用于中等对抗强度下执行固定区域的持久战术/战役侦察监视、预警探测、通信导航、信息对抗等任务。低速临近空间无人机的主要特点是航时长、部署便捷，但负载能力小，主要用于固定区域的持久通信或侦察。亚声速无人机飞行时间较长、飞行距离远、载荷能力较强，主要用于中远程信息获取、传递与电磁攻击。亚声速运输型飞艇的运载能力强、机动速度快、飞行高度高，主要用于远程兵力投送。临近空间气球虽然飞行不受控，但成本低廉，搭载低成本、一次性使用的侦察、通信、信息对抗等载荷后，可以快速部

署到特定区域执行侦察或电子干扰任务（任务结束后自行销毁）。超声速飞行器飞行时间长、飞行距离远、飞行高度高、突防能力较强，主要用于远程侦察和远程打击。高超声速临近空间飞行器飞行距离更远（全球范围）、飞行高度更高、飞行速度更快，主要用于对敌重要目标的快速信息获取和全球快速打击。

从指控距离看，低速驻留式临近空间飞行器工作区域相对固定，在国土上空及周边区域部署时要求的指挥控制距离较近，但远距离部署时也需要临近空间通信或卫星通信为其提供指控通信链路；亚声速临近空间飞行器作战半径大，要求的指挥控制距离也比较大；超声速临近空间飞行器飞行距离更远，要求的指挥控制距离更大；高超声速临近空间飞行器要求的指挥控制距离为全球范围，更加复杂。

可见，临近空间作战要全面调控这些飞行速度、作战功能等方面差别巨大的指挥控制对象，作战必须预先考虑、精确计算、及时调控，从战场形势的判断到指挥命令的形成，必须充分考虑各种复杂情况，情况处置方案灵活多样。这就要求临近空间作战指挥在筹划决策、计划制订、指令下达等每一个细节上，无论是作战目标、作战资源选择，还是作战方法、作战时机确定与作战效果评估，都要全面预测可能出现的突发情况，精心筹划组织，力求周详精准。作战协调控制能根据战场形势的变化快速反应，紧紧围绕作战目的及时调整作战部署、作战方法与作战节奏。

（二）指控对象位置特殊，要求通信保障更加可靠

临近空间作战指挥控制对象工作于海拔 20~100km 的临近空间。其中，浮力型低速临近空间飞行器的飞行高度通常在海拔 20km 左右，用于兵力投送的大型运输飞艇的飞行高度还要更高一些。升力型和升浮一体型低速临近空间飞行器的飞行高度通常在海拔 20~30km 之间。亚声速临近空间无人机的飞行高度通常在海拔 20km 左右。超声速临近空间飞行器的飞行高度通常在海拔 30km 以下。高超声速临近空间飞行器中无动力滑翔飞行平台的起始滑翔高度通常在海拔 100~300km 之间，有动力巡航式飞行器的飞行高度通常在海拔 30~60km 之间，空间位置、指挥控制通信距离、自然环境相差甚远。

对于飞行高度较低的驻留型低动态临近空间装备来说，虽然不存在位置变化带来的通信问题，但通信距离也在 20km 以上，跨越对流层和平流层，不但降雨、大气吸收、云雾、对流层闪烁会引起通信信号衰减，风、雨、雷、电等自然现象会形成一定的偶发电磁干扰，而且臭氧、太阳辐射、能量粒子的存在还会影响作战对象及其通信设备的可靠性。对于飞行高度在 50km 以上的临近空间装备，指挥控制通信除上述因素外，通信信号还要穿越电离层，而电离层会对电磁波产生一定程度的吸收、反射和散射，使电波传输出现时延和衰减。

对于执行中远程作战任务的亚声速、超声速和高超声速临近空间飞行器来说，除环境形成的不利影响外，指挥控制通信的距离还需要随着作战距离的延伸而延伸，特别是高超声速临近空间飞行器，其指挥控制通信需要全球覆盖，单个固定的地面指挥控制站显然无法完成指挥通信任务，单一的指控通信手段存在被敌"攻一点而毁全局"的风险，而且高超声速临近空间飞行器飞行时出现的等离子鞘套还会对特定频段的电磁波产生较强的吸收、反射和散射，使得指挥控制通信面临更多的挑战。

这些特点要求临近空间作战指挥通信要多手段并用，除了地面指挥机构与指控站之间的有线通信、地面指挥机构与指控站之间以及指挥站与临近空间装备之间的常规无线

通信之外,还应于战前有针对性地利用临近空间飞行器(飞艇、长航时无人机)建立采用水平方向定向传输、纵向定点与天基通信网络、远程作战空基通信网络、远海作战海基通信网络和地面通信网络相连的信息传输网络。因为这样的通信网络节点高度高,通信距离基本不受地球曲率影响。位于云层之上,横向间的电波传输不受降雨、云雾影响。电波传输空间空气较为稀薄,大气吸收、对流层闪烁等引起的信号衰减较下层空间小,节点间通信传输距离大大增加。来自地面和太空的干扰信号因仅能从临近空间通信设备的天线旁瓣进入而产生很大衰减,加上低速临近空间飞行器 RCS、光、热辐射和多普勒特征都很小,所以这种临近空间横向定向通信具有较强的抗干扰能力和一定的隐蔽能力。

(三)指挥控制趋于一体,要求指挥过程更加高效

从指挥控制过程看,虽然临近空间作战是由各级指挥机构根据各自的指挥职能和分工,分别进行的情况判断、运筹决策、制定作战计划、下达作战命令、组织检查指导等活动,但临近空间武器装备绝大部分为无人控制装备,各级作战机构的作战意图和确立的作战目的最终须通过地面指挥控制站生成并发送遥控指令控制武器装备完成一定的战术操作来实现,指挥控制一体的特征明显。

从指挥过程中的职能看,地面指挥控制站通常控制着多部装备,其基本任务是根据上级指挥机构的作战命令把作战任务分配给每一部临近空间装备,根据每一部装备的位置、特点及作战任务确定其操作流程和执行时间节点,然后根据操作流程与时限要求生成并发送遥控指令。这一过程中,地面指挥控制站既是根据上级作战命令、装备功能特点、战场环境等情况完成本级的作战决心确定、作战任务分配、作战行动协同等指挥功能的指挥者,也是本级作战命令的执行者和武器装备的操作控制者,兼具末端指挥者和指挥对象两种职能。

从对抗环境看,临近空间作战力量的主要使命是"补空强天",主要任务是利用高空优势实施信息获取、信息传递、电磁干扰以及对敌要害目标的远程快速打击等。但未来信息化战场上,一方面,作战高度依赖战场情报信息,临近空间信息获取的任务将十分繁重;另一方面,作战对象信息作战能力和精确打击能力的提高,不但会加大临近空间作战目的实现的难度,而且会增加临近空间作战力量暴露、毁伤和作战效能无法正常发挥的概率,加上临近空间作战的作战空间广阔、作战部署分散,无人机作战力量可能配置在距浮空器平台和地面指挥控制站数千千米外的区域,使得临近空间作战的面临情况更加复杂、决策更加困难、时效要求更高,必然使作战调控更加频繁、指挥任务更加繁重,客观上也要求指挥控制一体,以缩短指挥流程和反应时间,提高指挥控制效率。

可见,临近空间作战指挥控制一体需求和特征较为明显,这就要求指挥控制要快捷高效、及时应变,指挥手段更加先进。从技术角度考虑,临近空间装备接收的遥控指令是地面指挥控制站根据作战命令形成的,上级指挥机构在紧急情况下越过下级指挥机构通过地面指挥控制站直接操控装备技术上可行,完全可以把地面指挥控制站兼作指挥体系的末端指挥机构而实现指挥控制一体化。为此,应从临近空间武器装备地面指挥控制站建设的设计论证阶段开始就同步考虑作战指挥问题,把地面指挥控制站建设与末端指挥机构建设、武器控制系统建设与指挥信息系统建设合并进行,使地面指挥控制站与作战指挥体系和武器控制系统融为一体。

（四）作战使用战略性强，要求作战权限分配合理

从作战效果看，临近空间作战既是信息制权争夺的重要手段，也是对敌要害信息目标和 TCT 实施快速精确打击的"撒手锏"之一，既可实施区域持久侦察监视，为战役、战术和电子对抗提供信息支援，也可进行战略层次的信息侦察和远程精确打击，特别是执行其他作战力量难以执行的作战任务，如在敌防空火力较强的区域实施信息获取、传递与电磁攻击作战、深入敌方领空上方实施近距离侦察等，时间上平战连续，空间上不受领土领空属权限制，而且作战区域通常是较为敏感的区域，作战目标多是敌重要军事目标或要害战略目标，作战行动无论规模大小都可能造成一定的政治、外交影响，牵涉到战略全局，特别是在敏感区域或别国领空之上实施的行动更易于被关注，战略特征明显。

从对全局的影响看，作为未来作战体系的有机组成部分，平时，临近空间战备执勤是重要的战略侦察手段。战时，临近空间作战的基本形式是参加联合作战或空天一体作战，而且是联合作战或空天一体作战中信息作战和远程快速精确打击的重要力量，在某些特定情况下，其作战成败将直接影响联合作战或空天一体作战的进程，甚至结局。例如，打击敌纵深的要害战略目标有时就能够达成破击敌作战体系的目的。深入其他作战力量难以进入的纵深区域对敌战略重心或体系关节实施电磁攻击或火力打击，可能就足以降低敌作战体系的效能，在心理上首先打垮敌人，为体系对抗创造有利态势。因此，临近空间作战，无论是运筹决策、制定计划，还是组织作战行动、实施控制协调，都应着眼战争全局和上级的战略意图，充分考虑与其他军（兵）种的协调配合问题，具有一定的战略特征。

临近空间作战及其作战的战略特征，要求其作战活动要统筹考虑政治、军事、外交等各个方面的情况，根据不同的作战背景、目的，合理地确定作战权限。平时，为了避免造成国家政治、外交上的被动，临近空间日常战备执勤的决策权力原则上应当适当上移，由国家最高军事当局审定临近空间作战力量的使用规模、区域、方式等，实行高层决策。战时，为了充分发挥临近空间作战的优势，提高作战的灵活性，指挥权力则应当适度下放，以利于充分发挥各级指挥员的主观能动性、提高指挥时效。

（五）法律地位比较特殊，要求作战决策预有准备

近年来，虽然各军事强国对临近空间技术及军事应用的研究、开发从未停息，一些技术也相继取得突破，但迄今为止在法律层面仍然没有调整临近空间开发使用的国际法。目前，国际社会把地表之外的空间分为空气空间和外层空间，分别由航空法系和外层空间法系调整。航空法系包括 1944 年的《国际民用航空公约》（又称《芝加哥公约》）、1958 年的《日内瓦领海和毗连区条约》、1982 年的《联合国海洋法公约》等。这些法律虽然明确了"空气空间属于国家主权范围"这一原则，但却都没有给出"空气空间"的明确定义。外层空间法系包括 1966 年的《关于各国探索和利用包括月球和其他天体在内的外层空间活动原则的条约》（简称《外层空间条约》）、1971 年的《外空物体造成损害的国际责任公约》（简称《赔偿责任公约》）、1974 年的《关于登记射入外层空间物体的公约》（简称《登记公约》）、1992 年的《关于在外层空间使用核动力源的原则》、1999 年的《空间千年：关于空间和人的发展的维也纳宣言》等。这些法律虽然肯定了外层空间的自由使用原则，但也未明确"外层空间"的范围。

因此，临近空间成了法律的"盲区"，而且这一"盲区"可能在未来50或100年都依然存在，因为大气分布是连续的，"空气空间"和"外层空间"需要人为划分。而世界各国军事、经济、科技发展的差异性决定了临近空间对各自的国家安全、国家利益等方面各不相同，强国往往希望"外层空间"更大，以便于更为自由、灵活地利用空间。弱国则可能希望"空气空间"（主权空间）更大，以利于利用法律武器保护国家安全。这样，无论怎样划分，都会伤及一些国家的利益或潜在利益，而且是事关国家安全和主权的核心利益，很难达成共识。

临近空间法律"盲区"的特点，意味着平时可以在一些有作战能力需求的区域部署一定数量的临近空间作战力量，但这些作战力量的位置、功能等参数可能会随着时间的推移逐渐被对方掌握，一旦爆发战争，这些武器装备及其地面指挥控制站可能成为敌方首要攻击的目标。另外，国家宣战后，对方原来受国际法律保护的要害目标也可以成为我方的攻击目标，临近空间作战的范围、强度、节奏、手段等都需要在一定范围内改变。这就要求临近空间作战必须预判国际、国内形势的变化走向，预先做好作战准备。依据作战条件的变化及时调整作战决心、作战部署、作战强度、作战方法等，最大限度地发挥作战力量的作战效能。根据战场形势变化适时快速调控作战行动。预先考虑可能出现的各种复杂情况，预有准备、多案并举、快速转换。

第三节　临近空间作战力量部署

作战部署是未来临近空间作战应用中的重要环节，是作战力量发挥最佳作战效能、形成整体合力的必要条件，是作战过程中形成局部优势、达成作战目的的关键所在。

一、部署的基本形式和任务区分

临近空间作战部署包括平台装备部署、地面指挥控制站的部署和作战人员部署。平台装备的部署涉及装备需求数量、种类和部署位置三个方面的问题，关系到装备作战效能的发挥和能否在一定区域形成作战能力优势。作战人员通常应与平台、地面指挥控制站或指挥机构同点部署，无需单独研究。地面指挥控制站只要遥控通信距离足够远，其所控制的武器装备种类、数量可以随着遥控设备种类、数量的增加不断增加，其部署位置也不影响指挥控制效能的发挥。因此，临近空间作战部署，重点是临近空间装备的部署。

（一）临近空间装备部署的基本形式

临近空间装备的部署，按部署时机可分为平时部署、战前部署和作战过程中的部署。此外，按照装备战备状态还可分为升空使用部署和战备储备部署；按照所部署装备的功能可分为单一任务能力装备部署和多任务能力装备部署；按照武器装备的活动区域可分为定点部署和巡逻部署。

升空使用部署就是把临近空间装备发射（起飞）升空到预定位置，执行特定作战、执勤任务，部署的目的是投入使用，满足实际需要，包括执行持久任务的临近空间飞艇、驻留型高空长航时无人机的预先部署、执行短期任务的临近空间无人机、气球等升空执行作战（战备）任务。

战备储备部署是指把临近空间装备配置到预定的场站、基地，并做好相应的发射、起飞准备，确保在需要时能够快速完成升空使用部署，部署的目的是保证临近空间作战力量在某一区域的战备数量，减小运行成本和确保作战行动的隐蔽突然性，是临近空间作战力量平时最主要的部署形式。但无论是哪种部署形式，其基本依据都是作战能力需求。

单一任务能力装备部署是指所部署的武器装备只具有一种任务功能，作战用途单一。这种部署形式只适用于理论研究和小型无人机、快速精确打击武器的部署。

多任务能力装备部署是指所部署的武器装备具有多种任务能力，能够同时完成多种任务。随着临近空间飞行器负载能力的不断增加，未来临近空间装备中的大部分可能都是多任务能力装备，多任务能力装备部署可能是未来临近空间装备部署的主要形式。

定点部署是指临近空间装备以驻留方式保持在空间固定位置或固定区域从而形成对地面固定区域覆盖的部署形式，是滞空时间长的信息获取、信息传输、导航定位、信息对抗等低动态临近空间飞艇和长航时无人机的主要部署形式。其中，定点部署的临近空间飞艇空间位置固定；定点部署的驻留型低动态临近空间长航时无人机活动范围保持在空间固定区域，按固定航路飞行，每飞行一周对拟覆盖区域形成一次全覆盖，如图 7.21 所示。

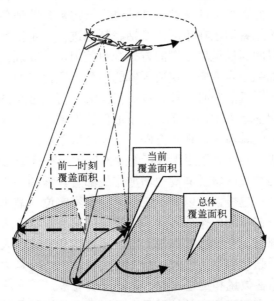

图 7.21　驻留型长航时无人机定点部署示意图

定点部署的两种装备中，临近空间低动态长航时无人机与飞艇功能相当，但负载能力远不如飞艇，使得其载荷必须牺牲一定功能或性能以满足形状、质量方面的要求。目前，无人机技术发展相对成熟，在临近空间飞艇投入使用之前，长航时无人机将作为临近空间侦察、通信的主要手段。定点部署按照部署位置的几何形状，还可分为点状部署、线状部署、三角型部署等多种形式。

巡逻部署是指临近空间装备以巡逻方式在较大范围内不断改变空间位置，使其对大范围内的不同区域分别形成覆盖，而且不以特定周期重复覆盖，如图7.22所示。临近空间信息获取亚声速和超声速无人机主要以这种方式部署。

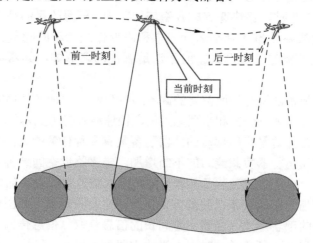

图7.22 无人机巡逻部署示意图

（二）部署形式的运用

平时，部分侦察与通信类临近空间飞艇、驻留式长航时无人机应采用定点部署的形式完成升空使用部署，并在相应的场站、基地进行一定数量的战备储备部署；其余类型的临近空间装备应按照战备需求在不同的场站、基地进行一定数量的战备储备部署，但侦察、通信无人机可以间断性地以巡逻的方式升空使用，填补驻留型侦察、通信装备没有覆盖的空白区域或加强重点方向、重要区域的侦察、通信能力。由于临近空间侦察、通信类飞艇和长航时无人机滞空时间长、覆盖范围大，可以远距离部署。部署的几何形状方面，平时应以点状部署为主，线状、三角形部署为辅，即普通区域采用相互衔接的点状部署形式，形成全区域覆盖；重点方向、重要区域采用线状、三角形部署形成多重覆盖，少数覆盖盲区或重要区域采用无人机巡逻部署进行补盲或强化。

战前，应在可能的冲突区域及其周边增加作战部署。增加的临近空间侦察、预警、通信飞艇应形成双重或三重覆盖，以利于实现无源侦察定位、减小漏警概率或增加临近空间通信的安全冗余。在可能的作战方向，还应增加信息对抗、火力打击和导航定位飞艇和长航时无人机的部署，充分做好作战准备。亚声速和高速无人机宜采用巡逻部署的形式，实施补盲侦察或强化侦察。同时，增加各类装备、特别是火力打击和信息对抗等攻击型无人机的战备储备数量和巡逻次数，做好开战准备。

作战过程中，临近空间飞艇和长航时无人机以升空使用部署为主，目的是增加重要作战区域的作战力量或补充战损装备；高速无人机以巡逻部署为主，同时进一步增加战备储备部署的数量。

二、临近空间单一任务能力装备部署决策

单一任务能力的临近空间装备主要包括临近空间侦察预警装备、临近空间通信导航装备、临近空间信息对抗装备、临近空间火力打击装备和临近空间后勤运输装备。由于临近空间导航定位装备只在需要时在指定区域部署，后勤运输装备只需部署在国内的场

站、基地，部署数量通常也是根据需要临时确定，在此重点讨论临近空间侦察预警、通信、对抗干扰和火力打击装备的部署。

（一）信息支援类装备部署决策

临近空间信息支援类装备包括临近空间侦察装备、预警装备、通信装备，以及进行信息对抗时的侦察装备。其搭载平台主要包括临近空间气球、临近空间无人机和临近空间飞艇。由于临近空间气球空间位置随风漂移，只可用于紧急情况下的补盲侦察或通信；临近空间亚声速和高速无人机空间活动范围不确定，主要采用巡逻部署，因此本书重点讨论驻留型临近空间长航时无人机和飞艇的部署问题，包括装备的总体数量需求分析、部署位置确定等。由于驻留型临近空间长航时无人机和飞艇都是为了形成对固定区域的覆盖，在作战筹划决策时可以以相同的方法处理，可以讨论。

临近空间侦察、预警、通信等信息支援装备是平时日常战备和战时实施作战都要使用的装备，以平时部署为主。由于驻留型临近空间信息支援装备作战距离远、连续工作时间长，为了节约作战资源，提高装备利用率、减小漏警概率，驻留型临近空间信息支援装备应采用覆盖区域相互衔接而形成全区域单机覆盖的部署形式，如图 7.23 所示。对于这种部署形式，在确定装备需求数量和部署位置时，通常需要考虑有效载荷的技术性能，在此我们以临近空间驻留型侦察装备为例进行进一步分析。

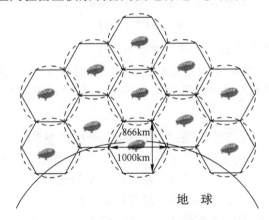

图 7.23 单机覆盖部署示意图

1. 单机覆盖部署

单机覆盖通常包括频率覆盖和面积覆盖，频率覆盖是指信息对抗侦察装备的侦察频率范围不小于所有侦察对象的工作频率范围，此时称为完全覆盖。通常情况下，可能无法实现安全覆盖，对此，可用侦察频率覆盖率 C_f 度量，即

$$C_f = F_s / F_m \tag{7-1}$$

式中：F_s 为侦察系统可侦测的频率范围；F_m 为所有侦察对象的工作频率范围。

目前，美军的大部分军用雷达工作于 S 波段（2～14 GHz）和 X 波段（8～12 GHz），美军的短波和超短波通信频率范围分别为 1.5～30 MHz 和 30～400 MHz，数据链 Link-4A 的工作频率范围为 225～399.975 MHz，Link-11 的工作频率范围为 3～300 MHz，Link-16 的工作频率范围为 960～1215 MHz，卫星通信的频率范围为 20～44 GHz。可见，除卫星通信和 Link-16 的小部分频点外，美军的大部分雷达和通信装备的工作频率都在目前侦察装备的侦察频率范围内。因此，对于作战部署中的装备需求数量而言，可以不考虑频率覆盖问题。

面积覆盖方面，总体覆盖面积取决于装备的部署位置和单部装备的覆盖面积。单部装备的覆盖面积由其作战距离决定，即通信装备的通信距离和侦察装备的侦察距离决定。作战距离一方面取决于最大侦察（通信）距离 R_{max}，另一方面取决于最大通视距离 R_l，即

$$R_l = 4.12(\sqrt{h_s} + \sqrt{h_a}) \tag{7-2}$$

式中：h_s 为侦察装备天线的海拔高度（m）；h_a 为侦察目标天线的海拔高度（m）；R_l 为最大通视距离（km）。

这样，实际作战距离可表示为

$$R = \min[R_{max}, R_l] \tag{7-3}$$

单部驻留型临近空间侦察装备（飞艇或长航时无人机）的侦察面积为

$$S_p = \pi R^2 \tag{7-4}$$

单部巡逻型临近空间侦察装备 T 时间内的侦察面积为

$$S_c = \pi R^2 + 2V_c TR \tag{7-5}$$

式中：V_c 为侦察装备巡航速度；T 为飞行时间。

这样，若采用相互衔接的单机覆盖部署，则所需侦察飞艇（或驻留型长航时无人机）和巡逻型临近空间侦察无人机的数量分别为 $N = [S_d / S_p]$ 和 $N = [S_d / S_c]$，其中，S_d 为所需的侦察覆盖面积。

可以计算出，位于临近空间下限海拔 20km 处的侦察装备对地观测的直视距离为 582km 左右（假定地面目标的天线高度为 10m），对空中海拔 10km 左右高度目标的直视距离为 1000km 左右；位于海拔 30km 处的临近空间侦察装备对地观测的直视距离为 713km 左右；对空中 10km 左右高度目标的直视距离为 1125km 左右。

临近空间飞艇具有更强的承载能力，对载荷的体积、形状限制比作战飞机低，可以集成探测距离更远、性能更优的雷达或其他侦察设备。因此，可以假设临近空间侦察装备的对地侦察距离为 500km 左右，对空中 10km 左右高度目标的侦察距离为 1000km。南北方向长约 5500km，东西方向长约 5000km，这样，对地面目标侦察时，覆盖范围约需 25 部临近空间侦察装备；对空中 10km 左右高度的目标探测时，覆盖面积仅需 9 部临近空间侦察装备。

采用覆盖区域相互衔接而形成全区域单机覆盖时，侦察装备部署位置的确定可以采用六边形法确定，如图 7.23 所示。从图中可以看出，若部署 2 艘覆盖区域衔接的临近空间侦察装备，可将对地预警、侦察距离延伸约 1732km 范围内。

2. 双重覆盖时的部署

对于某些重要的战场区域，为了减小漏警概率，可以对这些区域进行双重覆盖，甚至必要时进行三重覆盖。进行信息对抗侦察（无源侦察）时，为了提供态势情报和火力打击引导数据，需要对目标进行双机定位（单机不能进行辐射源定位），也必须采用双重

覆盖部署。对于重要的指挥通信，为了提高通信的可靠性，增加通信冗余，也可以采用双重覆盖方式。双重覆盖时，每个位置的目标应至少在两部装备的作战范围内，装备部署位置的确定也可以采用六边形法，如图 7.24 所示。可以看出，采用覆盖区域相互衔接形成全区域双重覆盖时，所需的侦察装备数量比单机覆盖时增加 1 倍。

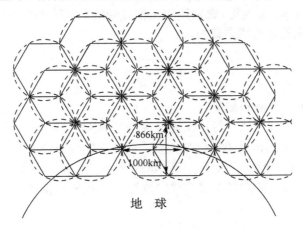

图 7.24 双机覆盖部署示意图

（二）电子干扰装备部署决策分析

电子干扰的主要目的是干扰和破坏特定位置或区域的敌方雷达和通信系统的正常工作，降低其作战效能，为其他作战力量的作战行动提供支援和掩护。通信干扰的效果，取决于敌方通信装备的抗干扰能力和临近空间干扰装备的空间部署位置、干扰功率和干扰样式。理论上讲，只要进入对方接收机的有效干扰功率足够大，无论是对常规通信信号还是直扩、软件无线电和跳频通信信号，都可造成有效干扰。由于临近空间飞艇承载能力强，可携带宽频带、大功率干扰载荷，而且通常是在待干扰目标上空实施抵近干扰或投放分布式干扰设备，通信干扰装备的干扰天线通常也没有方向性，不需要精确的兵力部署计算，在此不作讨论。

雷达干扰的干扰兵力部署数量，通常可以根据所需的干扰掩护空间或所需同时干扰的雷达载频数量计算。

根据所需的干扰掩护空间计算兵力部署通常通过确定干扰暴露半径、确定在干扰暴露半径范围的有效干扰扇面宽度角、确定在干扰暴露半径上的有效干扰扇面的线性宽度、确定所需干扰源数量四个步骤进行。根据所需干扰掩护空间计算兵力部署的优点是计算结果比较精确，便于确定每部干扰装备的空间位置和提高干扰功率利用率，但这种计算是基于掩护目标位置、数量已知的条件进行的，而且涉及具体装备的战术、技术指标，只适用于作战任务具体时的装备部署数量估算，在此不做详细讨论。

另外，雷达干扰通常是瞄准雷达的载波频率实施压制性噪声干扰，也可采用数字射频存储（DRFM）技术实施欺骗式干扰，或采用数字合成干扰源（DJS）实施信号样式与雷达信号样式更匹配的干扰方式。但无论是那种干扰方式，都是基于雷达载频实施的。因此，可根据雷达的载频数量计算所需干扰兵力。根据所需同时干扰的雷达载频数计算干扰兵力的方法较为简捷，既适合战时的计算兵力需求计算，也适用于战前预先部署时估算所需兵力的数量。计算方法大致如下：

（1）估算作战中需要干扰的雷达数量。

假设作战中需要干扰的雷达数量为 n 部。

（2）确定需要同时干扰的雷达载频数。

根据已掌握的情报，查找第 i 部雷达的工作载频数（可同时在几个频点工作的数目），记为 k_i，则所需干扰的雷达载频数为

$$M = \sum_{i=1}^{n} k_i \tag{7-6}$$

（3）计算所需的干扰装备数量。

常用的干扰信号生成方式包括以压控振荡器（VCO）为代表的引导式干扰源、基于射频存储（RFM）技术的转发式干扰源和基于数字干扰合成技术的 DJS。干扰装备中，有多少个干扰源就可以同时产生多少个载频的干扰信号。假定现有 p 种临近空间雷达干扰装备，第 j 种有 b_j 部，能同时干扰的载频数为 a_j，则所有雷达干扰装备能同时干扰的载频数为

$$M' = \sum_{j}^{p} a_j b_j \tag{7-7}$$

比较 M' 和 M 的值，即可评估现有装备能满足干扰需求。若仅有一种临近空间雷达干扰装备，该装备能同时干扰的雷达载频数为 M_0，则该型装备数量需求为 $N = \left[\dfrac{M}{M_0}\right]$ 部。

根据所需干扰的雷达载频数量计算临近空间装备部署数量的方法虽然较为简便，但没有考虑到对新体制雷达的干扰，是一种较为粗略的估算方法。由于对新体制雷达的干扰功率利用率低，可能会需要更多的干扰资源。所以，作战指挥过程中应根据实际的雷达种类和数量确定干扰装备数量，适当放大计算结果。

未来临近空间作战中，电子干扰力量可能执行三类任务：一是远距离干扰，即在远距离建立电磁屏障，掩护地面和空中作战力量实施部署、突防等作战行动，干扰规模和强度大；二是护航干扰，即使用临近空间飞艇或伴飞的临近空间电子干扰无人机，对位于突防机群航线上的敌方防空系统（包括地面、空中和临近空间的防空系统）的电子设备实施干扰，目的是开辟空中走廊，干扰规模和强度相对较小；三是近距离支援干扰，即使用临近空间干扰装备干扰敌方地面战场雷达、制导雷达等，掩护其他作战力量的作战行动，是临近空间作战的次要任务。此外，临近空间平台还是大功率电磁脉冲武器的理想承载平台，实施电磁脉冲攻击也是临近空间信息对抗的重要任务。

干扰装备数量需求确定后，应根据不同的任务类型、战备要求、干扰对象空间分布情况综合分析，确定临近空间信息对抗装备的部署形式和部署位置。但无论如何，应至少以战备储备的形式部署所需数量的雷达干扰装备。此外，临近空间飞艇负载能力强，每部干扰飞艇还应携带一定数量的箔条干扰弹、雷达诱饵等无源干扰设备，与有源干扰配合使用。

（三）火力打击装备部署决策分析

临近空间平台携带的火力打击载荷多为精确制导弹药，这类装备的部署应根据战场

态势、精确制导武器的发射要求、精确打击的任务需求等综合确定,包括确定部署的空间位置和部署数量两个方面。空间位置方面,原则上飞艇和长航时无人机载精确打击武器应及时升空部署,部署的具体位置根据打击目标位置、武器发射要求、战场态势、战备要求等情况确定;高动态临近空间火力打击武器按需求数量以战备储备的形式部署。部署的数量需求可以按如下步骤计算。

1. **确定打击目标及其类别**

对于不同的打击目标,可根据其威胁程度分为威胁程度很高(1 类)、威胁程度高(2 类)、威胁程度较高(3 类)、威胁程度一般(4 类)、威胁程度不高(5 类)五个类别。假设每个类别要求的毁伤概率分别为 $p^1=0.9$、$p^2=0.75$、$p^3=0.6$、$p^4=0.45$、$p^5=0.3$。由于同一目标在不同的作战阶段威胁等级可能会发生变化,在计算装备战备数量需求时应全部计算,但在作战指挥过程中可以按威胁等级从高到低的次序主要关注前 3 类打击目标。

2. **确定打击武器的毁伤概率**

假设有 i 类武器,每类武器的毁伤概率为 p_i,则 p_i 取决于多个因素 p_{ij},主要因素包括:

(1)p_{i1}:装备完好率,即武器装备使用前的状态,反映了武器装备的可靠性和维护保养水平。根据相关规定,电子信息类装备的完好率要求为不低于 95%,在此取 $p_{i1}=95\%$。

(2)p_{i2}:武器装备的直接命中率,反映了精确制导武器的命中精度。设精确制导器的弹着点分布函数为二维正态分布,圆概率偏差为 E_0,有效杀伤半径为 R,则

$$p_{i2} = \iint_{(x,y)\in D} \phi(x,y)\mathrm{d}x\mathrm{d}y = 1-\mathrm{e}^{-0.6931\left(\frac{R}{E_0}\right)^2} \tag{7-8}$$

目前,大部分精确制导武器的圆概率偏差约为 5~8m。参照一般精确制导武器的性能指标,取 $p_{i2}=0.85$。

(3)p_{i3}:毁伤成功率,即命中情况下的毁伤概率,反映了精确制导武器的毁伤威力和目标的坚固程度。根据精确制导武器战斗效能统计数据,对于一般目标,p_{i3} 通常在 0.85~0.9 之间,取 $p_{i3}=0.9$。

(4)p_{i4}:发射成功率,反映了武器发射水平,由临近空间装备武器发射系统的完好状态和可靠性等因素确定。根据目前的武器发射水平,取 $p_{i4}=0.95$。

(5)p_{i5}:任务完成率,反映了气象条件、电磁环境等因素的影响,是一个统计数据。有干扰情况下,$p_{i5}=0.5$;无干扰情况下,$p_{i5}=0.7$。

这样,可估算出有干扰情况下单件武器的毁伤概率为

$$p_i = p_{i1}\cdot p_{i2}\cdot p_{i3}\cdot p_{i4}\cdot p_{i5} = 0.95\times0.85\times0.9\times0.95\times0.50 \approx 0.345$$

无干扰情况下单件武器的毁伤概率为

$$p_i = p_{i1}\cdot p_{i2}\cdot p_{i3}\cdot p_{i4}\cdot p_{i5} = 0.95\times0.85\times0.9\times0.95\times0.70 \approx 0.483$$

根据概率论知识,所需精确打击载荷的计算公式为

$$N_{ki} = \left[\frac{\ln(1-p^k)}{\ln(1-p_i)}\right] \quad (7-9)$$

式中：N_{ki} 表示对 k 类目标使用 i 类精确打击载荷时所需的武器数量；p^k 为对 k 类目标所要求的毁伤概率；p_i 为 i 类武器的毁伤概率。

由此，可计算对 1 个威胁程度为 1 类的打击目标使用 i 类武器实施打击，有干扰情况下所需的精确打击载荷数为

$$N_{1i}^J = \left[\frac{\ln(1-p^1)}{\ln(1-p_i)}\right] = \left[\frac{\ln(1-0.9)}{\ln(1-0.345)}\right] = \left[\frac{\ln 0.1}{\ln 0.655}\right] = [5.4] = 6$$

无干扰情况下所需的精确打击载荷数为

$$N_{1i} = \left[\frac{\ln(1-p^1)}{\ln(1-p_i)}\right] = \left[\frac{\ln(1-0.9)}{\ln(1-0.483)}\right] = \left[\frac{\ln 0.1}{\ln 0.517}\right] = [3.49] = 4$$

同理，对 1 个威胁程度为 2 类的打击目标使用 i 类武器实施打击，有干扰情况所需的精确打击载荷数为

$$N_{2i}^J = \left[\frac{\ln(1-p^1)}{\ln(1-p_i)}\right] = \left[\frac{\ln(1-0.9)}{\ln(1-0.345)}\right] = \left[\frac{\ln 0.2}{\ln 0.655}\right] = [3.8] = 4$$

无干扰情况下所需的精确打击载荷数为

$$N_{2i} = \left[\frac{\ln(1-p^1)}{\ln(1-p_i)}\right] = \left[\frac{\ln(1-0.9)}{\ln(1-0.345)}\right] = \left[\frac{\ln 0.2}{\ln 0.517}\right] = [2.4] = 3$$

最后可计算出所需的精确打击载荷总数为

$$N = \sum_{k=1}^{5}\sum_{i=1}^{m}(n_k N_{ki} + n_k^J N_{ki}^J) \quad (7-10)$$

式中：n_k 为无干扰情况下需打击的第 k 类目标的数目；n_k^J 为有干扰情况下需打击的第 k 类目标的数目；N 为所需的精确打击载荷总数目。据此可求出所需的临近空间火力打击装备的数目。

临近空间火力打击装备通常为高速打击武器，应以战备储备的形式部署在不同的场站、基地（由武器装备的射程确定）。战前，部分临近空间飞艇载火力打击武器也可预先部署到有利发射空域。

三、临近空间多任务能力装备优化部署决策

随着临近空间技术的不断发展，未来实际应用的临近空间装备可能大多数为多任务能力装备，增加了部署决策过程中装备需求计算的难度。如果按照单一任务能力装备的部署需求方法计算，配置了某种作战能力的同时，还配置了其他作战能力，容易造成作战能力过剩或不足。作战力量过剩，不但浪费作战资源，而且还会因为战场作战力量密度大、活动时间长而增加被毁伤风险；作战力量不足，则不仅无法形成作战优势，而且会增加投入兵力兵器的任务负荷，增加损毁概率。此外，在现阶段的装备科研生产中，同样存在究竟应在一个临近空间平台上配置何种作战能力、配置的比例如何确定、作战能力的大小如何确定等问题。因此，应深入研究多任务能力装备需求确定的方法，为未

来临近空间作战指挥中的兵力需求确定、平时军事斗争准备中的装备战备数量需求确定、装备科研生产中的生产规模确定、装备平台能力配置方案确定提供优化方法。

(一) 基本思想

多任务能力装备作战数量需求优化的基本问题可描述为：在二维空间(x_i, y_i)处有一个j类目标$A_{ij}(i=1,2,\cdots,n)$，n为目标点的个数，即作战对象数目，$A_{ij} \in \{A_1, A_2, \cdots, A_m\}$，其中$\{A_1, A_2, \cdots, A_m\}$为作战对象集合，$m$为作战对象类型数目。临近空间装备集合为$E=\{E_1, E_2, \cdots, E_p\}$，$p$为临近空间装备类型数目。求解怎样在二维空间$(x'_q, y'_q)$处部署装备$E_{qk} \in E$，（$q=1,2,\cdots,r$），即在$r$个位置分别部署不同的装备$E_{qk}$，才能较好地形成对所有$A_{ij}$的作战优势。

战场的装备部署主要考虑三个因素：一是临近空间作战态势，即作战部署的空间位置，反映了部署位置是否有利于装备作战性能的发挥，是否有利于整个装备系统相互配合、形成合力，是否易于遭敌攻击等；二是装备的作战能力，即所需的总体作战能力，由火力打击能力、电子干扰能力、侦察监视能力、预警探测能力、通信联络能力、导航定位能力等组成，反映了总体作战能力是否对敌方的每类作战对象都有效、都有兵力上的优势；三是作战能力优势的标准，即作战能力需求应比"刚好形成作战能力优势"时的基准作战能力大多少倍，反映了战场情况对作战能力需求的紧迫程度和作战对象的重要程度。

由于临近空间装备作战半径大，除了采用覆盖区域相互衔接方式部署的临近空间装备外，临近空间装备效能发挥对部署位置误差不敏感，甚至数十千米的部署位置差异都不会对装备效能发挥造成太大影响，为简化分析，可以不考虑装备部署位置因素。

作战能力方面，对每类装备可以从"火力打击能力、电子干扰能力、侦察监视能力、预警探测能力、通信联络能力、导航定位能力、兵力投送能力、机动转移能力、发射部署能力、维修保养能力和防御生存能力"11个方面描述，其中前4种能力反映了"克"敌的能力，即敌方的任何目标无论是被火力打击、被电子干扰还是被侦察监视、被预警探测，都可以认为有效地克制了对手；接着的4种能力反映了对作战行动的支持能力，最后3种能力反映了装备自身的生存能力和响应能力。每个方面还可以进一步分解细分。这样，装备数量、类型确定后，各项分别叠加的和即为所有装备的总体作战能力。

对于作战能力需求标准，可以通过对临近空间装备及其作战对象的战技术性能分析、以往作战数据分析、专家打分等方法，评定"几部装备对几个作战目标具有一般作战能力优势"，定义其优势等级为1级（基准）。例如，假定通常情况下两枚导弹打击一个活动目标可达到最低的毁伤概率要求，3部干扰机干扰2个雷达即可基本满足干扰等级要求，那么此时的"2对1"和"3对2"的情况即为形成了一般作战能力优势。若增加导弹和干扰机数量，优势会更明显，优势等级更高。根据战场态势和作战要求，可以确定作战能力优势等级需求，即以"1"为标准，乘以特定的放大系数。

这样，多任务能力装备作战需求优化问题可以简化为：目标集合为$A=\{A_1,A_2,\cdots,A_m\}$，临近空间装备集合为$E=\{E_1,E_2,\cdots,E_p\}$，在某一作战区域有n_{A_i}个（部）A_i（$i=1,2,\cdots,m$），如何确定每类临近空间装备E_j（$j=1,2,\cdots,m$）的使用数目n_{E_j}，才能形成对所有n个目标的作战能力优势。

$$n = \sum_{i=1}^{m} n_{A_i} \tag{7-11}$$

这是一个满足一定约束条件的寻优过程。

(二）数学模型

建立数学模型的基本步骤为：

步骤 1：确定每种临近空间装备的作战能力向量。

如前所述，每种临近空间装备的作战能力可以从火力打击能力、电子干扰能力、侦察监视能力、预警探测能力、通信联络能力、导航定位能力、兵力投送能力、机动转移能力、发射部署能力、维修保养能力和防御生存能力 11 个方面描述，前 7 个方面反映的是载荷的作战能力，后 4 个方面主要反映平台的作战性能。此外，每种临近空间装备的制造成本也是一个常量，加上这个常量可从 12 个方面大致描述临近空间装备的作战能力和成本。

对于每种作战能力，可以选择一种有代表性的单一作战功能的载荷作为基准载荷，取其作战能力数值为 1，其他载荷的作战能力可综合采用专家打分、战（技）术参数分析比对、试验数据分析等方法参照基准载荷进行归一化处理。同样地，设定基准兵力投送能力、机动转移能力、发射部署能力、维修保养能力和防御生存能力的基准载荷，对多任务能力临近空间装备的各项作战能力进行归一化处理，即将各项作战能力与基准载荷的作战能力进行比对，得出能力数值。这样，可得到每种类型的临近空间装备 E_j 的作战能力向量为 $e_j = (e_{j1}, e_{j2}, \cdots, e_{j12})$，其中 $e_{j1}, e_{j2}, \cdots, e_{j12}$ 分别代表火力打击能力、电子干扰能力、侦察监视能力、预警探测能力、通信联络能力、导航定位能力、兵力投送能力、机动转移能力、发射部署能力、维修保养能力、防御生存能力和装备制造成本的归一化数值，不具备的能力项记为"0"。

步骤 2：确定形成一般作战能力优势所需的作战能力向量。

对每种作战目标 A_i，根据其战术、技术参数和以往的作战经验数据，综合采取比对分析、专家咨询、研讨等方式评估对其形成一般作战能力优势所需的临近空间装备基准能力数；根据其空间位置和运动特征，确定所需的临近空间装备基准能力数修正值。这样，可得到对 A_i（$i=1,2,\cdots,m$）形成一般作战能力优势所需的作战能力向量 $e'_i = (e'_{i1}, e'_{i2}, \cdots, e'_{i12})$。

由此可得：总体作战能力需求向量为

$$e' = \sum_{i=1}^{m} n_{A_i} e'_i$$

步骤 3：确定形成作战能力优势的等级。

步骤 2 得到的 e' 仅是形成一般作战能力优势所需的总体作战能力需求向量。实际上，战场形势千变万化，不但不同作战阶段、不同作战方向对同类作战目标的作战时限、作战效果要求不同，而且同一作战目标在不同情况下的威胁或危害程度也大不相同，对其打击、干扰或侦察发现的紧迫程度也随之不同。总体作战能力需求向量 e' 还应反映作战目标的威胁或危害程度、在所处作战系统中的重要程度，以及对其作战的紧迫程度等因素。

对此可分两种情况处理：一是对战场上某一方向的所有作战目标的作战时限和作战

效果要求发生统一变化时，此时，处理较为简便，只需给 e' 乘以一个调节系数，如可定义"形成一般作战能力优势"的等级为 1 级（调节系数为 1），定义优势等级分别为 2 级、3 级、4 级、5 级、6 级时，调节系数依次为 1.2、1.4、1.6、1.8 和 2。例如，优势等级需求为 3 级时，总体作战能力需求向量为 $e' = 1.4\sum_{i=1}^{m} n_{A_i} e'_i$。这种处理方式较为简便，也较为实用、常用。二是对每一个作战目标分别处理，即对每一个作战目标的作用、威胁等都进行评估、处理，然后分别给每一目标 $A_{ij}(i=1,2,\cdots,n)$ 对应的作战能力需求向量都乘以一个调节系数 $\theta_i(i=1,2,\cdots,n)$。此时，$e' = \sum_{i=1}^{n} \theta_i e'_i$。

第二种处理方法需要知道作战目标比较详细的信息，使用受限。

步骤 4：选择目标函数，建立数学模型。

不同的战场环境和任务背景下，对临近空间装备的要求不同，选取临近空间多任务能力装备的策略也应与之相适应。目标函数反映了形成一定作战能力优势条件下选取装备的依据，通常可选择完成作战任务所需的装备总体机动转移能力、发射部署能力、维修保养能力、防御生存能力和装备制造成本中的一个或几个，即按照机动转移能力最强、发射部署最快、维修保养性最好、防御生存能力最强、装备成本最低标准中的一个或几个选取装备。在此，假定选取临近空间装备的策略为装备成本最低、防御生存能力最强。作战能力优势等级为形成一般作战能力优势（1 级），则数学模型为

$$\begin{cases} \min \sum_{j=1}^{p} n_{E_j} e_{j12} \\ \max \sum_{j=1}^{p} n_{E_j} e_{j11} \\ \text{s.t.} \sum_{j=1}^{p} n_{E_j} e_{jk} \geqslant \sum_{i=1}^{m} n_{A_i} e'_{ik}, k=1,2,\cdots,12 \end{cases} \quad (7-12)$$

式中：$e_{jk}(k=1,2,\cdots,12)$ 表示第 j 类装备的 12 种作战能力的归一化数值；$e'_{ik}(k=1,2,\cdots,12)$ 表示对第 i 类作战目标形成一般作战能力优势所需的 12 种作战能力需求。式中，n_{A_i}、e_{jk}、e'_{ik} 已知，求 n_{E_j} 的最优解。

（三）模型求解分析

这是一个多目标优化问题。由于目标函数及约束条件均为线性函数，也是线性规划问题。多目标优化问题求解，首先需要将其转化为单目标优化问题，然后借助 Matlab、lingo 等数学软件求解。

将两个目标函数转化为一个目标函数，可以通过两种方法处理。

一是根据作战经验数据直接简化，即适当降低目标函数的要求，简化数学模型。本例中，第二个目标函数为"防御生存能力最强"，究竟多强？强多少？作战指挥实践过程中，可以根据实践经验数据设定。例如，每部临近空间装备的防御生存能力的最大值为 1，指挥人员可能通过实践发现，当装备平均防御生存能力值达到 0.7~0.8 时，就能基本满足实际需要。因此，若直接设定防御生存能力的平均值为 0.8。这样，第二个目标函数

就可以直接简化为

$$\sum_{j=1}^{p} n_{E_j} e_{j11} \geqslant 0.8 \sum_{j=1}^{p} n_{E_j} \tag{7-13}$$

于是，数学模型变为

$$\begin{cases} \min \sum_{j=1}^{p} n_{E_j} e_{j12} \\ \sum_{j=1}^{p} n_{E_j} e_{j11} \geqslant 0.8 \sum_{j=1}^{p} n_{E_j} \\ \text{s.t.} \sum_{j=1}^{p} n_{E_j} e_{jk} \geqslant \sum_{i=1}^{m} n_{A_i} e'_{ik}, k=1,2,\cdots,12 \end{cases} \tag{7-14}$$

多目标优化问题转化成了单目标优化问题。

二是采用数学方法简化。本例中，通过分析可以发现，目标函数为

$$\begin{cases} \min \sum_{j=1}^{p} n_{E_j} e_{j12} \\ \max \sum_{j=1}^{p} n_{E_j} e_{j11} \end{cases} \tag{7-15}$$

相当于

$$\min \left(\sum_{j=1}^{p} n_{E_j} \left(e_{j12} - e_{j11} \right) \right) \tag{7-16}$$

于是数学模型简化为

$$\begin{cases} \min \left(\sum_{j=1}^{p} n_{E_j} (e_{j12} - e_{j11}) \right) \\ \text{s.t.} \sum_{j=1}^{p} n_{E_j} e_{jk} \geqslant \sum_{i=1}^{m} n_{A_i} e'_{ik}, k=1,2,\cdots,12 \end{cases} \tag{7-17}$$

至此，可以使用数学软件求解。

Matlab 求解多元线性规划问题的标准形式为

$$\min_{x} \boldsymbol{c}^{\mathrm{T}} \boldsymbol{x} \text{ 或 } \max_{x} \boldsymbol{c}^{\mathrm{T}} \boldsymbol{x}$$
$$\text{s.t.} \begin{cases} \boldsymbol{Ax} \leqslant \boldsymbol{b} \\ \boldsymbol{Aeq} \cdot \boldsymbol{x} = \boldsymbol{beq} \\ \boldsymbol{lb} \leqslant \boldsymbol{x} \leqslant \boldsymbol{ub} \end{cases} \tag{7-18}$$

式中：c 和 x 为 n 维列向量；A、Aeq 为适当维数的矩阵；b 和 beq 为适当维数的列向量。基本命令为

$$[x, \text{fval}] = \text{linprog}(c, A, b, Aeq, beq, \text{LB}, \text{UB}, X_0, \text{OPTIONS})$$

式中：fval 返回目标函数的值；LB 和 UB 分别是变量 x 的下界和上界；X_0 是 x 的初始值；

OPTIONS 是控制参数。

编写如下 M 文件，即可实现问题求解。

$$c = [e_{1_{12}} - e_{1_{11}}, e_{2_{12}} - e_{2_{11}}, \cdots, e_{p_{12}} - e_{p_{11}}];$$

$$A = -\sum_{j=1}^{p} e_{jk}; b = -\sum_{i=1}^{m} n_{A_i} e'_{ik};$$

Aeq = 0; ***beq*** = 0;

x=linprog(***c***,***A***,***b***,***Aeq***,***beq***,zeros(*p*,1))

返回的 x 即为 n_{E_j} 的最优解。

综上，作战部署是未来临近空间作战指挥决策的重要环节，是作战力量发挥最佳作战效能、形成整体合力的必要条件。临近空间装备作战功能种类多、平台性能差异大、部署位置范围广，而且具备多任务能力，增加了作战指挥过程中作战部署决策的难度。本部分针对临近空间多任务能力装备部署决策的难点，提出了一种临近空间多任务能力装备部署决策优化方法，给出了数学模型和求解基本思路，可以为战时临近空间多任务能力装备部署决策提供参考。

第四节 临近空间作战力量编组与战场建设

一、作战力量编组与应用

临近空间作战力量的使用，除了其自身的平台部署和相互协同配合之外，还可与空、天作战力量编组，协同配合，利用其强大的侦察、截获和中继通信能力，与其他现有平台有机结合构成协同作战体系，为作战单元提供一致、准确、可靠的目标航迹图像，使威胁判断和交战决策可以同步协调，从而实现作战能力倍增。

（一）临近空间作战力量与空中作战力量编组

将临近空间作战力量与空中力量的编组应用，能显著扩大作战空间并提高系统的可靠性。系统中任何一个飞行平台都是网络的一个节点，可以称为协同工作单元。每个协同工作单元都可以视为三部分组成：协同作战处理器、数据分发系统与武器系统的接口。协同作战系统可在双方对抗的环境下，为各协同工作单元提供高度一致的信息。

1. 延伸预警指挥

临近空间信息支援力量与空中预警机协同编组，实现预警和指挥的前出，如图 7.25 所示。在局部空中战役中，若以预警机为平台的空中指挥所作为前进指挥中心，原则上不宜过于抵前，此时可以充分利用临近空间通信中继分队所提供远距离通信优势，将临近空间通信平台作为空中中继传输信息和指令，可以极大地扩大指挥控制范围。预警机可以随时在敌对空武器射程外，通过临近空间预警探测分队、临近空间侦察监视分队对信息进行采集，进行综合分析，将处理后的情报产品，通过临近空间通信中继分队转发给前方作战单元，使前方各作战单元能够充分掌握当前战场态势，从而把握战机，先发制人，夺取战场主动权，这对提高作战效能、确定作战意图和完善指挥手段有着重要意义。

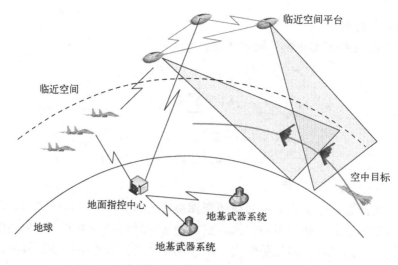

图 7.25 临近空间作战力量与空中力量组合编组

2. 导弹接力制导

利用武器协同数据链等协同系统,临近空间精确打击力量的制导单元,可以在其他空中平台和地面发射的远程精确打击弹药时,与其协同工作。实现:接替空中平台的制导任务,实现发射后不管,降低空中平台突防的危险性,提高对地打击的突防概率和精确性;对空空导弹进行航向修正,扩展空空导弹对空中目标的拦截距离;对拦截弹进行远距控制,实现弹道导弹的主动段和中段拦截。参与导弹接力制导的临近空间制导控制系统主要用于目标匹配、航向指令修正、二次目标指示和变轨控制。制导控制的精确弹药主要用于对地/空目标的打击,包括远程巡航导弹、反辐射导弹、战术弹道导弹、弹道导弹拦截弹等。考虑到火力弹药采用地、空火力的通用型号,需要对发射平台和导弹制导系统进行协同适应性设计或改装,或在临近空间武器协同数据链研制中综合考虑,使新型运载平台的远程精确打击弹药同时具有利用临近空间间接制导方式实施攻击的能力,从而提高整体作战效能。

(二) 临近空间作战力量与太空作战力量编组

临近空间作战力量与太空作战力量协同编组的主要领域有侦察监视、预警探测、通信中继、移动目标跟踪定位和应急情报保障等。

1. 侦察监视

首先是战略侦察,就是平时对大纵深范围内的目标实施的侦察。侦察中,卫星与临空器的协同任务主要可划分为:利用侦察卫星对周边国家远纵深范围内的目标实施访问周期内的有效侦察;利用临近空间侦察监测分队对近纵深范围内的目标实施指定时间内的侦察。其次是在战场中,卫星与临空器的协同任务主要可划分为:利用各类侦察监视卫星及星座对还未进入战区的活动目标群进行先期侦察定位,以及对战场纵深的重要军事基地和军事目标进行连续监视;利用临近空间侦察监测分队对战场范围内的重要作战区域和活动目标群进行实时侦察监视。

2. 预警探测

在对飞机和巡航导弹的预警探测中,卫星与临近空间作战力量的预警探测任务主要可划分为：利用导弹预警卫星重点对战区外 600km 以远中高空目标实施远程预警；利用临近空间预警探测分队重点对战区外 200km 以远低空、超低空目标实施预警。在对弹道导弹的预警探测中，卫星与临近空间作战力量的预警探测任务主要可划分为：利用导弹预警卫星重点对远程战略和战役弹道导弹实施预警；利用临近空间预警探测分队重点对战术弹道导弹实施预警。临近空间预警探测分队在对战术弹道导弹实施预警时，为扩大监视范围和保持预警的持续性，临近空间作战力量的空间活动高度应保持在 30km 以上，留空时间不少于 3 个月，并能提供 5min 以上的预警时间。

3. 通信中继

卫星通信具有覆盖区域广、通信容量大、机动性好的特点，目前在军民用领域广泛使用。但是，由于卫星通信转发器在外层空间，轨道固定，易受远距离物理和电磁攻击，可通过临近空间平台实现局部卫星通信强干扰下的应急解决方案。同样是利用协同工作单元，当卫星转发器遭受干扰和摧毁时，应用覆盖本区域的临近空间平台实现应急卫星通信。由于临近空间平台类似于卫星但比卫星的升高高度低得多，所以将卫星通信转发器配置在临近空间平台上，能够实现卫星通信遭受干扰后的应急通信，如图 7.26 所示。

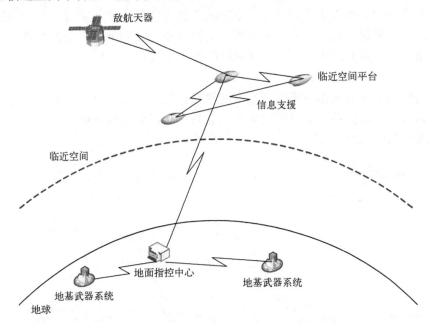

图 7.26　临近空间作战力量与太空力量组合编组

卫星地面站采用卫星和临近空间平台双系统，在临近空间平台上配置卫星和临近空间平台双转发器，在卫星通信遭受干扰后，卫星地面站可以通过临近空间平台的卫星转发器实现区域通信，也可以通过临近空间平台转发器实现区域通信。这个方案的优点是对于干扰卫星和干扰临近空间平台的干扰源，卫星通信系统均具有应急抗干扰能力。

同时，临近空间平台还可作为伪卫星，担任导航和通信任务。由于临近空间平台构成的系统可以避免卫星系统的弱点：无隐蔽、机动性差、代价高，并能够很好地弥补卫星系统的不足，以机动灵活、隐蔽性强、信号强度高、生存力强的优势增加卫星通信系统的抗毁抗扰性能，使卫星通信的优势能够完全发挥。

4. 移动目标跟踪定位

在气象条件较好的昼间：对重点区域以外的移动目标，利用各种光学成像侦察卫星、雷达成像侦察卫星、电子侦察卫星及海洋监视卫星进行较高时间分辨率的侦察、探测、监视和定位；对重点区域以内的移动目标，主要利用临近空间侦察监测分队进行连续、实时的监视、探测与定位，并把侦察到的目标信息实时传送到导弹发射单元。在气象条件较差的昼间和夜间：对重点区域以外的移动目标，主要利用雷达成像侦察卫星、电子侦察卫星和海洋监视卫星进行较高时间分辨率的侦察、监视；对重点区域以内的移动目标，主要利用雷达成像临近空间侦察监测分队进行连续、实时的监视、探测与定位，并把侦察到的目标信息实时传送到导弹发射部门。

5. 应急情报保障

作战第一波攻击往往首先摧毁对方的侦察、通信、指挥系统。因此平时建设的侦察、通信卫星网是敌首波攻击的重点目标，在战争伊始就可能被摧毁。此时利用临近空间作战力量进行应急保障将会起到关键作用。采用应急方案进行临近空间作战力量情报保障的作战过程为：当侦察、监视卫星受到攻击而失效时，立即使用火箭助推级将装有光电侦察和通信设备的快速飞艇送到目标区上方的亚轨道空间，进入临近空间的飞艇以最高速度机动到工作位置，以补充失效的侦查、监视卫星，飞艇上的光电侦察设备和通信设备开始工作，将侦察的图像和信号传送到地面接收站或者中继站。

（三）空天一体联合编组

未来的作战是在大的作战指挥体系下的联合作战，因此，临近空间作战力量作为整个空天一体作战力量体系的重要组成部分，会与空、天力量联合编组，共同完成空天一体联合作战，如图 7.27 所示。

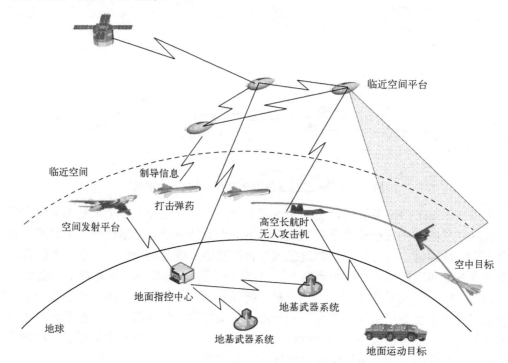

图 7.27 临近空间作战力量与空天一体联合编组

1. 全维战场感知

对敌实施全维侦察监视,是保障正确决策、取得作战主动权的关键。临近空间作战力量填补了空天战场之间的空白区域,促进了装备体系的无缝集成,改变了目前的陆、海、空、天、电五维作战空间,将战争引入更高的层次。加入临近空间飞行器的一体化全维侦察监视系统,能够对敌方区域内的各种军事目标和兵力兵器的调集进行长时间、全天候实时严密监控,及时发现敌空袭征候,提供实时、连续、高精度、大范围的情报,做到空袭兵器起飞发射之初就在侦察监视之下,并及时判断出敌来袭的主要方向和可能的活动区域,为多种防空力量有效抗击敌空袭兵器争取宝贵的反应时间。

2. 空间信息对抗

临近空间信息对抗力量可以用于干扰敌方地面和海上的警戒、搜索引导、目标指示雷达,减少雷达发现目标和预警的时间,为作战飞机、导弹等提供长时间的电子支援干扰,从而提高这些作战武器在作战过程中的突防能力、作战效能和生存概率。同时,临近空间信息攻击分队凭借其地理位置优势,可以发射高强度的卫星导航干扰信号,从而降低敌方卫星的作战效能;临近空间信息防御分队可以发射增强的卫星导航信号,压制对敌方卫星导航信号的干扰。归纳起来讲,临近空间信息对抗力量主要用于空间信息对抗,是卫星的有效对抗手段。目前,美军正在尝试在临近空间平台上搭载不同频段的干扰机,加载高能激光发射装置或为地面激光武器提供反射平台。

(1) 对敌 GPS 定位导航系统的对抗。

在临近空间对敌 GPS 定位导航系统的对抗,主要是利用临近空间平台搭载的信息对抗装备干扰敌方的 GPS 接收制导系统,阻断 GPS 定位和 GPS 武器制导信息,从而扰乱其导航控制系统,并直接破坏敌方精确制导武器的攻击。依据临近空间独特的位置优势,对敌 GPS 定位导航系统的对上和对下干扰的原理是相同的。对上干扰是在作战区域临近空间布设临近空间干扰机或无源干扰器,当 GPS 导航卫星行经该地域空间轨道时,可按作战需要控制干扰设备在一定时期内工作。导航卫星的各种光电传感器因受干扰或电磁屏蔽而失去精确定位和导航的功能。对下干扰是在作战区域利用临近空间对抗平台布设的空间干扰机或无源干扰器,干扰敌方的接收制导系统,使其用户接收系统无法正常接收或上当受骗。其干扰方式有两种:一是压制性干扰即通过侦察系统截获卫星传送的导航信号,经分析处理后,再有针对性地发射大功率干扰信号,使其进入用户的接收系统,有效干扰压制临近空间对抗平台覆盖的作战地域内的 GPS 接收机;二是欺骗性干扰,即模仿敌 GPS 导航信号特征,将假信息、假数据、假指令注入敌导航卫星下行信道,使敌对方上当受骗。

(2) 对敌空间通信数据链路的对抗。

利用临近空间平台上的信息对抗装备干扰和压制地面与平台之间的通信链路,具体应用体现在两个方面。

利用临近空间平台搭载的信息对抗系统对临近空间通信系统进行干扰和压制,临近空间平台搭载综合信息对抗系统,在地面系统的支持下,机动并接近被干扰的浮空平台,充分利用所处位置的优势,对临近空间通信系统实施综合对抗。当临近空间平台搭载的通信侦察载荷侦测到通信信号后,将获取的信号数据下传给地面系统进行分析处理,提取其技术特征参数,建立数据库,然后临近空间平台搭载的通信干扰载荷在地面系统的控制下,根据获取的通信信号参数,确定最佳干扰样式,干扰浮空平台的通信接收设备。

利用临近空间平台搭载的信息对抗系统对敌卫星通信系统的干扰压制。在作战区域敌方卫星经过的地方,布设临近空间干扰机,对敌卫星实施瞄准式定向干扰,或采用临近空间的变轨技术,对敌卫星进行压制性干扰,使其工作失常。并且,为达到干扰压制卫星通信信道,阻断其通信的目的,其方法有三种:一是利用临近空间干扰平台,瞄准卫星通信,重点干扰卫星通信的转发器及其指令系统;二是将假的卫星通信信息注入敌卫星通信信道,达到欺骗敌方的目的;三是利用临近空间对抗平台干扰卫星的下行信号,重点干扰敌卫星地面站、卫星接收机等。

3. 全球精确打击

临近空间作战力量的引入,大大拓展了武器的攻防区域和作战样式。各战斗群与平台之间通过协同工作单元、跨层数据链路,本层之间采用层间数据链路共享作战信息,由联合作战指挥中心执行总的指挥控制,实施全局的作战任务规划和分配调度。在进攻作战中,临近空间信息平台所提供的定位、导航、制导和目标情报信息,可以使空中力量的远程进攻及精确打击得以实现。临近空间精确打击力量,也可以利用天基侦察、导航和通信资源的支持,完成全球作战。

以临近空间火力打击力量为攻击主体的武器系统,可以包括临近空间无动力垂直打击弹药、高空高速精确制导弹药、巡航导弹、激光武器、微波武器等。由于临近空间平台的高度优势,导弹的动力装置可小型化,从而实现小型化精确打击弹药,大幅降低弹药的成本并提高装载量。高速、高机动的精确制导导弹,可以采用复合制导方式,初、中段采用惯导,在中段进行指令修正,末段复合自寻的。由于临近空间的高度优势,在对地、对空等低于临近空间平台高度的目标进行攻击时,可采用无动力弹药或小型灵巧精确制导导弹;攻击其他高度的目标时依据目标类型的不同,采用不同的飞行方案实施攻击。例如,进行导弹拦截时,由于导弹的拦截作战高度范围跨度较大,则拦截高空和低空目标的作战飞行过程也应有所不同。拦截高高度目标时,导弹采取爬升或爬升平飞弹道直接拦截目标;拦截低高度目标,导弹采取爬升到 40~50km 高度后下滑到拦截高度的飞行弹道拦截目标。

二、战场信息环境建设

未来的空天一体作战要求作战单元之间具有很强的信息交流和信息共享能力。临近空间作战力量与空中作战力量和太空作战力量的联合编组和一体化作战运用,是以能够提供信息共享和交互的联合信息环境为支撑的,构建能够支撑作战应用的信息环境,是战场环境建设的重要内容,这主要是通过设计和构建一体化的信息系统来实现。将临近空间平台装备,纳入战场信息环境建设的规划,通盘考虑,统一建设。

(一) 一体化 ISR 系统建设

包含临近空间平台的一体化 ISR 系统是陆、海、空、天、临近空间一体化综合电子信息系统的重要组成部分，由陆、海、空、天、临近空间等不同平台的 ISR 系统所组成，通过不同方式，采用各种手段，对通信、雷达、导航、测控、敌我识别等信号进行侦察与处理，为作战指挥和实施精确打击提供情报保证。在战前和战争中，它需要提供战争空间的敌、我、友三方态势信息，为指挥员制定战略目标、指挥战场作战提供重要保障。一体化 ISR 系统还应该能够支持综合电子信息系统中的预警探测系统及信息战/电子战系统工作，为它们实时/准实时提供战场态势，使其更好地对导弹进行预警，更好地发挥信息对抗和电子对抗的作用。一体化 ISR 系统还应该为武器平台提供情报保证，为其合理布局和准确打击目标提供更有效的支撑。

1. **系统构成**

一体化 ISR 系统应是一个由陆、海、空、天、临近空间立体配置，全频段（无线电频段和光频）、全天候、实时/准实时的情报侦察系统，它利用网络技术将不同平台、不同频段、不同功能的 ISR 系统集成于一体，完成信息获取、传递和处理，支持导弹预警系统、信息战/电子战系统和有关武器系统工作。一体化 ISR 系统由陆、海、空、天、临近空间各种 ISR 系统组成，并通过一体化信息传输栅格网络连接为一个协作的整体。一体化 ISR 系统的建设应贯彻基于效果的指导思想，通过先进的组网技术，综合各 ISR 系统优势完成构建，如图 7.28 所示。

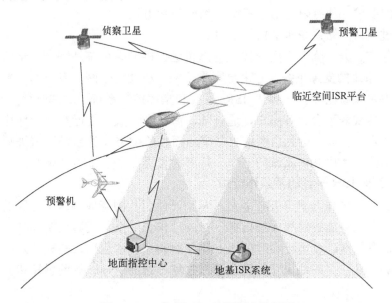

图 7.28　一体化 ISR 系统构建设想图

2. **系统功能**

（1）分布采集战场态势。

一体化 ISR 系统拥有各种陆、海、空、天、临近空间 ISR 系统，对战场各种信息进行立体、全方位、全天候采集，采集内容从几百赫兹的水声信号、潜艇通信的长波信号，到短波、超短波、微波通信，直至毫米波通信，以及非通信信号和光辐射信号。上述采集的各种信息经各自系统分析处理后通过网络化的信息传输网传输至各大情报分析处理系统和各用户。

(2) 柔性组合各种特定 ISR 系统。

根据不同的作战任务要求，可灵活地由分布在广大区域的陆、海、空、天、临近空间 ISR 系统中的部分系统适时组成一个特定的系统，用以完成特定的作战任务。例如，为了对大型舰艇编队实施精确打击，可由天波超视距雷达、短波测向定位系统、临近空间飞艇探测系统、航空侦察系统、低轨侦察卫星系统等组成一个多传感器组网的侦察系统，对目标实施侦测，及时发现，精确定位，为对舰艇编队实施精确打击提供情报保证。

(3) 集中处理侦察信息。

注重陆、海、空、天、临近空间各种情报侦察传感器采集信息的信息融合，对侦察信息不应分别处理，最终上报的侦察信息应是综合各 ISR 系统侦察的信息后，得到的结论。例如，对一空中目标进行探测，上报信息应是地面、海上、空中、临近空间、天基 ISR 系统侦察信息经信息融合后得到的。

(4) 按需分发生成的情报信息。

深度加工提炼出的情报信息，通过联合情报分发系统向指挥控制、导弹预警、信息战/电子战等系统和各种武器平台实行按需分发，达到情报资源综合利用和共享，满足不同层次用户的要求，使有限的信息资源得到充分利用。

(5) 通过栅格网络系统传送情报信息。

陆、海、空、天、临近空间一体化信息传送栅格网络系统是综合电子信息系统，也是一体化 ISR 系统的支撑系统。它由全军骨干网、机动骨干网、专业网、数据中继卫星系统和通信卫星系统组成。一体化 ISR 系统和指挥控制系统、导弹预警系统、信息战/电子战系统、各武器平台、各用户，通过陆、海、空、天、临近空间一体化的信息传输栅格网络系统实现互连，达到资源信息共享，而且单个 ISR 系统故障或被敌军破坏、摧毁时，不会影响一体化 ISR 系统的工作，从而大大提高了系统的可靠性。

3. 临近空间 ISR 平台的增效性作用

一体化 ISR 系统作为军事 ISR 系统，从一开始就是围绕战争这个特殊的环境和任务开发的，基本要求是能够对敌作战指挥、协同动作、情报、武器系统控制、后勤支持和日常管理等信息的准确收集。临近空间 ISR 平台得引入和应用，是充分发挥临近空间平台的装备优势，从而更好地提升系统在情报收集、指挥引导、战场感知和侦察监视等方面的能力。

(1) 增强作战单元情报收集能力。

从侦察监视角度讲，临近空间 ISR 平台的引入和应用，在覆盖范围上实现了较好的扩展，所以覆盖范围是一体化 ISR 系统的主要指标，也是一体化 ISR 系统应用时采用平台数量的主要参量。在实际作战中，侦察、监视、预警探测覆盖范围的确定，应根据作战目的和任务的不同进行调整，满足指挥员通过战区侦察发现、识别、分析各目标和评估作战效果的基本需要即可。临近空间 ISR 平台侦察范围区间非常适合执行局部战争中侦察监视任务。

（2）增强指挥引导能力。

临近空间 ISR 平台的引入，能够解决现有 ISR 系统在作战保障手段上的不足，增强指挥引导能力。由于技术上的局限性，现有的侦察监视手段在保障上存在着手段单一、准确性低的限制，是未来作战保障中情报收集能力的最大短板，一体化 ISR 系统的构建，应着力解决这一问题。一体化 ISR 系统在情报收集准确性上贡献将大大提高指挥员对于战场态势的了解程度，同时为作战单元和武器系统的精确打击提供目标态势的精确保障。

（3）提高多维战场感知能力。

一体化 ISR 系统是基于临近空间平台的 ISR 系统结合天基 ISR 系统（如侦察卫星、预警卫星、监视卫星、探测卫星等）、空基 ISR 系统（如预警机、侦察机等）和地基 ISR 系统组成的多维的获取态势信息系统。各系统之间取长补短达到"1+1>2"的效果，通过信息融合技术，实现各作战平台间的信息共享，通过各系统单元的无缝链接，提高战场感知能力，增强作战打击效率。

（4）保障复杂电磁环境下侦察监视能力。

临近空间 ISR 平台除了上述在正常情况下的应用之外，还具备在特殊条件下的执行侦察监视任务的能力。因临近空间 ISR 平台载重量大，可以搭载多种侦察设备，采用多种侦察技术，当一种侦察手段被干扰时，其他手段亦可正常使用，非常适用于复杂电磁环境下使用。即使使用普通的侦察设备，由于目前的电子干扰往往是由地面干扰站或位于空中的电子干扰机实施的，临近空间 ISR 平台依靠其高度优势，也可以在这种干扰下正常工作，有效地执行在复杂电磁环境下战场的侦察监视任务。

包括临近空间平台的一体化 ISR 系统是一种新型的 ISR 系统，由于临近空间 ISR 平台所处高度、驻空时间、载荷容量、对地静止等特点，与陆基、空基、天基 ISR 系统有效结合，集成了各系统的所有优点，又不同程度地避免了各自的缺点，拥有明显的技术和成本优势，必将成为未来战场信息环境 ISR 系统的发展目标。

（二）一体化通信系统建设

一体化通信系统是临近空间通信平台与空、天通信系统，通过网络技术和设备连接起来的战场信息传输网络，是战场各作战单元连通性的有效保障，是作战力量协同作战的信息同步基础和支撑。

1. **系统构成方案**

一体化通信系统由骨干网络和网关两部分构成。骨干网络互联部分负责网络各节点的互联及完成高效的数据传输、交换、转发及路由分发。网关则负责将各种业务通过各种接口及标准接入到网络中，并完成业务系统之间的隔离和安全性控制等功能，在业务进入骨干网络前进行优先级别控制，为网络服务实施质量保障，各类业务进入骨干网络后将按照预先设定的信道进行传输。

骨干网络由太空段、临近空间段、航空段、网络管理段和地面段五部分构成，如图 7.29 所示。主要是在原有的空、天、地平台基础上引入临近空间平台，增强节点间的连通性，提高网络的容量。临近空间通信平台作为网络的新进节点，可以提供地面通信难以到达的复杂地形条件下的网络覆盖，在附加传输链路的同时，可以带来通信容量与可靠性大幅度提高，做到空、天、地网络的有机融合。

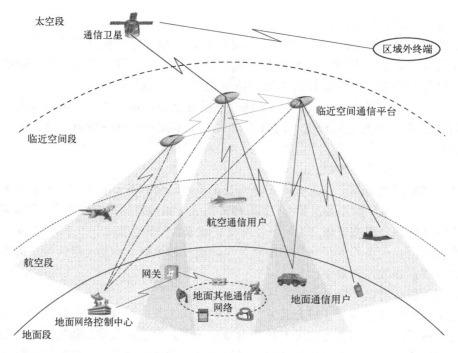

图 7.29 一体化通信系统分段模型

太空段即为通信卫星;临近空间段为组网的多个临近空间通信平台和有效载荷;航空段主要为各种作战飞机上的智能终端;网络管理段包括临近空间通信平台上的网络管理模块和地面智能化网络控制中心(NCC);地面段包括各类安装了智能化终端的固定和移动单元。

下面分别对太空段、临近空间段、网络控制段、智能化终端和网关进行说明。

太空段的通信卫星被认为是全球可达的,通过星间链路可满足未来通信容量要求。

临近空间段。在临近空间段,主要是搭载了各类传输、中继和转发设备的临近空间通信平台,根据系统应用的要求,可以是单个平台,也可以是组网的多个平台,在具体应用时,还应考虑应用区域面积、成本、领空权等多个因素。临近空间段主要是指若干个临近空间通信平台通过搭载有效通信载荷和移动交换设备在空间组成小规模的通信网络,可以独立完成以下通信任务:完成单平台区域内的地面移动单元之间的通信;完成区域内空中作战单元(各种作战飞机、预警机、无人机等)的点对点、点对多点数据通信及数据广播;完成平台网络间的漫游通信。在任务需要时,通过卫星完成全球通信,在这种任务模式下,临近空间通信平台需设置转发设备,移动交换机、接入处理设备等。

网络控制段。网络控制段由临近空间通信平台的地面网络控制中心和平台上的网络管理模块组成。地面网络控制中心通过有线或无线的形式连接起来,组成大系统的控制网络,完成一般意义上的网络管理功能,即配置管理、性能管理、故障管理、安全管理。除此之外,由于要支持移动终端的通信,还要具备位置管理功能。

智能化终端。对于智能化终端的功能要求是:要求终端是双模的,即要求终端在平台覆盖区域内的时候,可使用平台进行超视距中继通信,在未被平台覆盖时,可以切换到其他通信网；要求终端具有网络动态覆盖特性的先验知识，加上自己的位置信息后能够判断自身是否在服务区内；当终端进入服务区时和即将离开服务区时进行录入和录出；终端将定时向地面网络控制中心注册，以刷新地面网络控制中心保存的该机的位置信息；智能化终端可加装在空中作战单元上，也可单兵装备，用于地面移动通信，可根据平台设备类型选择视距通信终端或卫星通信终端。

网关。网关是骨干网络与其他网络的接口。通过网关，大系统可与其他地面有线、无线；固定、移动；局域、广域等各种通信系统连接，同时网关要有一定的安全管理特性。军事应用的特殊性，强调接入的机动性，信息的安全性和不同单位信息的一致性和协同能力。因此应针对应用环境和接入需求，网关要同时具备有线和无线的接入方式，还要确保接入方式的安全、保密性要求和信息的互通。有线接入方式上，核心网使用的技术被应用或移植到接入网中；无线方式中，通过提高无线工作频率、采用更先进的调制技术、天线技术，以及利用空间卫星等方法以满足未来的需求。新技术应用可以提供更高的带宽，但是带宽始终是一个有限的资源，需要科学的管理与使用，没有一项新技术可以适应盲目的、未经评估的带宽需求。

2. 系统功能

一体化通信系统是融合数据、语音和图像等多种业务的全球信息传输网络，为源自地面、空中以及空间的各类信息提供高带宽、高可靠性、高安全性的端到端的连接与透明的传输通道。其主要功能包括：为话音、数据、视频和多媒体等信息的传输提供高速通道，同时根据信息的重要性和时效性，提供分级别的传输带宽和网络时延；采用安全保密机制，保证网络中各类信息传输、交换的安全和保密；具有网络管理与维护功能，网络管理系统采用集中分布式架构，对设备和链路状态进行实时的监控，保证网络运行的高可靠性和稳定性；具备移动终端、网络的接入能力；具备战损或受毁条件下，网络快速重组和自愈的能力，通过设备和链路的冗余备份，以及无线网络的补充、备份实现；统一的标准和技术体制，保证信息网络与其他系统纵向和横向的互联互通。

3. 临近空间通信平台的增效性作用

通信系统作为指挥信息系统的神经中枢，它的作用是把各类情报信息从情报获取单元传到作战指挥中心，并把作战指挥中心的命令下达给执行任务的部队，从使得作战指挥中心和作战部队之间构成一个有机的整体。具体来讲，通信系统应该解决三个方面的能力问题：一是保障战场各单元之间互联互通的能力；二是保障对作战和武器单元指挥控制的能力；三是保障对各类战场态势信息实时准确的分发共享能力。临近空间通信平台的引入，有效地提升了战场通信网络的联通性、可靠性和抗毁性，从而全面增效了战场信息支撑能力。

1）增强作战单元互通能力

从互联互通的角度讲，临近空间平台的引入和应用，主要是在空间上搭建一个通信中继和转信平台，从而实现在两个不能连通、通信体制不一样或通信质量较差的两个通信节点之间的无线通信，依照大系统的构成，临近空间平台通过搭载不同类型的无线电台、信令转换和处理设备，可以实现在有线网络遭到破坏，或无线网络不能连通时两节点的无线中继和信息转发，从而保障各作战单元互联互通。通信节点可以是单兵、指挥车、雷达站、指挥中心、卫星等各种通过有线、无线网络连接或没有连接的各种作战单元，也可以是两个不能互通的通信网络。

2）延伸对空指挥引导能力

临近空间通信平台的引入，是为了解决现有空天通信系统在作战保障能力上的不足，由于技术上的局限性，现有的地空通信手段在保障对作战飞机指挥引导上存在距离上的限制，这是未来空天一体作战通信保障能力的最大短板，大系统的构建，应着力解决这一问题。

在地面指挥中心能对作战飞机实施指挥引导的距离内，依然由地面指挥中心进行指挥，一旦飞机飞出了这一范围，不能和指挥中心直接通信时，指挥中心可将指挥引导命令发送给临近空间平台，通过临近空间通信平台转发，实施对作战飞机的指挥引导；或者，将指挥引导权限转交给临近空间通信平台，由临近空间通信平台通过获取的各类态势信息，自动生成引导指令，实施对作战飞机的指挥，同时与地面指挥中心保持通信，将飞机的信息发送给地面指挥中心；地面指挥中心可根据全局态势和指挥员的作战意图，修正引导指令，再通临近空间通信平台转发，实现对作战飞机的远程控制。想要达成这一能力，需要在临近空间通信平台上设置无线电台、信息处理设备和转发设备。

3）提高多维战场感知能力

临近空间通信平台作为能和覆盖区域内任意节点实现通信联通的中继节点，可以作为战场态势信息处理分发的空中中心节点，从空间信息系统（如侦察卫星、预警卫星、监视卫星、探测卫星等）、空中信息系统（如预警机、侦察机等）和地面雷达网获取态势信息，经过信息融合处理，将战场综合态势信息分发给各个作战单元，实现态势信息的实时共享。利用临近空间通信大容量、小时延、高速率的特点，实时传播话音、数据、视频、图象的信息，取长补短实现各作战平台间的信息共享能力，通过各作战单元的无缝连接，提高战场感知能力，增强作战打击效率。

4）保障复杂电磁环境下通信能力

临近空间通信平台除了上述在正常情况下的应用之外，还具备在特殊条件下的通信保障能力。临近空间通信平台因为可以使用多个通信频率、搭载多种通信设备、采用多种通信技术，更适用于复杂电磁环境下的通信保障。即使使用普通的短波和超短波电台，在干扰往往由地面干扰站和电子干扰机实施的现有电磁干扰环境下，临近空间通信平台依据其高度优势，也可以在地面站受到干扰的情况下，替代地面站进行中继通信和对空指挥。有效地保障在复杂电磁环境下战场通信系统的通信能力。

三、作战力量体系的信息交互

未来空天作战是基于信息系统的体系作战，作战力量体系与作战力量的区别体现在其信息的交互和流转所带来的增效性作用。换言之，各力量要素之间的信息交互关系，与力量构成同等重要，甚至更重要。正如美军在联合作战纲要中说的，一个联合的部队，首先是一个信息上同步的部队。

在实际作战过程中，由于作战目的、作战规模等的差异，作战力量体系构成各异，但参战单元和作战体系要素之间的信息交互关系,也会随指挥体制和编组方式有所差异。本部分尝试用设计结构矩阵(Design Structure Matrix,DSM)的方法,来描述力量体系要素之间的信息交互关系,可以为信息支援保障任务提供更清晰的需求。

(一)DSM方法介绍

DSM用 n 阶方阵表示矩阵中的各元素的交互关系,通常用二元方式表示信息的流入流出。基于DSM的力量要素信息交互关系的确定通常包括两个步骤:一是依据力量要素的构成,建立 n 阶方阵;二是依据作战活动和作战任务体系及相互关系,确定力量要素之间的信息流,并在 n 阶方阵中标明,建立信息交互的二元DSM。其中"+"表示正向信息流,"−"表示反向信息流,空白表示无信息交互关系。

(二)临近空间作战力量体系内信息交互关系

根据临近空间作战应用过程和临近空间作战力量体系,首先考虑临近空间作战力量单独使用时,体系内各个力量要素的交互关系。

无论是信息支援力量还是精确打击力量,从装备体系看,均是由搭载各类任务载荷的临近空间飞行器、用于临近空间飞艇、高空无人机、高超声速巡航飞行器等发射的地基发射系统、天地联合的测控系统、任务协调指挥系统等组成,考虑对各类力量的独立使用,围绕使用决策、平台组装、发射"入轨"、履行使命等应用过程,可以得出如表7.1的信息交互矩阵。其中,"+"表示矩阵中行对应的力量要素发出信息,列对应的力量要素接收信息,"−"则表示相反的信息流向。例如,第一行可以理解为:临近空间飞行器接收来自地基发射系统、测控系统发来的信息,同时将自身状态信息回传给测控系统,将在临近空间获取的任务信息和执行任务信息发送给任务协调指挥系统。

表7.1 临近空间作战力量要素信息交互关系

	临近空间飞行器	地基发射系统	联合测控系统	任务协调指挥系统
临近空间飞行器		−	+/−	+
地基发射系统	+		−	−
联合测控系统	+/−			+
任务协调指挥系统	−	+	+	

(三)空天作战力量体系信息交互关系

当临近空间作战力量作为一只能提供远程信息支援和精确打击的快速反应力量加入未来空天作战力量体系时,临近空间作战力量要素就会与其他作战力量要素发生信息交互关系,体现对未来空天作战的支援,这时需考虑临近空间作战力量要素作为参战的作战节点,与其他作战节点间的信息流,不再考虑临近空间自身测控发射和任务协调的信息。

考虑未来空天作战可能的作战力量要素(不考虑参战的保障要素),对临近空间参战节点和其他作战节点的信息交互关系描述于表7.2,需要指出的是,信息的交互关系,与作战任务、参战力量、指挥体系和作战行动计划有很大的关系,表7.2所列出的,只是可能的信息交互情况,在具体的作战背景和任务下,会有很大的不同。

表 7.2 未来空天作战力量要素信息交互关系

	N1	N2	N3	N4	N5	N6	N7	N8	N9	N10	G1	G2	G3	G4	A1	A2	A3	A4	A5	A6	S1	S2	S3
N1								+	+	+	+/-	+			+	+		+	+		+/-	-	
N2						+	+				+/-	+	+		+				+		+/-	-	
N3						-	-	-			+/-				+/-	+/-	+/-	+/-	+/-	+/-	+/-		
N4								+/-	+/-	+/-	+/-	+/-	+/-	+/-	+/-	+/-	+/-	+/-	+/-	+/-	+/-	+/-	+/-
N5								+/-	+/-	+/-	+/-	+/-	+/-	+/-	+/-	+/-	+/-	+/-	+/-	+/-	+/-	+/-	+/-
N6					-						+/-	+/-	+/-		+						+/-	-	
N7		-				+					+/-	+/-	+/-		+				+		+/-	-	
N8	-		+	+/-	+/-							-			-			-			+/-		
N9	-		+	+/-	+/-							-			-			-			+/-		
N10	-		+	+/-	+/-							-			-			-			+/-		-
G1	+/-	+/-	+/-	+/-	+/-	+/-	+/-	+	+	+		+/-	+	+	+/-	+/-	+/-	+/-	+/-	+/-	+/-	+/-	+/-
G2	-	-	+/-	+/-	+/-	+/-	+	+	+	+	+/-		+	+	+/-	+	+	+	+/-	-	+/-		
G3			+/-	+/-		+/-	+/-				+/-										+/-		
G4	-		+/-	+/-							+/-							-			+/-		
A1	-	-	+/-	+/-	+/-	-	-	+	+	+	+/-	+/-		+		+	+/-	+/-	+	+/-	+/-	-	
A2			+/-	+/-	+/-						+/-				-		+/-	+/-	+	+/-	+/-		
A3	-		+/-	+/-	+/-						+/-				+/-	+/-				-	+/-	+/-	
A4	-		+/-	+/-	+/-						+/-				+/-	+/-				-	+/-	+/-	
A5			+/-	+/-	+/-		-				+/-	+/-	+		-	-				-	+/-	-	
A6			+/-	+/-	+/-						+/-	+	+		+/-	+	+	+	+		+/-		
S1	+/-	+/-	+/-	+/-	+/-	+/-	+/-	+/-	+/-	+/-	+/-	+/-	+/-	+/-	+/-	+/-	+/-	+/-	+/-	+/-			
S2	+	+	+	+/-	+/-	+	+				+/-				+	+	+/-	+/-	+	+			
S3				+/-	+/-			+	+	+	+/-	+	+	+									

其中，涉及到未来空天作战的主要参战力量如下：

N1 为临近空间预警探测平台；N2 为临近空间侦察监测平台；N3 为临近空间导航平台；N4 为临近空间空天中继平台；N5 为临近空间综合信息支援平台；N6 为临近空间电子对抗平台；N7 为临近空间网电支援平台；N8 为对空打击特遣力量；N9 为对天打击特遣力量；N10 为对地打击特遣力量；G1 为作战指挥中心；G2 为情报融合处理分发中心；G3 为地基电子对抗群；G4 为防空导弹群；A1 为预警指挥机；A2 为指挥通信飞机；A3 为战斗机；A4 为远程轰炸机；A5 为电子对抗机；A6 为无人侦察机；S1 为通信卫星；S2 为导航卫星；S3 为侦察预警卫星。

参 考 文 献

[1] 介阳阳, 赵国庆, 叶君好, 等. 基于SABER卫星数据的临近空间大气参量分析[J]. 气象水文海洋仪器, 2018, 12(4):108-114.

[2] 韩丁, 盛夏, 尹珊建, 等. 临近空间大气温度和密度特性分析[J]. 遥感信息, 2017, 32(3):17-24.

[3] 康士峰. 临近空间大气环境特性监测与研究[J]. 装备环境工程, 2008, 5(1):20-23.

[4] 童靖宇, 向树红. 临近空间环境及环境试验[J]. 装备环境工程, 2012, 9(3):1-4.

[5] 陈凤贵, 陈光明, 刘克华, 等. 临近空间环境及其影响分析[J]. 装备环境工程, 2013, 10(4): 71-75.

[6] 杨钧烽, 肖存苏, 胡雄, 等. 临近空间风切变特性及其对飞行器的影响[J]. 北京航空航天大学学报, 2019, 45(1):57-65.

[7] 陈炜, 李跃清. 对流层重力波的主要研究进展[J]. 干旱气象, 2018, 36(5):717-724.

[8] 姚志刚, 孙睿, 赵增亮, 等. 风云三号卫星微波观测的临近空间大气扰动特征[J]. 地球物理学报, 2019, 62(2):473-488.

[9] 午辛暄. 稀薄气体效应对临近空间减速器气动特性的影响研究[D]. 上海：上海交通大学, 2018.

[10] 孙雅, 刘国福, 罗晓亮. 临近空间中子环境及其探测[J]. 国防科技, 2014, 35(1):24-28.

[11] 王淇, 韩珊, 程建. 临近空间电磁环境及其对军事应用的影响[J]. 军事通信学术, 2017(01): 97-98.

[12] ZHANG Z G, LEI Z F, SHI Q, et al. Neutron radiation environment and resulting single event effects prediction in near space (in Chinese)[J]. Chin. J. Spare Sci. , 2018, 38(4):502-507.

[13] 王胜国, 许丽人, 何亿强, 等. 临近空间大气环境探测技术综述[C]. 第十届国家安全地球物理专题研讨会, 2014:19-25.

[14] 朱家佳, 米琳, 李晓晖, 等. 临近空间科学探测数据的共享与实践[J]. 空间科学学报, 2021, 41(5): 828-835.

[15] 临近空间探测：填补地球空间认知"短板"[EB/OL]. 2017-11-03. http://www. sohu. com/a/202096738475389.

[16] 唐琳. 深化国际合作携手探索宇宙[EB/OL]. 2018-9-25. http://www. sciencenet. cn/skhtmlnews/2018/11/4074. html.

[17] 陈聪. 临近空间的性质争议及法律定位[J]. 学术交流, 2015(4):104-108.

[18] 邵津. 国际法[M]. 北京：北京大学出版社, 2005.

[19] 仪名海, 王晗. 外层空间定界问题及其解决途[N]. 中国海洋大学学报(社会科学版)2010-01-10(1)119-123.

[20] 刘宝生, 习瑰琦. 临近空间立法问题研究及技术发展的影响[J]. 航天电子对抗, 2020, 36(2): 29-32.

[21] 郑国梁. 太空战与国际法[M]. 北京：海潮出版社.

[22] 夏春利. 试论近空间的法律地位——兼谈空气空间和外层空间的定界问题[J]. 北京航空航天大学学报(社会科学版), 2009(4):46-49.

[23] 刘宝生. 临近空间法律问题研究[D]. 南京：南京航空航天大学, 2020.

[24] 柯玲娟. 外层空间定义定界问题研究[J]. 研究生法学, 2001, 1:25-29.

[25] 董杜骄, 顾琳华. 航空法教程[M]. 北京：对外经济贸易大学出版社, 2016.

[26] Gbenga O. The never ending dispute: Legal theories on the spatial demarcation boundary plane between airspace and outer space[J]. Hertfordshire Law Journal, 2003, 1:35-36.

[27] 郑国梁. 关于临近空间的法律定位及应对措施[J]. 国防, 2010, 7:29-31.

[28] 支媛媛, 高国柱. 临近空间飞行活动法律制度研究[J]. 中国航天, 2018, 40(6):62-67.

[29] 李寿平. 外空安全面临的新挑战及其国际法律规制[J]. 山东大学学报(哲学社会科学版), 2020, 3:52-62.

[30] 王继, 张京坡. 外层空间法对空天作战的影响及其对策[J]. 北京：航空航天人学学报(社会科学版), 2012, 25(5):29-32.

[31] 何奇松. 太空武器化及中国太空安全构建[J]. 国际安全研究, 2020, 1:39-67.

[32] 周方银. 国际形势的新变化与中国外交的战略选择[J]. 当代世界, 2017, 12:12-15.

[33] 李向阳, 等. 美军"施里弗"空间战演习解读[M]. 北京：国防工业出版社, 2016.

[34] 孙鹏, 杨建军. 临近空间装备发展现状及其应用前景[J]. 飞航导弹, 2010, 11:38-43.

[35] 梁晓庚, 田宏亮. 临近空间高超声速飞行器发展现状及其防御问题分析[J]. 航空器, 2016, 4:3-10.

[36] 刘杨, 李继勇, 赵明. 国外高超声速武器技术路线分析及启示[J]. 战术导弹技术, 2015, 5:47-50.

[37] 张永庆. 基于临近空间平台的 ISR 系统军事应用研究[D]. 西安：空军工程大学, 2010.

[38] 李联合, 程建, 王庆. 美军临近空间飞艇项目建设情况及启示[J]. 装备学院学报, 2015, 1:63-67.

[39] 杨威宇, 徐国宁, 李兆杰, 等. 太阳电池在临近空间发电影响因素研究[J]. 太阳能学报, 2021, 42(12):476-485.

[40] 祝明, 陈天, 梁浩全, 等. 临近空间浮空器研究现状与发展展望[J]. 国际航空, 2016, 5:13-14.

[41] 朱荣昌, 陈有荣. 临近空间：大国必争的战略高地[J]. 国际航空, 2016, 6:27-28.

[42] 周天翔, 陈长兴, 蒋金, 等. 外加磁场改善临近空间 GPS 通信研究[J]. 空军工程大学学报（自然科学版）, 2016, 17(3):23-27.

[43] 李联合, 程建. 临近空间指挥环境分析[J]. 空军军事学术, 2014(4):15-18.

[44] 黄华, 刘毅, 赵增亮, 等. 临近空间环境对高速飞行器影响分析与仿真研究[J]. 系统仿真学报, 2013, 25(9):2230-2238.

[45] 田宏亮. 临近空间高超声速武器发展趋势[J]. 航空科学技术, 2018, 29(6):1-6.

[46] 黄宛宁, 李智斌, 张钊, 等. 2019 年临近空间科学技术热点回眸[J]. 科技导报, 2020, 38(1).

[47] 王淑平, 于涌. 临近空间高超声速目标预警探测系统研究[J]. 智能前沿技术, 2018, 12：40-41.

[48] 郭劲. 走进临近空间[J]. 中科院之声, 2020, 8:41-46.

[49] 陈鹏, 宋愿赟, 李文静. 临近空间高速侦察与监视载荷技术研究综述[J]. 战术导弹技术, 2021, 1:25-26.

[50] 熊俊辉, 李克勇, 刘燊, 等. 临近空间防御技术发展态势及突防策略[J]. 空天防御, 2021, 4(2):82-86.

[51] 杨跃, 陈海龙, 高保军. 临近空间科学技术的发展及应用[N]. 明日情报, 2019-11-21(9).

[52] 王鹏飞, 王光明, 蒋坤. 临近空间高超声速飞行器发展及关键技术研究[J]. 飞航导弹, 2019, 8:22-34.

[53] 孟珺晞. 临近空间长航时太阳能无人机研究现状及关键技术研究[J]. 中国战略新兴产业, 2020, 7:26-30.

[54] 范志, 伍绍鹏. 临近空间飞行器发展现状及军事应用研究[J]. 军民两用技术与产品, 2018, 33(5):13-14.

[55] 王鹏, 程建, 张梦. 临近空间成为各国悉心经营的战略高地[N]. 中国青年报, 2015-07-31(11).

[56] 李毅, 孙党恩. 国外战略导弹及反导武器高新技术发展跟踪[M]. 北京：国防工业出版社, 2018.

[57] 秦伟伟, 刘刚, 赵欣, 等. 临近空间高超声速飞行器控制系统基本原理[M]. 北京：北京航空航天大学出版社, 2018.

[58] 崔尔杰. 近空间飞行器研究发展现状及关键技术问题[J]. 力学进展. 2009, 39（11）:658-673.

[59] 阚昌万, 付秋军, 焦子涵, 等. 史记·高超声速飞行[M]. 北京, 科学出版社, 2019.

[60] 敬文琪. 基于WACCM+DART的临近空间资料同化研究[D]. 长沙：国防科技大学, 2017.

[61] 邵雷, 雷虎民, 赵锦. 临近空间高超声速飞行器轨迹预测方法研究进展[J]. 航空兵器, 2021, 28(2):34-39.

[62] 秦武韬, 陆小科, 邢晓勇. 一种针对临近空间滑跃目标的轨迹跟踪方法[J]. 中国惯性技术学报, 2020, 28(3):408-414.

[63] 张博伦, 周荻, 吴世凯. 临近空间高超声速飞行器机动模型及弹道预测[J]. 系统工程与电子技术, 2019, 41(9):2072-2079.

[64] 肖振, 王国梁. 临近空间飞行器虚拟仿真与验证系统初步研究[J]. 飞航导弹, 2017, 4：73-77.

[65] 王炜. 临近空间飞行器疲劳失效因素分析及应对策略研究[C]. 2015年第二届中国航空科学技术大会论文集, 2015:14-17.

[66] 许志, 史伟, 唐硕. 一种带航迹角约束的临近空间目标拦截中制导算法[J]. 宇航学报, 2020, 41(9):1175-1183.

[67] 马少维. 临近空间的武器装备发展及趋势简析[J]. 航天电子对抗, 2019, 35(6):30-34.

[68] 洪延姬, 金星, 李小将, 等. 临近空间飞行器技术[M]. 北京, 国防工业出版社, 2012.

[69] 魏子淋, 刘治德, 徐向东. 美军临近空间快速全球打击武器现状与发展[J]. 飞航导弹, 2012, 2:7-11.

[70] 童志鹏, 等. 综合电子信息系统[M]. 北京：国防工业出版社, 2008.

[71] 于涌, 王淑平. 临近空间飞行器光电载荷[J]. 光机电信息, 2008, 3:30-36.

[72] 童卓. 基于临近空间平台的超短波通信干扰战术计算[D]. 西安：空军工程大学, 2010.

[73] 柴霖, 杨斌. 基于近空间伪卫星的"双星"增强系统[J]. 电讯技术, 2006, 4:96-100.

[74] 刘尊洋, 陈天宇. 临近空间高超声速飞行器预警探测系统探索[J]. 现代防御技术, 2020, 48(6):89-95.

[75] 赵良玉, 雍恩米, 王波兰. 反临近空间高超声速飞行器若干研究进展[J]. 宇航学报, 2020，41(10):1239-1250.

[76] 孙明晨, 涂翠, 胡雄, 等. 临近空间星光掩星技术的初步应用[J]. 红外与激光工程, 2019(9): 48-50.

[77] 王鉴, 赵宏宇, 钟继鸿, 等. 临近空间飞行器的鲁棒控制器设计[J]. 空天防御, 2019, 2(3): 53-72.

[78] 冯源, 贺乃宝, 高倩, 等. 基于模糊控制的近空间飞行器设计[C]. 2010:3263-3265.

[79] 余协正, 陈宁, 陈萍萍, 等. 临近空间高超声速飞行器目标特性及突防威胁分析[J]. 航天电子对抗, 2019, 35(6):24-29.

[80] 罗熊, 孙增圻, 周贤伟. 临近空间高超声速飞行器控制理论和方法的研究状与发展[M]. 北京：国防工业出版社. 2010.

[81] 黄宛宁, 张晓军, 李智斌等. 临近空间科学技术的发展现状及应用前景[J]. 科技导报, 2019, 37(21):46-62.

[82] 强天林. 临近空间飞行器：空天一体战利器优势无可比拟[N]. 解放军报, 2019-03-31(2).

[83] 丰松江. 经略临近空间：大国战略竞争的新制高点[M]. 北京：时事出版社, 2019.

[84] 罗世兵, 王振国, 李强. 对临近空间概念的质疑与探究[J]. 航空科学专家, 2021, 42(10): 23-26.

[85] 李俊, 范怡. 临近空间攻防对抗或将催生"能量中心战"[J]. 中国航空报, 2016, 3(6):17-19.

[86] 习近平. 顺应时代前进潮流促进世界和平发展——在莫斯科国际关系学院的演讲[N]. 人民日报, 2013-3-24(4).

[87] 习近平. 共同创造亚洲和世界的美好未来——在博鳌亚洲论坛2013年年会上的主旨演讲[N]. 人民日报, 2013-4-8(1).

[88] 刘建飞. 中国特色国家安全战略研究[M]. 北京：中央党校出版社, 2016.

[89] 王公龙, 韩旭. 人类命运共同体思想的四重维度探析[N]. 上海行政学院学报. 2016-06-10, 17(3):96-104.

[90] 习近平. 积极树立亚洲安全观共创安全合作新局面——在亚洲相互协作与信任措施会议第四次峰会上的讲话[N]. 人民日报, 2014-5-22(4).

[91] 中华人民共和国国务院. 国家创新驱动发展战略纲要[EB/OL]. 2016-05-20. http://www.scio.gov.cn/xwfbh/xwbfbh/wqfbh/33978/34585/xgzc34591/Document/1478339/14783391.htm.

[92] 郭铁成. 创新驱动发展模式的关键支撑要素[J]. 学术前沿, 2016, 3:76-87.

[93] 宫旭平, 吴笛, 邹轶男. 21世纪空天安全与国防建设研究[J]. 国防, 2017, 8:4-8.

[94] 刘蓉. 基于临近空间飞行器的作战需求和应用研究[D]. 西安：空军工程大学, 2009.

[95] 常铮, 余新荣, 罗海波. 基于临近空间飞行器的时敏目标打击方法研究[C]. 2010:1-5.

[96] 陈俊良, 徐培德, 李志猛. 面向武器装备发展决策的未来战略环境描述研究[J]. 系统工程理论与实践, 2008, 2:105-110.

[97] 齐明. 临近空间低动态飞行器作战信息支援应用研究[D]. 西安：空军工程大学, 2010.

[98] 张梦, 程建. 基于信息优势的临近空间信息系统发展策略研究[J]. 电子对抗, 2015, 3:24-28.

[99] 段卓毅. 航空装备顶层设计[M]. 北京, 航空工业出版社, 2019.

[100] 张宏军, 韦正现, 鞠鸿彬, 黄百乔. 武器装备体系原理与工程方法[M]. 北京, 电子工业出版社, 2019.

[101] DOD Architecture Framework Working Group. DOD architecture framework version 2. 0 [R] U. S. Department of Defense, 2009:33-34.

[102] 高永明, 吴钰飞. 快速响应空间体系与应用[M]. 北京：国防工业出版社, 2011.

[103] 郭锐. 空军临近空间武器装备体系构建与作战效能研究[D]. 西安：空军工程大学, 2010.

[104] 张宝书. 陆军武器装备作战需求论证概论[M]. 北京：解放军出版社, 2005.

[105] 刘奇志. 分析评价武器装备体系结构的价值中心法. 军事系统工程学术年会 2002年论文集

[C]. 北京：金盾出版社, 2002:59-60.

[106] 曹茂强. 价值中心法在系统效能评估中的应用[C]. 第六届中国青年运筹与管理学者大会论文集, 2004:302-307.

[107] JURK D M. Decision analysis with value focused thinking as a methodology to select force protection initiatives for evaluation[R]. Department of the Air Force Air University, 2002:33-35.

[108] JACKSON J A, JONES B L. An operational analysis for air force 2025[R]. USA, 1996:35-36.

[109] 李跃辉, 周勇等. 潜艇作战能力的综合量化评估[J]. 系统工程理论与实践, 2004, 8:136-140.

[110] 秦强强. 空天防御作战指挥信息系统一体化技术体系结构研究[D]. 西安：空军工程大学, 2013.

[111] 陈颖文. 空战武器装备系统的效能评估技术研究[D]. 长沙：国防科学技术大学, 2003.

[112] 傅攀峰, 罗鹏程, 周经纶. 对武器装备体系效能评估的几点看法[J]. 系统工程学报, 2006, 21(5):548-552.

[113] 卜广志. 武器装备体系的体系结构与体系效能[J]. 系统工程与电子技术, 2006, 28(10):1544-1547.

[114] 陈立新, 等. 网络中心化作战体系信息域效能分析[J]. 系统工程与电子技术, 2004, 26(7):918-923.

[115] 杨秀月, 郭齐胜, 李涛. 基于AD和TRIZ的武器装备体系需求分析方法[N]. 装备指挥技术学院学报, 2008-09-25(02).

[116] CARCIA-COMAS M, LOPEZ-PUERTAS M, MAR-SHALL B T, et al. Errors in sounding of the atmosphere using broadband emission radiometry (SABER) kinetic temperature caused by non-local-thermodynamic-equilibrium model parameters[J]. Journal of Geophysical Research Atmospheres, 2008, 113(D24).

[117] FEOFILOV A G, KUTEPOV A A. Infrared radiation in the mesosphere and lower thermosphere: Energetic effects and remote sensing[J]. Surveys in Geophysics, 2015, 33(6):1231-1280.

[118] HUANG Y Y, ZHANG S D, YI F, et al. Global climatological variability of quasi-two-day waves revealed by TIMED/SABER observations[J]. Annales Geophsicae, 2013, 31(6):1061-1075.

[119] 费爱国, 王新辉. 网络中心战的效能度量[M]. 北京：军事科学出版社, 2004.

[120] 教效同, 王宇光, 袁进徐, 等. "网络中心战"中美国海军 C4ISR 系统效能评估[J]. 舰船电子对抗, 2006, 29(1):8-13.

[121] 陈凯, 董凯凯. 临近空间飞行器导航中重力模型研究[C]. 中国惯性技术学会第七届学术年会论文集, 2015:114-118.

[122] 李铮. 临近空间预警探测系统开发利用研究[D]. 西安：空军工程大学, 2008.

[123] 郁军. 网络中心战与复杂性理论[M]. 北京：电子工业出版社, 2004.

[124] 戴静. 临近空间信息安全防护体系及方法研究[D]. 西安：空军工程大学, 2011.

[125] 顾文涛等. 复杂系统层次的内涵及相互关系原理研究[N]. 系统科学学报, 2008, 16(2):34-39.

[126] 邢伟, 赵劲松. 战略投送力量体系结构的构建[N]. 军事交通学院学报, 2011-06-13(12).

[127] 张璐, 陈茂. 临近空间网电对抗体系与能力初探[J]. 空军工程大学学报（军事科学版）, 2018, 12(3):46-48.

[128] 韩宝华, 等. 基于 OPNET 的临近空间站信息系统传输过程仿真[J]. 空军工程大学学报（军

事科学版），2008-04-13(5).

[129] 张璐. 临近空间作战力量构成研究[D]. 西安：空军工程大学, 2013.

[130] 王庆. 未来临近空间作战力量构成及应用研究[D]. 西安：空军工程大学, 2015.

[131] 靳超, 仇启明, 彭文攀. 临近空间飞行器轨迹分析与组网性能仿真[J]. 航空学报, 2016, 36(S1): 134-138.

[132] 阎啸, 唐博, 张天虹, 等. 临近空间飞行器信息系统一体化载荷平台[J]. 航空学报, 2016, 37(1): 127-132.

[133] 陈树新, 程建, 张艺航, 等. 基于临近空间平台的无线通信[M]. 北京：国防工业出版社, 2014.

[134] 张梦. 临近空间平台与现有空天平台通信组网研究[D]. 西安：空军工程大学, 2008.

[135] 王文政. Ka 波段临近空间飞行器的信道误码特性[J]. 兵器装备工程学报, 2016, 37(7):113-117.

[136] 朱灿彬. 空、天、网信息支援一体化研究[D]. 陕西西安：空军工程大学, 2011.

[137] 李联合. 临近空间作战指挥问题[D]. 西安：空军工程大学, 2015.

[138] 杨源. 临近空间拦截器末制导及控制问题研究[D]. 哈尔滨：哈尔滨工业大学, 2018.

[139] 刘洪坤, 程建. 临近空间电子对抗作战运用初探[J]. 信息对抗学术, 2015, 4:39-41.

[140] 施亮亮. 临近空间战略经营研究[D]. 陕西西安：空军工程大学, 2016.

[141] 程建, 王鹏, 张梦. 临近空间战略经营需要把握的几个问题[J]. 空军工程大学学报（军事科学版），2016, 3:1-3.

[142] 程建, 张梦. 对临近空间战略经营的思考[J]. 空军军事学术, 2017, 2:28-30.

[143] 程建, 张梦, 李联合, 等. 对推进临近空间军民融合发展的几点思考[J]. 空军工程大学学报（军事科学版），2018, 3:1-4.